食料・農業・農村の政策課題

田代 洋一・田畑 保 編

筑波書房

はじめに

　1999年に農業基本法が食料・農業・農村基本法に差し替えられた。しかし実際にはそれは，1992年の「新しい食料・農業・農村政策」によってなされていた。そこを分岐点にすれば，農業基本法は30年，新基本法は27年を閲することになる。30年1世代に倣えば，理念法としての基本法もまた30年を区切りに，少なくとも見直し期に入ったのではないか。折から食料・農業・農村基本計画も刷新されようとしている。

　農業基本法が冷戦下の高度経済成長期の産物だとすれば，新基本法はポスト冷戦・グローバリゼーション・新自由主義の時代に属するが，今や時代はポスト・ポスト冷戦期に入った。

　そのような時に当たり，食料・農業・農村政策の展開と課題を考えるのが本書のテーマである。とはいえ実際には，担当分野のみを決め，後は執筆者それぞれが期間と切り口を設定して取り組んだ。

　第1章には，食料・農業・農村の土台・外囲となる環境・資源問題を据えた。第2・3章は，グローバルな農業・食料問題の展開を分析し，日本にも言及した。第4〜6章は，農業構造，農村，農協の各分野を検討した。第7章は補足として平成農政史を概観しつつ，価格・所得政策にも触れた。本書成立の経緯等については「あとがき」に記した。

　本書が，新しい時代の食料・農業・農村政策を考える一助になれば幸いである。

2019年9月

編者　田代　洋一

田畑　保

目 次

はじめに ……………………………………………………………………… iii

第1章　環境・資源の保全・活用 ……………………… ［田畑 保］ …… 1

Ⅰ　環境・資源問題の構図 ………………………………………………… 1
　　1　環境・資源問題の2つのフェーズ …… 1
　　2　グローバル化のもとでの環境問題 …… 3
　　3　資源問題と資源の持続的利用 …… 6
　　4　環境・資源問題と農業 …… 9

Ⅱ　地球温暖化問題と温暖化対策 ……………………………………… 11
　　1　地球環境問題としての地球温暖化 …… 11
　　2　持続可能な発展：「リオ宣言」，MDGsからSDGsへ …… 14
　　3　地球温暖化対策：京都議定書からパリ協定へ …… 16
　　4　米国のトランプ政権のパリ協定離脱をめぐって …… 21
　　5　脱炭素化，脱原発に向けてのエネルギーシフト …… 24

Ⅲ　地域の環境・資源の保全・活用と自然エネルギー ………………… 26
　　1　地域からのエネルギーシフトと自然エネルギー …… 26
　　2　多様な自然エネルギーの活用による地域振興 …… 29

第2章　新自由主義グローバリゼーションと国際農業食料諸関係再編
………………………………………………………… ［磯田 宏］ …… 41

Ⅰ　日本のメガFTA/EPA局面突入と農政 ……………………………… 41
　　1　日本のメガFTA/EPA局面突入の意味 …… 41
　　2　メガFTA/EPA照応型農政の特質 …… 42

Ⅱ　国際農業食料諸関係再編把握の方法論 ……………………………… 44
　　1　フードレジーム論の基礎枠組みと「第1フードレジーム」 …… 44
　　2　第2フードレジームとその終焉 …… 45

Ⅲ　ポスト「第2フードレジーム」をめぐって …………………………… 49
　　1　工業的農産物・食料大量供給システム批判への対応としてのFR再編論 …… 49

v

2　覇権国家にかわって超国籍資本が統御するものとしての企業FR論……55
　Ⅳ　第3フードレジームにおける「世界農業」化の諸相 ……………………　60
　　1　第3FR下の世界農産物貿易フローの全般的特徴 …… 61
　　2　農産物貿易フローの地域別変化を代表する典型国の動向 …… 63
　　3　FRの現局面と「世界農業」化を代表する諸国の農業食料貿易構造 …… 69
　Ⅴ　「世界農業」化路線の進展と「国民的農業」路線の対置……………　76
　　1　「世界農業」化のグローバルな進展と諸形態 …… 76
　　2　「世界農業」化路線の矛盾と「国民的農業」路線の対置—日本によせて—
　　　…… 79

第3章　世界食料安全保障の政治経済学 ……………… ［久野　秀二］ …… 83

　Ⅰ　はじめに ………………………………………………………………　83
　Ⅱ　食料安全保障をめぐる国際情勢 ……………………………………　86
　Ⅲ　食料安全保障ガバナンスの民営化と脱政治化言説 …………………　90
　　1　G8——食料安全保障及び栄養のためのニューアライアンス …… 92
　　2　AGRA——アフリカ緑の革命のためのアライアンス …… 94
　　3　世界経済フォーラム——農業ニュービジョン・イニシアティブ …… 96
　　4　農業成長回廊事業 …… 98
　　5　気候変動対応型農業とグローバル・アライアンス …… 101
　　6　栄養改善政策の民営化 …… 104
　　7　官民連携ガバナンスの問題点 …… 106
　Ⅳ　食料安全保障のオルタナティブな枠組み……………………………　110
　　1　食料安全保障の権利論的再定義——「食への権利」論 …… 110
　　2　社会運動のグローバル展開——食料主権論の登場 …… 114
　　3　食料安全保障，「食への権利」，食料主権 …… 115
　　4　ガバナンス改革——国連世界食料安全保障委員会 …… 117
　Ⅴ　日本の食料安全保障政策への示唆 …… 119

目　次

第4章　平成期の構造政策の展開と帰結 …………… ［安藤 光義］……129

Ⅰ　はじめに ………………………………………………………………… 129

Ⅱ　平成期における構造政策の展開と特徴 ………………………………… 131

　1　昭和期の構造政策の展開過程—平成期の前史の概観— …… 131

　2　平成期の構造政策の展開過程 …… 134

　3　企業の農業参入の促進と帰結—構造改革を目指す規制緩和路線— ……
　　141

Ⅲ　平成期における構造問題の展開と特徴 ………………………………… 143

　1　認定農業者制度の意義と限界 …… 143

　2　2010年センサスにみる構造変動の特徴—集落営農設立に伴う一過的構造
　　再編— …… 149

　3　2015年センサスにみる農業構造変動の特徴—縮小再編過程の進行— ……
　　156

Ⅳ　おわりに—縮小再編から農村崩壊へ— ……………………………… 170

第5章　農村問題の理論と政策—再生への展望—

　　……………………………………………… ［小田切 徳美］……173

Ⅰ　農村問題の視点—課題の設定— …………………………………… 173

　1　農村問題の原点—課題地域問題— …… 173

　2　新しい農村問題—価値地域問題— …… 174

　3　グローバリゼーション下の農村問題—本稿の課題— …… 177

Ⅱ　農村地域の実態—経済とコミュニティの危機— …………………… 180

　1　経済とコミュニティの危機 …… 180

　2　集落の実態 …… 182

Ⅲ　「平成期」農村の動態 ………………………………………………… 186

　1　時期区分—「平成期」の位置— …… 186

　2　リゾートブームとその頓挫—平成前期— …… 188

　3　地域づくりの発生とその普及—平成中期— …… 189

　4　田園回帰と関係人口の顕在化—平成後期— …… 191

Ⅳ　農村政策の展開 ……………………………………………………… 195

　1　先発する地方レベルの政策 …… 195

vii

2　立ち後れた国レベル（農林水産省）の対応 …… 196

　　3　食料・農業・農村基本法—中山間地域等直接支払制度と都市農村交流—
　　　　…… 198

　　4　農政における「車の両輪」論—農政の農村政策離れ— …… 200

　　5　農村をめぐる総合的政策化の試み—「農村政策のプロジェクト化」—
　　　　…… 202

　　6　農村政策の他省庁への拡がり—「農村政策の非農林水産省化」— ……
　　　　206

　Ⅴ　グローバリゼーション下の農村再生の論点 …………………………… 208

　　1　新しい地域経済のあり方——新たな論点① …… 208

　　2　新しい内発的発展論——新たな論点② …… 210

　　3　地方自治体のあり方——新たな論点③ …… 213

　Ⅵ　課題の展望—「課題の3層化」を超えて—………………………… 215

第6章　総合農協の社会経済的機能—北海道の展開に注目して—

　　…………………………………………………… ［坂下 明彦］ ……221

　Ⅰ　総合農協をどうみるか ……………………………………………… 222

　　1　信用事業を起点とした総合的事業方式 …… 222

　　2　農協の系統組織としての構成 …… 224

　　3　農協の信用事業の性格とその方向性 …… 225

　Ⅱ　北海道における系統組織体制の変化と集落・組合員 ……………… 227

　　1　グローバル化の進展と農業・農協再編 …… 227

　　2　連合会の編成と農協合併 …… 230

　　3　組合員組織と准組合員問題 …… 233

　Ⅲ　北海道の農協事業の特徴と変化 …………………………………… 236

　　1　経済事業の動向とホクレンの事業改革 …… 236

　　2　農協の信用事業の変化と農協経営 …… 239

　Ⅳ　作目別生産部会からみた北海道農業の地域性 …………………… 242

　　1　農協の施設投資の拡充と生産部会 …… 242

　　2　生産部会の部門別の動向 …… 243

　　3　生産部会の地帯別の動向 …… 248

目　次

Ｖ　総合農協の事業領域拡大の方向 …………………………………… 251

　　1　生活インフラとしてのAコープチェーンの動向と多面的な展開 …… 252

　　2　新たな営農・生活複合体制への展開 …… 257

第7章　平成期の農政 …………………………………… ［田代 洋一］…… 261

はじめに ………………………………………………………………… 261

Ｉ　1970年代──基本法農政の目標・機能喪失 ………………………… 262

　　1　目標喪失 …… 262

　　2　機能喪失 …… 263

Ⅱ　1980年代──農業縮小の時代へ ……………………………………… 265

　　1　外圧のなかの農業縮小 …… 265

　　2　政策決定メカニズム──農林族の消長 …… 267

　　3　コメ流通の自由化と中山間地域問題 …… 269

　　4　金融自由化と農協 …… 270

Ⅲ　1990年代──新基本法移行期 ………………………………………… 271

　　1　ポスト冷戦・新自由主義 …… 271

　　2　「新しい食料・農業・農村政策」（新政策）…… 273

　　3　WTO農業協定と食管制度の廃止 …… 274

　　4　農業生産法人の要件緩和 …… 276

　　5　食料・農業・農村基本法の制定 …… 277

　　6　住専問題とJAバンク化 …… 279

Ⅳ　2000年代──政権交代期 ……………………………………………… 280

　　1　小泉構造改革 …… 280

　　2　WTO新ラウンドからFTAへ …… 282

　　3　農協の経済事業「改革」…… 283

　　4　「平成の農地改革」──企業の農地賃借と円滑化事業 …… 284

　　5　政権交代への道──米政策改革と品目横断的政策 …… 285

　　6　民主党農政──コメ戸別所得補償の一点豪華主義 …… 288

Ⅴ　2010年代──官邸農政 ………………………………………………… 290

　　1　一強多弱の第二次安倍政権 …… 290

　　2　メガFTAと問われる食料安保戦略 …… 292

ix

3　「減反廃止」…… 294

　　4　農地中間管理事業 …… 295

　　5　農協「改革」…… 297

　Ⅵ　価格政策から直接支払政策へ ……………………………………… 298

　　1　WTO体制と直接支払政策 …… 299

　　2　直接支払政策の展開過程 …… 306

　　3　直接支払の実態 …… 309

　　4　日本の直接支払政策 …… 314

　　小括 …… 319

　Ⅶ　まとめに代えて ………………………………………………………… 319

　　1　平成期農政 …… 319

　　2　袋小路とその打開 …… 321

あとがき …………………………………………………………………… 323

第1章

環境・資源の保全・活用

田畑 保

I 環境・資源問題の構図

1 環境・資源問題の2つのフェーズ

　環境と資源はそれぞれ独自の問題領域を有すると同時にその保全や利用・管理については相互に深く関わり，重なる部分が多い。このことに関連して馬奈木・亀山は，「多くの物質は，資源の側面と環境の側面を持つ」，「森林や水，生物資源は，本来より環境そのものであるが，その一部を人々が利用した瞬間に，資源としての性質を有することになる」と述べている[1]。資源が持続可能な利用の範囲を超えて過度に利用されることになれば，環境自体も破壊されることになりかねない。環境の保全のためには，資源の適切な利用・管理が求められるのである。環境と資源とはこのように相互に深く関わって存在し，資源の適切な管理が環境の保全につながり，地域環境の持続的な保全にとって地域資源の適切な管理が重要となってくる[2]。

　環境問題や資源問題は，かってはそれぞれの地域，国毎の問題として発現していた。しかし経済や社会のグローバル化が進むとともに，環境や資源をめぐる問題も国境をこえて発現するようになってきた。環境問題や資源問題

（1）馬奈木俊介・亀山康子「資源の持続的な利用」（馬奈木俊介・亀山康子編『資源を未来につなぐ』岩波書店，2015年）9ページ。

（2）高橋寿一「地域資源の管理と環境保全—再生可能エネルギー資源の利用もふまえて—」（『日本不動産学会誌』第26巻第3号、2012年12月）

のグローバル化である。多国間で取り組まれる水産資源の管理や熱帯林を中心とした国際的な森林保全の問題，酸性雨やオゾン層の破壊等の地球環境問題等である。

　それとともにそれらに対する資源管理，環境保全の取り組みも，地域のレベル，国のレベルを超えた連携，地球規模の取り組みが求められるようになってきた。今世紀に入ってますます深刻化してきた地球温暖化問題はその典型的な例である。

　このような経済，社会のグローバル化の中での環境問題や資源問題については，二つのフェーズにおいて問題を捉え，対応のあり方を考えることが必要である。一つは，国際的な規模，さらにはグローバルな規模で生じてきている環境問題，資源問題であり，それに対する対策，保全・管理である。これについては，地域のレベル，国のレベルを超えて国際的に連携し，さらにグローバルな規模での取り組みが必要になっている。もう一つは，地域のレベルでの資源問題，環境問題であり，それに対する地域の住民や関係団体，自治体等が協力・連携した取り組みである。環境問題，資源問題のグローバル化が進む中でも，こうした地域からの取り組みは依然として重要であり，環境や資源の保全・管理にとっては不可欠な取り組みである。

　環境問題，資源問題のグローバル化の中で，それに対抗する地域からの取り組みの重要性については，これまでも様々な角度から論じられている。例えば，西川潤は，タイ農村の開発僧，中国の生態環境（農業）地域，台湾の社区による環境保全を取り上げて「東アジアにおける内発的発展」の実例を検証し，住民参加のもとで環境保全を達成していること，地域イニシアチブ，住民参加が環境保全の条件であることを明らかにし，「地球的・アジア的規模での市民社会の登場が，開発＝発展の見直しと環境保全にとっての主要な要因となっている」と指摘している[3]。

　このように環境や資源の保全・管理についてはローカルなレベルでの取り

（3）西川潤「人間と開発—内発的発展による共生社会への展望」（吉田文和・宮本憲一編『環境と開発』岩波書店，2002年）59ページ。

第1章　環境・資源の保全・活用

組みが世界各地で行われているが，それが国境を越えてグローバルにつながっていく動きも生まれている。グローバルな視点，グローバルなつながりでの環境保全である。それは，後述するような地球温暖化問題をはじめとする地球環境問題についてはとくに重要である。

しかしそのことは，地域からの資源管理，環境保全の取り組みの重要性が弱まることを意味するものではない。この点に関連して宮本憲一は内発的発展論の立場から，グローバル化の中で，地域の環境保全だけでなく地球環境の保全が求められるようになっているが，地球環境の保全は足もとの地域からはじめなければならないことを強調している[4]。

環境問題や資源問題については，このようにグローバルな次元と地域のレベルとの両面から問題を捉え，対策と取り組み方を考えていくことが重要となっている。

以下，本章のⅠでは，地球環境問題をはじめとするグローバル化のもとでの環境問題，資源の持続可能な利用をめぐる問題，食料・農業・農村の基盤でもある環境・資源と農業の問題を概観しながら環境・資源問題の構図を整理し，Ⅱでは地球温暖化問題に焦点を当てながら地球環境をめぐる問題を整理するとともに，地球温暖化対策としても原発，化石エネルギーから自然エネルギーへの転換が不可避の課題となっていることを指摘する。その上でⅢでは，環境・資源問題のもう一つのフェーズ，地域に目を転じて，地域での環境・資源の保全・活用，とくに自然エネルギーに焦点を当てて地域の取り組みを分析し，地域での自然エネルギー活用の取り組みが地域からのエネルギーシフトを進めるとともに，それが地域の再生・振興にもつながっていくことを明らかにする。

2　グローバル化のもとでの環境問題

20世紀末から今世紀にかけて環境問題は新しい局面に入ってきている。グ

（4）宮本憲一『日本社会の可能性　維持可能な社会へ』（岩波書店，2000年）

3

ローバル化のもとでの環境問題である。本項では新しい局面に入ってきている環境問題，とくに地球規模での環境問題についてみていく。

　環境問題については早い時期から世界各地で大きな問題になっていたが，1960年代，70年代までは，工業化，都市化にともなう大気汚染や土壌汚染，水質汚濁等が「公害」として問題とされていた。レイチェル・カーソンが『沈黙の春』（1962）で告発した化学薬品による自然の破壊はその代表的なものであった。日本でも，熊本県水俣市や新潟県での水俣病や新潟水俣病，富山県の神通川流域でのイタイイタイ病，三重県の四日市ぜんそく等をはじめとする公害病が発生し，多数の被害者，犠牲者を生み出した。こうした公害に代表される環境問題は，汚染源となった企業，加害者が明確で，問題となった地域も比較的限定されていることが多かった。

　しかし1980年代に入ると，それまでの公害問題とは原因も性格も地域的広がりの程度も異なる新しいタイプの環境問題が出現した。オゾン層の破壊や地球温暖化，生物多様性・生態系の危機等の地球環境問題と呼ばれる問題である。それらは先進国によるグローバルな規模での経済活動や発展途上国の貧困問題等が複雑に絡み合いながら引きおこされてきた問題である。1980年代には南極でオゾンホールが発見される等地球規模の環境問題を実感させる事件が次々と発生し，それらを受けた「オゾン層保護のためのウィーン条約」の採択（1985年），さらに「環境と開発に関する世界委員会報告」（1987年），地球環境問題が大きく取り上げられたフランスでのアルシュサミット（1989年），そして1992年のリオデジャネイロでの「環境と開発に関する国連会議」の開催等国際政治の場でも地球環境問題が大きく取り上げられるようになった。環境庁の地球環境部の初代部長も務めた加藤三郎は，専門家だけでなく，世界の政治のリーダー達もこのように地球環境問題について語り始めるようになったと述べ，それを「「地球環境問題」出現の衝撃」と表現した[5]。

（5）加藤三郎「地球の有限性と物的成長の限界」（高橋裕・加藤三郎編『岩波講座　地球環境学1　現代科学技術と地球環境学』岩波書店，1998年）73ページ。

第1章　環境・資源の保全・活用

　地球環境問題は，今世紀に入って地球温暖化の影響が世界各地で生じていることともあいまって，ますます深刻な問題として多くの人に受け止められるようになってきた。環境省『平成30年版　環境白書・循環型社会白書・生物多様性白書』は，それを「地球環境の危機」という表現を用いて「地球規模での人口増加や経済規模の拡大の中で，人間活動に伴う地球環境の悪化はますます深刻となり，地球の生命維持システムは存続の危機に瀕しています」と述べ，気候変動リスクの顕在化，生物多様性の損失，土地利用の変化（森林減少），窒素の生物地球化学的循環等を取り上げながら，危機に瀬している地球環境問題の現状について説明している。20世紀末の「「地球環境問題」出現の衝撃」から，今世紀の「地球環境の危機」への変化にこの間の変化の特徴が端的に示されている。

　地球環境問題としては，前述のように地球温暖化，オゾン層の破壊，酸性雨，森林とくに熱帯林の減少，砂漠化や土壌浸食，野生生物の種の減少，海洋及び国際河川の汚染，化学物質の管理と有害廃棄物の越境移動問題，開発途上国における環境汚染等があげられている。これらの問題は相互に絡み合っており，例えばオゾン層を破壊するフロンガスは，地球温暖化をもたらす原因物質の一つであり，森林の減少は二酸化炭素の吸収の減少を通じて温暖化を加速し，温暖化が進むと気候の変化に植生の変化が追いつけなくなったり，降水パターンが変化し，森林は弱り砂漠化が進む。また熱帯林の減少は野生生物の種の減少の最大の要因となる。このように，これらの地球環境問題は，人間活動という共通の要因に基づいて発生し，相互に絡み合いながら地球生態系をめぐる一つの問題群を構成している[6]。

　こうした地球環境問題について植田和宏は，環境問題を通じた国際関係のあり方に即して，①国境を越える環境汚染，②環境規制の緩い地域への企業進出や直接投資（政府開発援助も含む）によって環境破壊が進む，いわゆる公害輸出，③先進国と途上国との間での経済関係や貿易構造から生み出され

（6）『平成2年版環境白書』

る環境破壊，④貧困と環境破壊が悪循環的に進行するタイプ，⑤汚染されているのがグローバルコモンズであるが故に結果的に汚染の原因者が自分自身にも他者にも損害を及ぼす環境破壊，の5つのタイプに類型化している[7]。

　地球環境問題は，植田の指摘にもあるように多国籍企業や先進国の企業による「公害輸出」，途上国の人たちの貧しさ故に資源の収奪的利用や環境破壊を余儀なくされる「貧困と環境破壊の悪循環」等南北問題とも深く関わり，それ故の解決のための取り組みの難しさもある。

　前述の「環境と開発に関する世界委員会報告」や「環境と開発に関する国連会議」での「リオ宣言」の採択等を経て「持続可能な開発」という考え方が提起された。それは「将来の世代が自らのニーズを充足する能力を損なうことなく，現在の世代のニーズを満たすような開発」と定義されている。途上国の貧困を解決するには「開発」が不可欠であるが，「開発」を進めれば「環境」が損なわれる。この一見相矛盾する二つをなんとか矛盾なく説明する苦渋のコンセプトとして「持続可能な開発」という表現が使われるようになった[8]。

　この「持続可能な開発」をめぐっては，Ⅱ−2でも述べるように，「共通だが差異のある責任」という考え方とともに，その後も先進国と途上国との間での大きな論争点となってきた。後述する地球温暖化対策，とくに温室効果ガス削減での先進国と後進国とでの負担のあり方をめぐっては厳しいやり取りが繰り返されてきた。そうした議論を経ながら，先進国と途上国との対立を内包しつつも世界がともに目指すべき目標としてあらためて「持続可能な開発」が掲げられるようになってきたことにも注目しておきたい（例えば後述する2015年にうち出された「持続可能な開発目標（SDGs）」等）。

3　資源問題と資源の持続的利用

　我々が暮らす地球には海洋や陸地に生存している様々な生物や水資源，地

（7）「地球環境問題」（植田和弘執筆　日本大百科全書：コトバンク）
（8）前掲加藤「地球の有限性と物的成長の限界」110〜111ページ。

6

第1章　環境・資源の保全・活用

下に存在する鉱物等人々の生活や経済活動に供される様々な資源が存在する。これらの資源を再生可能性や利用の持続可能性という視点から大きく分ければ，鉱物資源や化石燃料等のような使用を続けていけばいずれ枯渇が避けられない，枯渇性資源ともよばれる非再生可能資源と，生物資源や水資源等自然の生態系，物質循環の中で存在し，資源としての再生可能性を有する再生可能資源とに分けることができる。

　こうした非再生可能資源と再生可能資源では資源問題のあり様は異なる。非再生可能資源の場合には資源問題が資源の枯渇問題として現れるところに特徴がある。地球上での存在が有限で，再生可能でない場合，採取・利用を続けていく限り，いずれ枯渇は避けられないからである。それを回避し，持続的な利用を図るためには長期的には再生可能資源の利用に切り替えていくことが必要となる。金属資源の場合，そうした代替は困難だが，一度利用された資源のリユースやリサイクル（再資源化）は可能であり，それによって処女資源の消費を抑え，枯渇を先延ばしすることは可能である。

　石炭や石油等の化石エネルギーの場合はリユースやリサイクルは困難であるが，再生可能資源である自然エネルギーによる代替は可能である。こうした代替資源への転換や省資源，省エネルギーによって資源の持続的利用を追求することが可能となる。後述するように化石エネルギーから自然エネルギーへの転換は今世界的な流れになっている。

　最近はこうした資源の枯渇という問題だけでなく，資源採掘・利用にともなう環境影響を吸収する地球の容量の限界も取り上げられ，資源の枯渇という限界の前に地球の環境容量に限界が生じるという議論もある[9]。とくに化石エネルギーについては，後のⅡ-3で取り上げるように気温上昇を2℃未満，あるいは1.5℃に抑えるためには温室効果ガスの排出削減が求められ，この面からたとえ地下に埋蔵資源を残していたとしても消費が制限される可

（9）粟生木千佳「資源効率向上——これから求められる5つの視点」（IGES Discussion Paper 2016）は「Limits Revised - a review of the limits to growth debate」等を取り上げながらそうした議論を紹介している。

能性が大きくなってくる。

　生物資源や水資源等自然の生態系，物質循環の中で存在している再生可能資源については，再生可能な範囲内で採取，利用する限り持続的利用が可能である。しかしその水準を超えて採取，利用を続ければ枯渇へと向かうことになる。したがって再生可能資源の持続的利用を確保するためには資源の採取，利用を再生可能な範囲に制限し，資源の適正な利用と保全・管理を図ることが不可欠となる。再生可能資源の資源問題は，このような過剰な利用，採取を制限し，適正な利用と管理を図る「資源管理問題」としてあらわれる。こうした持続的利用が可能となるような資源管理を行うためには，参入制限も含む採取，利用の制限，そのためのルールやそれを担う組織が必要となる。

　資源の利用のコントロールや管理のあり方をめぐる問題は，資源の種類や扱う範囲によって様々であり，また資源量についての認識や採取，利用の規制の必要性についての認識にも関係者間で異なる場合も多く，適正な利用，管理には困難をともなうことが多い。例えば漁業資源の場合は，早くから国際的なレベルで漁獲規制等の資源管理に取り組んできた部門であり，一定の貴重な成果をあげてきてはいるが，乱獲を防ぎきれず資源量が減少し，存続が危ぶまれている魚種も少なくない。

　資源問題についても，環境問題と同様に国際的なレベルでの取り組みが進められるようになってきている。その1つがUNEP（国連環境計画）による国際資源パネルの設置である（2007年）。パネルの共同議長のエルンスト・フォン・ワイツゼッカーによれば，地球規模で経済活動が拡大し，天然資源をどのように持続的に管理していくのかが重要な課題となり，天然資源の使われ方を見える化し，効率的・合理的な管理に向けて，国連がイニシアチブをとろうとする試みとしてこのパネルが設置された[10]。そこでのキーワードが「資源効率性」と「デカップリング」（経済活動を資源消費から切り離すresource decouplingと環境影響から切り離すimpact decoupling）である。

---

(10)「天然資源，効率的・持続可能な利用を　国際資源パネル共同議長に聞く」
　　（『日本経済新聞』2012年11月21日（電子版））

第1章　環境・資源の保全・活用

　2016年5月に公表されたUNEP国際資源パネルの報告書「資源効率性：潜在的可能性及び経済的意味」（政策決定者向け要約）では，資源効率性の向上は持続可能な開発目標（SDGs）および気候変動目標を経済的に達成するために不可欠であり，「SDGs及びパリ協定との関連を踏まえると，世界的な資源効率性の向上は，現在及び将来にわたり持続可能な開発を可能にするための最優先事項の一つである」と結論づけている。

4　環境・資源問題と農業

　環境・資源問題は，食料・農業・農村問題を考える上でも，その土台となるべき重要な問題であるが，食料・農業・農村をめぐる問題については本書の各章で論じられているので，ここでは環境・資源問題と農業との関わりについて地球環境問題，とくに地球温暖化が農業に及ぼす影響を中心にして簡単にみておきたい。

　あらためて述べるまでもなく農業は土地や水をはじめとする様々な資源の利用によって成り立っている営みである。それ故に農業は，環境・資源と深く関わり，農家や農業の関係者・関係機関は環境・資源の保全，管理の担い手であり，受益者でもある。そしてときには環境・資源に負荷を及ぼす当事者にもなっている。

　日本学術会議（日本の展望委員会　地球環境問題分科会）が2010年4月に発表した地球環境問題についての「提言」でも，地球環境変化と食料の問題が取り上げられ，食料・農林水産業については，「地球環境の危機的状況が及ぼす農林水産業への影響とともに，農林水産業が地球環境に与える影響も考える必要がある」ことが指摘されている。

　前世紀末から環境・資源問題の中でも地球温暖化がとくに大きな問題となっているが，それは農業にも大きな影響を及ぼしている。WWFジャパンは，IPCC第5次評価報告書に拠りながら，水資源不足と農業生産減少，気温上昇や旱ばつによる食料不足や食料安全保障の問題等，気温上昇で表面化する8つのリスクをあげ，「農業への打撃」として，気温や雨の降り方が変

9

わると，農作物の種類やその生産方法を変える必要がでてくること，とくに経済力のない小さな規模の農家はこれらの変化に対応するのが難しいため，生産性が下がる可能性があること，乾燥地域においては土壌水分が減少することで，干ばつに見舞われる農地が増加する可能性が高いことを指摘している[11]。

　さらに農研機構等は，温暖化による穀物生産への影響の問題を取り上げ，トウモロコシとダイズでは，今世紀末までの気温上昇が1.8℃未満でも世界平均での収量増加は抑制され，気温上昇が大きいほど将来の収量増加が低くなるという計測結果を明らかにしている。コメとコムギについては今世紀末の気温上昇が3.2℃を超えると収量増加が停滞しはじめるが，それ未満の場合は世界平均への影響はあまりないとしている[12]。

　地球温暖化が日本農業に及ぼす影響について，農水省は水稲の高温障害，果実の着色不良，病害虫の多発等の影響が既に出ていることを明らかにするとともに（2007年の全国調査），各地域の水稲の収量変動の予測として，2060年代に全国平均で約3℃気温が上昇した場合，潜在的な収量は北海道では13％増加するが，東北以南では8〜15％の減少が見込まれるという研究機関の予測結果を明らかにしている[13]。

　このように地球温暖化は世界と日本の食料生産に既に無視し得ぬ影響を及ぼしていること，温暖化がさらに進めばその影響は一層深刻になることが明らかにされている。

---

(11) WWFジャパン「地球温暖化が進むとどうなる？」2015年8月26日　https://www.wwf.or.jp/activities/basicinfo/1028.html（2019年5月1日閲覧）

(12) 農研機構プレスリリース「（研究成果）温暖化の進行で世界の穀物収量の伸びは鈍化する」2017年8月28日　http://www.naro.affrc.go.jp/publicity_report/press/laboratory/niaes/077072.html（2019年5月3日閲覧）

(13)「地球温暖化が農林水産業に与える影響と対策」（農林水産省農林水産技術会議『農林水産研究開発レポート』No.23　2007年）

第1章　環境・資源の保全・活用

II　地球温暖化問題と温暖化対策

1　地球環境問題としての地球温暖化

地球環境問題は，I−2で概観したように人間活動の量的な拡大，質的変化が地球生態系に過大な負荷を及ぼすようになる中で発生した問題であるが，それらは地球環境に関わる様々な領域に及び，相互に関連し合う形で発現している。地球温暖化問題は，そうした多岐にわたり，相互に関連しあう地球環境問題の一つであるが，地球温暖化が地球環境に及ぼす影響がますます大きくなり，地球生態系が地球温暖化によって重大な脅威にさらされるようになる中で，地球温暖化問題はとくに重大な問題として受け止めなければならなくなってきている。

地球温暖化は，熱波や干ばつ等の異常気象の頻度を高め，とくに中緯度の乾燥地域及び熱帯乾燥地域に対しては，砂漠化，乾燥化を進め，干ばつの危機を高めている。その他，地球温暖化の影響は，生態系や沿岸環境，地域的な水資源や健康被害等多方面にあらわれているが，今後気温上昇が進むとともにその影響はさらに強まることが懸念される。例えば，地球温暖化による海水面の上昇や海洋酸性化は，サンゴの白化等生態系にも様々な影響を及ぼしている。とくに海水面の上昇はサンゴ礁で出来た標高の低い熱帯の島嶼地域に対しては深刻なダメージを及ぼすことが懸念されている。

この温暖化による海水面の上昇は，海水温の上昇による熱膨張と北半球の氷河の融解にともなう淡水の流入によるものとみられているが，20世紀初めから2010年までの間に世界の平均海水面は19cmほど上昇しているとされ，今後温暖化がさらに進めば海水面も一層上昇し，人間生活に及ぼす影響もさらに深刻になると見込まれている[14]。

---

(14)渡部雅浩『絵でわかる地球温暖化』（講談社，2018年），および公益社団法人　日本気象学会地球環境問題委員会編『地球温暖化　そのメカニズムと不確実性』（朝倉書店，2014年）参照。

11

この間の地球温暖化に関連して，地上気温と海面水温の長期変動について
みてみると，地球平均地上気温は過去1世紀に1℃弱の率で上昇し，海面水
温は20世紀初頭から現在まで0.7℃上昇した[15]。さらにこの温度上昇のペー
スは近年加速傾向にある。

　地球温暖化は，主に大気中の温室効果ガス，とくに二酸化炭素の濃度の上
昇によってもたらされている。その二酸化炭素の排出には，石油・石炭等の
化石燃料の燃焼による直接的な排出と，森林伐採のような土地利用の変化に
よって炭素が大気中にでていく間接的な排出との2種類があるが，過去50年
程では直接排出が8割以上を占めている。

　このように温室効果ガスの排出が地球温暖化の主な原因であるが，その温
室効果ガスを排出する化石燃料の燃焼を，人間は産業革命以来200年以上に
わたって続けてきた。しかもその排出は20世紀後半からますます激しくなり，
既にこれまで厖大な量の温室効果ガスをこの地球上に排出してしまっている。
前述した前世紀末から上昇のペースを加速させている地上気温や海面水温の
上昇はまさにその結果である。

　大気中の二酸化炭素の濃度が2015年についに400ppmを超えたことが明ら
かとなった（1850年頃には285ppmだったと考えられている）。後述するよう
に2015年のパリ協定では，気温上昇を産業革命前に比べて「2℃未満（でき
れば1.5℃）」に抑えるという目標が合意されたが，さきにみたように地球の
平均気温は既にその半分にあたる約1℃上昇してしまっている。二酸化炭素
の排出量についても，パリ協定の「2℃未満」という目標達成のためには二
酸化炭素の排出量を2,900ギガトン以内にとどめなければならないが，その
約3分の2を1870～2011年の間に既に排出してしまっており，残された排出
許容量は1,000ギガトンであると推定されている[16]。「2℃未満」目標達成
のためには今後排出できる二酸化炭素量（カーボンバジェット）は限られて
おり，今のペースで使い続ければ25年もたたないうちに使い切ってしまうと

(15)前掲『地球温暖化　そのメカニズムと不確実性』
(16)IPCC：Climate Change（2014年）。直接には前掲渡部『絵でわかる地球温暖化』

みられている。

　「地球の有限性」ということが最近しばしば指摘されるようになってきたが，地球温暖化をめぐる状況は，「地球の有限性」を我々が真剣に考えなければならなくなってきていることを示している。「プラネタリー・バウンダリー（地球の限界）」の提唱者でもあるヨハン・ロックストロームは，「問題は私たちがどこで閾値を超え，いつ後戻りできなくなるのか。……気温上昇が２度を超えると，地球温暖化は４〜６度，それ以上に，長期的に自己増幅する危険がある」ことを指摘している[17]。

　このこととも関わって，前世紀後半からの経済活動の急拡大，化石燃料の大量消費は，「地球の限界」を超え，地球を大きく変えるところまできてしまっているのではないかという見方が，今世紀に入って地質学者等の中から生まれてきた。人類が地球の化学組成や気候等に影響を与えるようになってきており，地球の地質年代も完新世から新たな地質年代「人新世」（アントロポセン）に入ってきているのではないかという見方である。

　これは，ノーベル化学賞を受賞したポール・クルッツェンによって2000年に提唱されたもので，この「人新世」という捉え方はその後様々なところで取り上げられるようになり，2016年８月の第35回国際地質学会議（IGC）でも検討され，「人新世」が公式の名称として採用されるところまでには至らなかったが，「人新世」の認識については全員が一致したとされる。「人新世」を地質年代として正式に採用するかどうかについては，現在国際層序学会で検討中とのことである[18]。

　それとは別に，フランスの科学技術史・環境史の研究者クリストフ・ボヌイユとジャン＝バティスト・フレソズは『人新世とは何か：「地球と人類の

(17)「地球の限界を知らずに「人新世」は生き抜けない　発展の限度を心得よ」（朝日新聞GLOBE+　2019年３月４日）　http://globe.asahi.com/article/12178571（2019年５月８日閲覧）
(18)前掲渡部『絵でわかる地球温暖化』，および「新たな地質年代『人新世』国際地質学会議で採用検討　南ア」2016年８月30日　https://www.afpbb.com/articles/-/3099134（2019年５月８日閲覧）

13

時代」の思想史』（2013年）を著し，そうした「人新世」という見方を歴史学の立場から批判的に捉え直し，「人新世」を「もの」ではなく「出来事」として捉えるべきことを提起し，産業革命以降の約250年を複数の道筋から辿り描きながら，人間たちが地球の環境を破壊していることを充分に認識しながら自らの活動を止めずに続けてきたことを指摘し，「人新世」が政治的なものでもあったこと等を明らかにしている。

2 持続可能な発展：「リオ宣言」，MDGsからSDGsへ

　環境・資源については，持続可能性（持続可能な利用，開発）がつねに問われる。地球規模の問題についても同様である。それは前世紀末から国連等でも重要なテーマとなり，先進国と途上国との深刻な対立をかかえながらも，開発と環境に関して国際社会がともに取り組むべき課題とされるようになってきた。

　その重要な画期となったのが，Ⅰ-2でも述べた1992年の「環境と開発に関する国連会議」の開催であり，そこでの「開発と環境に関するリオデジャネイロ宣言」の採択であった。この「リオ宣言」では，「人類は，持続可能な開発の中心にある」（第1原則）ことをうたい，「開発の権利は，現在及び将来の世代の開発及び環境上の必要性を公平に充たすことができるように行使されなければならない」（第3原則）こと，「持続可能な開発を達成するため，環境保護は，開発過程の不可欠の部分とならなければならない」（第4原則）こと等，27の原則が宣言された。その27の原則の随所で持続可能な開発について言及している。

　リオ宣言ではまた，「各国は共通の，しかし差異のある責任を有する」ことにも言及されている（第7原則）。これは，Ⅰ-2でも指摘したように地球環境問題に対する責任とそれに対する取り組みの義務の度合いをめぐっての先進国と開発途上国との激しい対立の中での，両者の折り合いどころとして生まれた考え方であるが，その後も地球温暖化問題をはじめとして様々なところでこの考え方をめぐって議論がたたかわされてきた。

第1章　環境・資源の保全・活用

　リオの会議では，それを実践するための行動計画「アジェンダ21」，及び「森林原則声明」が採択され，さらに別途協議が進められてきた「気候変動枠組み条約」，「生物多様性条約」についても署名が行われた。「気候変動枠組み条約」については，その後締約国会合（COP）が継続的に開催され，京都議定書（COP3），パリ協定（COP21）につながっていく。

　さらに20世紀から21世紀に移行する節目の年である2000年に「国連ミレニアム総会」がひらかれ，「国連ミレニアム宣言」が採択され，それをもとに2015年までに達成すべき国際社会共通の目標として「ミレニアム開発目標（MDGs）」がまとめられた。それは8つの開発目標からなり，貧困や飢餓の撲滅等途上国の人たちが直面している問題の解決に主眼がおかれていたが，「環境の持続可能性の確保」も取り上げられていた。

　MDGsの最終年の2015年9月第70回国連総会が開かれ，「持続可能な開発のための2030アジェンダ」が採択された。そこではMDGsを受け継ぐ2030年までの新たな目標として「持続可能な開発目標（SDGs）」が打ち出された。

　「MDGsの達成状況を国・地域・性別・年齢・経済状況などから見てみると，様々な格差が浮き彫りとなり，"取り残された人々"の存在が明らかになりました。……SDGsは2030年までの開発の指針として，格差をなくす（＝"誰ひとり取り残さない"）ことを重要な柱として，MDGsの取り組みをさらに強化するとともに，新たに浮き彫りになった課題も加えられた包括的な目標です」[19]。

　SDGsの17の目標では，MDGsで中心におかれていた社会分野だけでなく，経済分野や環境分野も広く取り上げられ，とくに環境分野では水やエネルギー，気候変動対策，海洋・海洋資源の保全，陸域生態系の保護，持続可能な森林経営等の問題も取り上げられた。「2030アジェンダ」の「宣言14」では気候変動等にともなって危機に瀕している地球環境，地球の生物維持シス

────────────────────────

(19)公益社団法人日本ユニセフ協会「ミレニアム開発目標（MDGs）　ミレニアム開発目標（MDGs）から持続可能な開発目標（SDGs）へ」https://www.unicef.or.jp/mdgs/（2019年3月10日閲覧）

15

テムをめぐる問題を以下のように詳しく指摘している。「天然資源の減少並びに，砂漠化，干ばつ，土壌悪化，淡水の欠乏及び生物多様性の喪失を含む環境の悪化による影響は，人類が直面する課題を増加し，悪化させる。我々の時代において，気候変動は最大の課題の一つであり，すべての国の持続可能な開発を達成するための能力に悪影響を及ぼす。世界的な気温の上昇，海面上昇，海洋の酸性化及びその他の気候変動の結果は，多くの後発開発途上国，小島嶼開発途上国を含む沿岸地帯及び低地帯の国々に深刻な影響を与えている。多くの国の存続と地球の生物維持システムが存続の危機に瀕している」（傍点引用者）。

さらに「宣言24」では食料安全保障の問題も取り上げられ，「2030年までに極度の貧困を撲滅することを含む，すべての形態の貧困の終結にコミットすること」が宣言され，「開発途上国，とくに後発開発途上国における小自作農や女性の農民，遊牧民，漁業者への支援を通じて，農村開発及び持続可能な農業・漁業発展のために資源を注ぎ込む」ことがうたわれていることに注目したい。

以上に概観したような「開発と環境に関するリオ宣言」（1992），MDGs（2000）からSDGs（2015）に至る流れに関して，2015年の国連総会に日本政府代表団のNGO顧問として参加した古沢広祐は，「途上国の貧困解消（南北問題）に重点を置いたMDGsの開発の流れ（開発レジーム）と，1992年「地球サミット」（国連環境開発会議）を契機とする持続可能性の流れ（環境レジーム）が合流する新段階を象徴した新潮流」[20]と興味深い指摘を行っている。

3　地球温暖化対策：京都議定書からパリ協定へ

2015年は，地球環境問題からみてもパラダイムシフトともいえる歴史的な

---

(20)古沢広祐「「持続可能な開発目標（SDGs）」に対する協同組合の期待」（一般社団法人　日本協同組合連携機構　協同組合研究誌［季刊］『にじ』2018年夏号　No.664）

第1章　環境・資源の保全・活用

転換点となった年であった。前述のように「誰ひとり取り残さない」こと等を重要な柱にすえたSDGsがこの年の9月の国連総会で採択されたのに続き，12月のCOP21では先進国と途上国との長らくの対立を乗り越え，世界のすべての国が参加し，先進国も途上国も協力して地球温暖化対策に取り組むことで合意したパリ協定が採択されたのである。

　1997年の京都でのCOP3では，地球温暖化の主な原因である温室効果ガスの排出削減をどう進めるかをめぐって先進国と途上国との間で激しい議論がかわされた。これまでの経済発展の過程で既に大量の温室効果ガスを排出してきている先進国となお経済発展の途上にある開発途上国とでは排出削減の責任には大きな差があるべきということで，COP3で採択された京都議定書では，「共通だが差異ある責任」という考え方にそって温室効果ガスの排出削減については，先進国のみが法的拘束力をともなう削減義務を負い，途上国には削減義務は課されなかった。2001年のCOP7でのマラケシュ合意で京都議定書の実施ルールが決められ，ロシアも2004年に京都議定書を批准し，1997年の採択から7年余りを経た2005年2月漸く京都議定書が発効した。しかしブッシュ政権下の米国は最大の排出国でありながら批准せず不参加となった。

　発効した京都議定書に基づき第1約束期間の2008～2012年に先進国は全体で1990年比5％を削減することになった。さらにデンマークのコペンハーゲンでのCOP15（2009）では，第2約束期間（2013～2020年）での削減や京都議定書後の新たな温暖化対策について取り決めを行うことが期待されていたが，先進国と途上国との対立が深刻で交渉は不調に終わった。翌年のメキシコのカンクンでのCOP16では議長国のメキシコが各国に強く妥協を迫り，各国が自主的に2020年までの削減目標を掲げて取り組むという「カンクン合意」の成立にこぎつけた。しかしそれは，法的拘束力のない自主的削減努力だけの弱い合意であった。EUとオーストラリアは京都議定書第2約束期間にとどまったが，日本，ロシア，カナダ等は離脱し，途上国とともにこれら先進国は法的拘束力をもたず自主的に2020年までの削減目標を掲げて取り組

17

む「カンクン合意」に参加するかたちとなり，2013〜2020年はカンクン合意と京都議定書第2約束期間との併存という形となった。

世界各地で異常気象が頻発し，深刻な被害が発生し，温暖化対策をとらなければ地球の平均気温は21世紀末には4℃上昇という予測も出され（IPCC第5次評価報告書），そうした事態を回避するために温暖化防止，温室効果ガス排出削減に世界が本気で取り組むかどうかが厳しく問われる状況となった。

2011年末の南アフリカのダーバンでのCOP17で，2020年以降の温暖化防止の新たな国際条約に向けての協議が行われた。ここでも温室効果ガス削減をめぐって途上国と先進国との激しいやりとりが行われたが，最後に「すべての国を対象」とし，「法的拘束力のある」新しい国際条約を2015年のCOP21で採択することが合意された。

なお，一口に途上国といっても，開発の程度や経済力に大きな差が生まれており，一方で韓国やシンガポールのような先進国並の途上国や中国，メキシコ等のような新興の途上国グループがあり，その対極にアフリカ諸国連合や島嶼国連合等のような後発開発途上国グループ，そしてその中間にインド，インドネシア等のような中間の途上国グループがある等多様である。地球温暖化対策をめぐっても立ち位置，意見の差が生まれ，海水面上昇で大きな被害を受ける島嶼国連合やアフリカ諸国は概して温暖化対策に積極的である。

ダーバンでのCOP17の合意をうけて，2012年から開始された新条約に向けての国際交渉を経て2015年フランスのパリでのCOP21で，「すべての国」が，同じ「法的拘束力」のある国際条約のもとで温暖化対策に取り組む「パリ協定」が漸く採択された。先進国と途上国との深刻な対立をのりこえ，すべての国が参加する歴史的な国際条約であるパリ協定が成立したのである[21]。その背景には，異常気象その他温暖化にともなう被害・影響が既に世界各地で生じており，温暖化の影響・被害が強く懸念される状況となって

(21)パリ協定とその採択に至るまでの経過については小西雅子『地球温暖化は解決できるのか　パリ協定から未来へ』（岩波ジュニア新書，2016年）参照。

18

第1章　環境・資源の保全・活用

きたことがあげられる。温暖化の原因である温室効果ガスの排出削減に途上国も含めて世界があげて取り組み，21世紀後半には人間活動による排出量を実質ゼロにしなければ，地球の生物維持システムが存続の危機に直面すること，そうした事態を回避するために先進国も途上国もともに協力して温暖化対策に取り組まなければならないということが世界の多くの人たちの共通認識になってきたのである。パリ協定は，気温上昇を2℃未満（できれば1.5℃）に抑えること，そのために今世紀後半には人間活動による温室効果ガスの排出ゼロをめざす目標を掲げた初めての協定であった。

　パリ協定にそって世界各国から温室効果ガスの削減目標が提出されている。しかしそれらを全部足し合わせても，2℃未満の長期目標の達成には不十分である。パリ協定では，今は長期目標の達成が出来なくても，いずれその目標に到達出来るようにするため「5年毎に目標を改善する仕組み」が取り入れられた。5年毎の短いサイクルで削減目標を見直し，改善していく仕組みである。2℃未満の達成，そのために21世紀後半に人為起源の温室効果ガスの排出を実質ゼロにしていくためには，この仕組みを通じた削減目標の改善がとくに重要となってくる。

　パリ協定ではこのように温室効果ガスの削減目標の提出を各国に求めるが，目標達成は義務とはしなかった。しかし目標達成を促すため，各国が同じ制度の下で自国の目標達成状況を報告し，それを多国間で検証・チェックする仕組み＝「国際的な報告・検証制度」が取り入れられた。5年毎の短いサイクルでの削減目標改善の仕組みとともに，この「国際的な報告・検証制度」が目標達成を促す最も重要な手段として位置づけられている。

　温暖化防止の国際交渉においては，先進国から途上国への資金支援と技術移転が重要となる。温暖化対策で途上国が公平な条約と感じるためには，歴史的に排出責任のある先進国が大幅に削減すると同時に，途上国への（効率的な排出削減のための）技術移転と資金支援が重要だからである。

　COP24の直前の2018年10月IPCC特別報告書『1.5℃の地球温暖化』が発表された。その主なポイントは，1.5℃の上昇でも現在よりかなりの悪影響が

19

予測されるが，2℃上昇の影響とは相当程度違い，1.5℃の方が安全であること，1.5℃に抑えるためには，温室効果ガスの排出量を，2030年までに（2010年比）45％削減し，2050年には実質ゼロにする必要があるということである。

それを受けて行われたポーランドのカトヴィツェでのCOP24（2018年12月）では，2020年からのパリ協定の実施に向けた協議が行われ，途上国への資金支援や技術移転も含めたパリ協定のルールブック（実施指針）が採択され，それをすべての国に共通に適用するとともに，詳細で環境十全性の高いルールとすることが合意された[22]。さらに5年毎の短いサイクルでの目標改善の機会を多く作り，「タラノア対話[23]」という独特の方法も用いた目標の引き上げ機運の醸成（2020年までに（再）提出する2030年目標の引き上げ等），非国家アクターを含むすべての主体の取り組み促進，非国家アクター・イニシアティブのさらなる拡大も合意された。

COP24の翌々月の2019年2月，「アントニオ国連事務総長は，WMOが発表したデータにより，2015年，2016年，2017年，2018年が記録上，最も暖かい4年間だったという事実が確認されたことを懸念をもって受け止めています」という国連の事務総長報道官の声明が発表された。このことは，地球温暖化が確実に進行しており，それに対してパリ協定，さらには「1.5℃の地球温暖化」にそった地球温暖化対策をスピードアップすることが強く求められていることを示すものである。

『1.5℃の地球温暖化』に引き続いて『気候変動と土地に関するIPCC特別報告書』が2019年8月8日発表された。これはIPCCの4つの特別報告書等の1つで，気候変動が土地に及ぼす影響等についての最新の研究成果を包括的にまとめたものである。このうち，気候変動が食料供給に及ぼす影響につ

---

(22)小西雅子「パリ協定ルールブックと合意の全体像」（CANジャパン　COP24カトヴィツェ会議報告会資料　2019年1月28日）

(23)山岸尚之「タラノア対話と野心引き上げ」（CANジャパン　COP24カトヴィツェ会議報告会資料　2019年1月28日）

いては，「気候変動は，食料安全保障及び陸域生態系に悪い影響を及ぼし，多くの地域において砂漠化及び土地劣化に寄与してきた」こと，「気候変動は土地に対して追加的なストレスを生み，生計，生物多様性，人間の健康及び生態系の健全性，インフラ，並びに食料システムに対する既存のリスクを悪化させる。将来の温室効果ガス排出シナリオすべてにおいて土地に対する影響の増加が予測されている」ことを指摘し，気候変動が食料供給，食料安全保障にも否定的影響を及ぼすと警告を発している[24]。それは食料問題の面からも地球温暖化対策の緊急性をあらためて我々に提起するものである。

4 米国のトランプ政権のパリ協定離脱をめぐって

　米国のトランプ大統領は，大統領就任から半年もたたない2017年6月1日，パリ協定からの離脱を宣言した。ブッシュ政権時の米国が京都議定書に批准しなかったことに続く暴挙である。トランプはかねてから地球温暖化の事実を否定しており，大統領選挙でもパリ協定からの離脱を公約に掲げていた。

　石油メジャーのエクソンモービルのCEOだったレックス・ティラーソンを国務長官に据えた（ただし，その後1年余りで解任）ことに象徴されるように，トランプ政権は石油・石炭業界と人的・資金的・政策的に深い結びつきを有し，温室効果ガス排出規制の撤廃，緩和等石油・石炭業界の要求にそった政策を進めてきている。パリ協定からの離脱もその一環である。オバマ前政権が進めてきた地球温暖化対策の全面的見直しを行い，オバマ政権の地球温暖化対策の柱になっていた「クリーンパワープラン」も廃止した（2017年3月）。2017年から2018年にかけて環境保護に逆行する規制撤廃や緩和のために打ち出した方策は80項目にも達しているとされる[25]。

---

[24]「気候変動と土地：気候変動，砂漠化，土地の劣化，持続可能な土地管理，食料安全保障及び陸域生態系における温室効果ガスフラックスに関するIPCC特別報告書」（政策決定者向け要約（SPM）の概要）より。

[25] 斎藤彰「地球温暖化を否定し続ける米大統領の内輪事情」WEDGE Infinity（2018年12月3日）http://wedge.ismedia.jp/articles/-/14668（2019年7月28日閲覧）

米国の燃料業界は，2000年代に入って原油価格が高騰する中で，在来型石油に代わるシェールオイルやシェールガスの開発・採掘に力を入れてきた。このシェールオイルやシェールガスの採掘ではフラッキング（水圧破砕法）等による乱暴な自然破壊が行われ，しばしば原油噴出事故等も発生した。そのため関係地域の住民や環境保護団体等の強い反対運動が各地で展開された。とくにカナダからメキシコ湾にいたる長大なパイプラインにつなげるキーストーンXLパイプライン建設については，オバマ政権が2015年に建設申請を却下したが，トランプ政権は建設を承認（2017年3月）。それに対して環境保護団体が訴訟を起こし，モンタナ州連邦地裁は建設の一時差し止めの命令を出したが（2018年11月），トランプ政権は再度それを承認（2019年3月），というように関係地域住民，環境保護団体とトランプ政権との厳しい対立が続いている。

　こうした激しい環境破壊等をともないながら進められたシェールオイルの採掘，増産により，米国の原油生産量は2018年にロシア，サウジアラビアを抜いて世界第一位となった。2020年には原油等のエネルギー輸出が輸入を上回る「純輸出国」になる見込みとされる[26]。

　米国は温室効果ガスの中心をなす二酸化炭素の排出量でも世界の15％を占め（2016年），現在トップの中国とともに世界でも抜きんでて多い二酸化炭素の排出国である。その米国がパリ協定から離脱することはパリ協定が目指す温室効果ガス排出削減の目標達成にとって痛手であることは確かである。

　しかし，トランプ政権のパリ協定からの離脱表明にもかかわらず，さきにみたように2018年12月のCOP24ではパリ協定のルールブックが採択され，実施にむけた体制が固められつつある。パリ協定に対するトランプ政権の叛旗をのりこえ，世界は温暖化対策に向けた歩みを前に進めているのである。

　また米国内でも，脱炭素化，自然エネルギーの推進，石油・石炭産業からのダイベストメントの動きが市民，企業，自治体（州）レベルで大きく広

───────────────

(26)「日本経済新聞」（2019年3月27日）

がっていることも見逃せない点である。例えば，カリフォルニア州やニューヨーク州をはじめ少なからぬ州・市から離脱に反対する動きが生まれ，産業界からも離脱批判が相次ぎ，さらに離脱宣言5日後には123の市・9つの州・902の企業と投資家・183の大学が参加して「We are still in」（われわれはパリ協定に残る）とする声明が出された。このように多くの市民，自治体，企業から離脱に反対する動きが生まれ，「離脱はもしかしたら，「取り組みへの後退」ではなく，社会へのカンフル剤となって自主的な取り組みによる前進を引きおこすかもしれない」[27] という見方も生まれている。

　そのこととも関わって注目しておきたいのは，北米を中心に地球温暖化対策をめぐって市民主導の新しい動きが生まれていることである。それは，「気候，雇用，正義」に象徴されるように，気候変動，化石燃料からの脱却を求める運動と先住民たちの石油・石炭企業による化石燃料採掘のための土地取り上げに反対するたたかい，雇用と生活をまもる取り組み等各地の市民主導の様々な取り組みが相互につながりあい，新たな運動の流れ，広がりが生まれつつあることである。そしてそこでは，異議申し立て＝「ノー」だけでなく，そのさきにある明確なビジョン＝「イエス」を提示する試みも生まれている。その一つが，多様な分野の社会運動家等が集まり，議論を積み重ねてまとめられた「リープ・マニフェスト」とそれに基づく活動である。カナダから始められたこの試みは，その後米国やヨーロッパその他の国，地域，団体にも広がりつつある[28]。

　参考までにカナダでまとめられた「リープ・マニフェスト―地球と人間へのケアに基づいた国を創るために―」のうちの一部を紹介しておこう。

---

(27) 藤美保代「"We are still in" パリ協定離脱宣言に立ち向かうアメリカ」（「サスティナブル・ブランドジャパン」2017年6月23日）https://www.sustainablebrands.jp/article/story/detail/1189114-534.html（2019年8月14日閲覧）

(28) こうした取り組みについては，ナオミ・クライン（幾島幸子・荒井雅子訳）『NOでは足りない　トランプショックに対処する方法』（岩波書店，2018年，原著は2017年）参照。

「私たちは，すべての電力を再生可能エネルギーによって賄い，アクセスしやすい公共交通が整備され，さらにはそうした社会の転換によって生み出される雇用や機会が，人種やジェンダーによる不平等を一掃するものであるような国で暮らすことができる。互いをケアしあい，地球をケアすることは，最も急速に成長する経済部門となりうる」

「エネルギー民主主義の時代が到来している。私たちは単にエネルギー源を変えることだけでなく，可能なかぎりにおいて，コミュニティがこの新たなエネルギーシステムを管理すべきだと考える」

「このようにして発電された電気は，ただ単に家の明かりを灯すだけでなく，富を再分配し，民主主義を深化させ，経済を強化し……」

「環境を汚染しない経済への跳躍は，様々な「勝利」を手に入れるチャンスを数え切れないほど生み出す」

これらは，Ⅲで述べる地域から進めるエネルギーシフト，その成果を地域に還元し，地域振興につなげるという我々の視点とも共通するところが多い。

5　脱炭素化，脱原発に向けてのエネルギーシフト

21世紀後半までに温室効果ガスの排出ゼロをめざすパリ協定はエネルギーについての考え方の根本的な転換を迫るものであった。温室効果ガスを大量に排出する化石エネルギーからクリーンエネルギーとしての自然エネルギーへの転換は単なるエネルギー転換ということにとどまらず，エネルギー利用をめぐる産業および社会全体のあり方の一大変革が求められているのである。

世界は今，化石燃料業界の抵抗を乗り越えて，脱炭素化，脱化石エネルギーに向かって大きく動いている。石炭・化石燃料は“座礁資産”化することを見越して，石炭・化石燃料産業から投資を引き上げるダイベストメントの動きが加速し，保険業界や金融機関もこのダイベストメントに大きく舵をきった。ビジネスの世界でも，パリ協定の「2℃目標」に合致する「サイエンス・ベースド・ターゲット（SBT）」（企業版2℃目標）の認定取得や，RE100（再エネ100%）への加盟等脱炭素化に向けた取り組みが急速に広がっ

ている[29]。

　コストの面でも大きく変化してきている。風力発電や太陽光発電が大きく
拡大する中で，発電コストも大幅に低下しつつあり，今や原子力や石炭火力
の発電コストを大幅に下回るようになってきている。例えば，米投資銀行の
ラザードの分析によれば，原子力は2010年9.6米セント/kWh（以下同じ）か
ら2018年15.1に上昇，石炭火力も11.1から10.2にとどまっているのに対し，
太陽光は24.8から4.3と大幅に低下，陸上風力も12.4から4.2に低下し，いずれ
も原子力や石炭火力を大幅に下回るようになっている[30]。自然エネルギー
の急速な普及により，化石エネルギーや原子力よりも自然エネルギーの方が
低コストというのが世界の大勢となってきたのである。

　こうした世界の動きに対し，日本は大きく取り残されている。火力発電，
とくに石炭火力への依存度が大きく（2017年度の電源構成，火力81％，うち
石炭33％），海外での石炭火力発電所の建設にも日本の企業は力を入れてい
る。このような日本に対し，COPの会場ではいつもNGOの団体等から強い
非難が浴びせられてきた。

　日本政府は世界の流れに逆行して石炭火力と原発を増強する立場を依然と
して変えていない。2018年7月に閣議決定した第5次エネルギー基本計画で
は，再生可能エネルギーを「主力電源化」するといいながらも，2030年の電
源構成では22〜24％と非常に低い位置づけにとどめる一方で，原発を依然と
してベースロード電源として位置付け，電源構成では20〜22％とし，石炭火
力についても26％と高い目標値を維持している。石炭火力発電は22基もの新
設計画があり，原発についても依然として国内での再稼働を進め，海外への
輸出も目指してきた。世界から強い批判をあびている石炭火力や原発に固執
するのは，原発や石炭火力が低コストであることを理由としているが，それ

---

(29)『週刊東洋経済』2019年5月18日号。同誌は，この号で「脱炭素時代」に関す
　　る特集を組んでいる。
(30)前掲『週刊東洋経済』53ページ。出所は，ラザード「Levelized Cost of
　　Energy Analysis - Version 12.0（2018年11月）」

は前述した世界の大勢からみれば成り立たない理屈である。

　2019年6月に閣議決定した「パリ協定に基づく成長戦略としての長期戦略」でも，石炭火力発電についてはCO$_2$排出削減に取り組む，依存度を可能な限り引き下げる，とするのみで，石炭火力全廃は明記されなかった[31]。温室効果ガスの排出削減についても，EUは2050年までに80〜95％，2030年40％削減（いずれも1990年比）の目標を設定しているのに対し，日本は2050年までには80％削減だが（基準年次不明），2030年は26％削減という低い目標で（しかも2013年比，1990年比では18％），主要国中最低レベルである。2030年までの対策が決定的に重要とされているにもかかわらずそうはなっておらず（1990年比ではわずか18％削減），2050年までの80％削減をどう進めるのかも明確でない。原発についても可能な限り原発依存度を低減，とするだけで，他方で再稼働を進めることも表明し，原発廃止の方向はみえてこない。石炭火力全廃の立場を明確にして2030年までの温室効果ガス排出削減の目標を大幅に引き上げ，自然エネルギー普及の足かせとなっている原発の廃止を明確に打ち出すことが求められている。

Ⅲ　地域の環境・資源の保全・活用と自然エネルギー

1　地域からのエネルギーシフトと自然エネルギー

　世界の大勢から遅れをとってしまっているが，日本でもあらためて脱炭素化，脱原発に向けてのエネルギー転換，そのための社会の仕組みの転換が不可避になっている。そこで重視すべきは地域からのエネルギーシフトである。太陽光や風力，小水力，バイオマス等の自然エネルギーは，日本では各地域

---

(31)この問題についての提言をまとめた首相の有識者懇談会「パリ協定に基づく成長戦略としての長期戦略策定に向けた懇談会」では，当初座長が石炭火力について「長期的に全廃に向かっていく姿勢を明示すべき」としたが，経団連会長等産業界側の委員の反対で「依存度を可能な限り引き下げ」に修正されたことが報じられている（『東京新聞』2019年4月19日朝刊）。

第1章　環境・資源の保全・活用

に広範に賦存する地域資源である。そうした地域資源としての自然エネルギーの活用は，専ら輸入に依存する化石エネルギーや原発等の大規模・集中型のエネルギーとは異なって，小規模・分散型エネルギーであり，それは活用の仕方如何によって地域再生・地域振興につながる大きな可能性を秘めたエネルギーである。

このエネルギーシフトは，地域に広範に賦存する自然エネルギーの活用によるエネルギー転換として進められるものであり，それ故にそれは，地域から，地域が主体となって進めることが重要である。地域から進めるエネルギーシフトである。

地域に豊富に賦存する地域資源としての自然エネルギーは，地域主導で，地域住民，地域の企業や地域組織，自治体等が主体となって事業に取り組むことで，その成果が地域に還元され，地域の振興につなげることも可能となる。

そのように地域が主導し，地域の再生・振興につなげる形で地域資源，自然エネルギーを活用することで，その取り組みが地域住民に支持されることになる。地域住民が参加し，地域住民に支持される自然エネルギーの取り組みであり，いわば地域内発的な自然エネルギー事業である。

世界風力エネルギー協会は，2011年5月に「コミュニティパワー3原則」を打ち出した。それは，①プロジェクトの利害関係者がプロジェクトの大半，もしくはすべてを所有している，②地域に基礎をおく組織がプロジェクトの意思決定を行う，③社会的・経済的便益の大半が地域に分配される，の3原則で，このうち2つを満たしたものをコミュニティパワーとして認定するというものである。それは，デンマークの風力協同組合の経験を発展させたものと考えられるが，風力発電だけでなく自然エネルギー全体にあてはまるものであり，プロジェクトの成果を地域に還元し，地域の発展に活かすためには地域が主体の取り組みとなること，地域内発的な事業として取り組まれることが重要であることをあらためて示すものといえよう。地域外の企業に主導されたメガソーラーが環境破壊で，地元住民から強い批判を浴びるケース

27

が少なくないことを考えれば，こうした基本点にたって自然エネルギー事業に取り組むことの重要性は，強調しても強調しすぎることはないであろう。

このように地域からのエネルギーシフトは，脱炭素化，脱原発，そのためのエネルギーシフトということだけでなく，地域主導で自然エネルギー事業を進めることによって自然エネルギー事業の成果が地域に還元され，地域の再生・振興にもつながることが重視されるべきである。地域の再生・振興のためのエネルギーシフトである。

とすれば，地域からの自然エネルギー事業については，それが地域主導で進められるように，それを促進，支援するような仕組み，政策をもっと積極的に打ち出すべきではないか。経産省は2020年のFIT制度の抜本的な見直しに向けた検討を進めており，新設の事業用大規模太陽光発電や風力発電についてはFITの買取対象からはずす方針であることが報じられている[32]。大規模な事業用太陽光発電は買取対象からはずすことは妥当としても，重要なことはFITの見直しが地域での自然エネルギーの推進にブレーキをかけることにならないようにすることである。小規模太陽光発電も，ソーラーシェアリング（「営農型発電」）等のように農家，地域が主体となって取り組むものは地域の振興に果たす役割が大きく，伸びしろも大きい。必要なのは，中小規模の太陽光発電，自然エネルギーを地域振興につなげるような方向での制度の設計，運用と支援策である。買取価格の面でも今までのようなメガソーラー等のような大規模太陽光も10〜50kW規模の小規模太陽光も同じ買取価格なのは，コストの実態を反映したものではなく妥当ではない。発電現場の実態を反映した，小規模でもやっていけるようなものにすることが必要であろう。

自然エネルギー電力の系統連携をめぐっても，これまでは電力会社による接続拒否や法外な接続費用の要求等が各地で頻発し，それが自然エネルギー

---

(32)例えば，「事業用太陽光，入札制に＝FIT見直しで中間整理案—「保護から競争へ」・経産省」（JIJI.COM　2019年8月6日），『朝日新聞』社説（2019年8月19日）

第1章　環境・資源の保全・活用

電力の推進に大きなブレーキになってきた。地域での，とくに小規模な自然エネルギー事業の推進にとってはこうした問題の解決が重要である。電力の系統連携については，EUのように新規電源の「接続保証」，「再エネの優先接続」を基本ルールとするとともに，接続に要する費用についても原則系統側が負担し，需要者が広く浅くインフラ利用料金として支払う「一般負担」のルールを明確にすべきである[33]。

　それとあわせて，地域の自然エネルギー電力については，電力の「地産地消」も視野に入れた地域新電力の普及・拡大と地域の自然エネルギー事業との連携・協力が重要になってこよう。

2　多様な自然エネルギーの活用による地域振興

　以下ではそれぞれ多様な形で地域資源を活用した自然エネルギー事業に取り組んでいる事例を簡単に紹介し，それらの取り組みが地域再生・振興にもつながっていること，地域からのエネルギーシフトが地域再生・振興にも活かされていることについて考えてみることにしたい。

（1）家畜糞尿の自然エネルギーとしての活用による農畜産業の活性化

　畜産王国十勝ではこれまでやっかいものとされてきた家畜糞尿を活用した多様なタイプのバイオガス発電が広がっている。集中型（共同型）バイオガスプラントを町が主導する形で展開してきた鹿追町（14戸の酪農家が参加する発電規模200kWの鹿追町環境保全センター，1日3,000頭分の牛ふん処理が可能な250kWのバイオガス発電機4台を装備した瓜幕バイオガスプラント，鹿追町ではこの他に3つの地区に集中型バイオガスプラントを整備する計画），メガファームが事業主体で補助事業によらないバイオガスプラントを複数展開している大樹町，JAが事業主体となる形で個別型バイオガスプラントを順次展開してきた士幌町等である。以下では比較的早い時期からバ

(33)この点については京都大学再生可能エネルギー経済学講座「送電線容量問題への提言（要約）―地域内送電線に焦点を当てて―」（2018年1月29日）参照。

29

イオガス発電に取り組んできた北海道士幌町の事例についてみてみることにしたい。

　士幌町は，十勝平野の北部に位置し，JAの強いリーダーシップのもとで畑作（335戸，9,500ha），酪農（67戸，生乳約9万トン），肉牛（27戸，約5万頭）が相互に連携しながら，酪農や畜産から堆肥を畑作へ供給するとともに，畑作からは麦藁を牛舎の敷料として供給する等畑作と酪農・畜産の有機的な結びつきによる地域循環型農業を推進してきた。

　多頭化した酪農（年間出荷乳量1,000トン以上のメガファームが43％）では，牛の糞と尿が混じって一緒になってしまうフリーストール牛舎での糞尿処理が大きな問題となっていた。そこで様々な試行錯誤を重ねた結果たどりついたのが糞尿を発酵させて発生したメタンガスを燃焼させて発電するバイオガスプラントの導入による糞尿処理である。まず2003〜2004年度に町が事業主体となる形で3戸のモデル農家に個別型バイオガスプラントを設置した。当時はまだFIT導入前のRPS法の時代で，発電した電力の買取価格も低く，いわば糞尿処理が主目的のバイオガスプラントであった。

　FITの導入後は，JAが事業主体となる形で個別型バイオガスプラントが順次設置されていった（**図1-1**）。FITの導入によりバイオガス発電についても比較的高い買い取り価格が設定され，第2世代以降はバイオガス発電も一定水準の売電収入確保が可能となり，第1世代のときのような糞尿処理目的ではなく，副収入確保も目的とするバイオガス発電事業となった。第2世代以降はJAが事業主体であるが，このようにJAが自然エネルギーにも積極的に関わっているところに士幌町の特徴がある。

　士幌町では，こうした形でバイオガスプラントが順次設置され，2016年までに合計11基，67戸の酪農家中12戸に導入された。当初は大規模層が主体であったが，2016年の第5世代では中規模酪農家にも導入された。士幌町では第4世代までは個別型のバイオガスプラントであったが，中規模層で取り組まれた第5世代では共同型での設置となった。今後中規模層にもバイオガスプラントが広がる可能性を示すものとして注目しておきたい。

第1章 環境・資源の保全・活用

図1-1 士幌町のバイオガス発電の取り組み経過

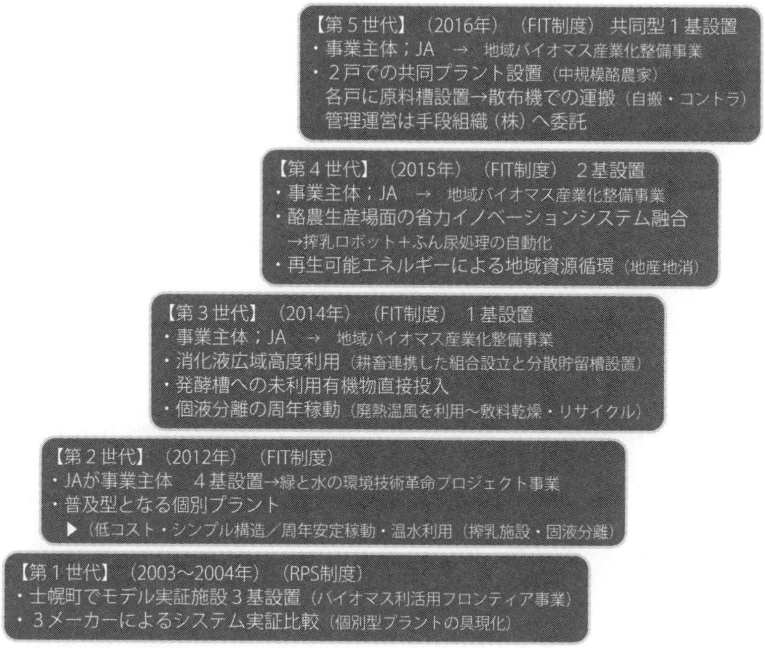

【第5世代】（2016年）（FIT制度）共同型1基設置
・事業主体；JA → 地域バイオマス産業化整備事業
・2戸での共同プラント設置（中規模酪農家）
　各戸に原料槽設置→散布機での運搬（自搬・コントラ）
　管理運営は手段組織（株）へ委託

【第4世代】（2015年）（FIT制度）2基設置
・事業主体；JA → 地域バイオマス産業化整備事業
・酪農生産場面の省力イノベーションシステム融合
　→搾乳ロボット＋ふん尿処理の自動化
・再生可能エネルギーによる地域資源循環（地産地消）

【第3世代】（2014年）（FIT制度）1基設置
・事業主体；JA → 地域バイオマス産業化整備事業
・消化液広域高度利用（耕畜連携した組合設立と分散貯留槽設置）
・発酵槽への未利用有機物直接投入
・個液分離の周年稼動（廃熱温風を利用～敷料乾燥・リサイクル）

【第2世代】（2012年）（FIT制度）
・JAが事業主体　4基設置→緑と水の環境技術革命プロジェクト事業
・普及型となる個別プラント
　▶（低コスト・シンプル構造／周年安定稼動・温水利用（搾乳施設・固液分離）

【第1世代】（2003～2004年）（RPS制度）
・士幌町でモデル実証施設3基設置（バイオマス利活用フロンティア事業）
・3メーカーによるシステム実証比較（個別型プラントの具現化）

出所：西田康一「"農村ユートピア"をめざして～バイオガスプラントを核とした再生可能エネ
　　　ルギーの地産地消の取り組み」

　ただ，今後のバイオガスプラント等の自然エネルギーの一層の普及にとって電力会社（北海道電力）の対応が制約となっていることも指摘しておかなければならない。2015年に設置した第4世代の2基について接続する変電所の関係から5～6月の2ヶ月は土日祝の毎日4時間（10時～14時）売電を停止する制約を課され，さらに2016年設置の第5世代についても北海道電力との系統連携に制約が発生することになった（変電所の受入容量，配電線強化費用負担等）。地域での自然エネルギーの普及にとっては，こうした制約を取り除いていくことが重要である（前述した新規電源の「接続保証」，「再エネの優先接続」等）。

　士幌町ではこれまでにみた11基のバイオガスプラントによって合計出力

31

1,100kW，町内全世帯2,700戸の半分以上の電力をまかなえる自然エネルギーを実現するとともに，太陽光発電や小水力等多様な自然エネルギーの活用にも取り組み，エネルギーの地域循環，地産地消等自然エネルギー活用の輪を広げてきている。2016年からは小売電気事業者である農協子会社の（株）エーコープサービスが町内のバイオガスプラントで発電した電力を買い取り，エーコープ店舗や農協の事務所，小麦，食肉加工施設などに供給し，自然エネルギー電力の地域循環・地産地消の取り組みを開始している。JA士幌町ならではのユニークな取り組みである。

　士幌町では，町が発電事業者となって988kWの大規模太陽光発電施設も設置しており，その収益は基金として積み立て，省エネ，公共施設，産業の活性化対策など地産地消と地域への利益還元を図る施設として稼働させている。士幌町商工会も自然エネルギーに取り組み，商工会が事業主体となった小水力発電所を建設・稼働させている。

　士幌町ではこのように様々な主体が多様な自然エネルギーの事業に取り組み，自然エネルギーの地産地消を実現し，それを地域の農畜産業の振興，活性化につなげている[34]。

（2）地元への利益還元で地域の活性化を図る木質バイオマス発電

　真庭市は岡山県の北部，鳥取県との県境に位置し，森林面積が市域の80％を占め，森林資源に恵まれ，古くから林業，木材産業が盛んなところである。その真庭市で，これまで地域の企業，住民，関係団体，行政等が連携，協力して木質バイオマスの利活用を中心とした取り組みが進められてきた。地元の若手経営者たちが中心となって1993年に立ち上げられた「21世紀の真庭塾」の取り組みから始まり，「真庭市バイオマスタウン構想」策定，認可

---

(34)士幌町のバイオガスプラントの取り組みについては，西田康一（士幌町農業協同組合　畜産部長）「"農村ユートピア"をめざして〜バイオガスプラントを核とした再生可能エネルギーの地産地消の取り組み〜」（NPOバイオマス北海道メールマガジン第7号　2016年11月）参照。

第1章　環境・資源の保全・活用

(2006年)，「真庭市バイオマス利活用計画」等に至る取り組みである[35]。そうした取り組みを基礎に，地域の森林資源を活用したバイオマス発電に向けて，真庭市や木材関係の中心企業である銘建工業，真庭木材事業協同組合，真庭森林組合等真庭地域の林業，木材産業関係の企業，団体，行政が挙げて参加する形で「株式会社真庭バイオマス発電所」（資本金2.5億円）がたちあげられた（2013年2月）。それから2年余りの開設に向けた取り組みが順調に進み，2015年4月発電が開始された。発電はその後も順調に進んでいる。

　バイオマス発電は燃料の確保がポイントで，それをどこから供給しているか（地元からか，外部からか），必要な燃料を安定的に供給する仕組みが整備されているかどうかが，発電所の性格，地域にどれだけ貢献できる事業であるかどうかを評価する上でのポイントとなる。真庭バイオマス発電所の特徴は，1万kWという大規模発電所であるが，他の大規模木質バイオマス発電所で目立つ輸入燃料依存ではなく，地域内から必要な燃料を供給する体制，仕組みをしっかり築き上げ，それ故に発電の利益は地域に還元され，それが地域内で循環する形ができているところに大きな特徴がある。

　真庭市では燃料の安定供給を図るため，製材所，素材生産者，チップ工場等が参加して「木質資源安定供給協議会」を発足させ（2018年で75企業・団体），燃料の供給を一元管理する体制を作り上げている。地域を挙げての燃料供給体制の確立である。それが，1万kWという大規模バイオマス発電所の2015年操業開始以来のフル稼働を支えている。年間発電量7,920万kWh，売電収入21億円の目標も3年連続達成している。

　原料は，地域の森林からの間伐材や林地残材等の未利用木材9.5万トン，市内外の製材所から出る製材端材や樹皮等の一般木材5.8万トンが発電所に隣接する集積基地に集められ，そこでチップ化され，発電所に供給される。

　発電所の設備導入費は41億円（うち林野庁からの補助金14億円）。年間の売電収入は21億円だが，燃料費がその約3分の2の13〜14億円で，それが燃

───────────────

(35)田畑保『地域振興に活かす自然エネルギー』（筑波書房，2014年）参照。

33

図1-2　真庭木質バイオマス発電の事業概要と実施体制

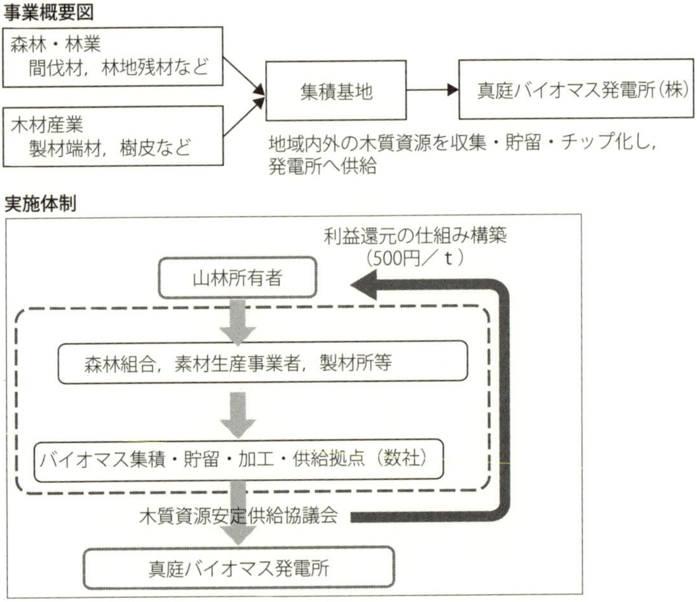

事業概要図

```
┌─────────────────┐
│ 森林・林業        │
│   間伐材，林地残材など │────┐      ┌──────────┐      ┌────────────────────┐
└─────────────────┘    ├─────▶│ 集積基地  │─────▶│ 真庭バイオマス発電所(株) │
┌─────────────────┐    │      └──────────┘      └────────────────────┘
│ 木材産業          │────┘
│   製材端材，樹皮など  │      地域内外の木質資源を収集・貯留・チップ化し，
└─────────────────┘      発電所へ供給
```

実施体制

```
                              利益還元の仕組み構築
                              （500円／t）
        ┌──────────────┐
        │ 山林所有者       │◀──────────────┐
        └──────────────┘                │
               ⇓                        │
   ┌─ ─ ─ ─ ─ ─ ─ ─ ─ ─ ─ ─ ─ ─ ─ ─ ─┐   │
   │ ┌────────────────────────┐  │   │
   │ │ 森林組合，素材生産事業者，製材所等  │  │   │
   │ └────────────────────────┘  │   │
   │            ⇓                 │   │
   │ ┌────────────────────────┐  │   │
   │ │ バイオマス集積・貯留・加工・供給拠点（数社） │ │   │
   │ └────────────────────────┘  │   │
   └─ ─ ─ ─ ─ ─ ─ ─ ─ ─ ─ ─ ─ ─ ─ ─ ─┘   │
         木質資源安定供給協議会              │
               ⇓
        ┌──────────────┐
        │ 真庭バイオマス発電所  │
        └──────────────┘
```

　　資料：「地域への利益還元を実現した木質バイオマス発電（岡山県真庭市）」の図を基に
　　　　　加工・作成。

料供給に関わった地域の林家や林業事業者，木材供給事業者等に還元されている。発電所の燃料の買取価格は1トン1万円（含水率50％以下）で，これは集積所での受入単価5千円，協議会費1千円，輸送費1千円，加工費3千円の割合でそれぞれ関係者に配分されている。さらに木質資源安定供給協議会では，林業・木材産業の活性化につなげるため，林地残材や間伐材を切り出した山林の所有者が分かる産地証明の制度を導入し，バイオマス発電所の燃料購入費から山林所有者に利益を還元する（500円/トン）仕組みも導入している（以上**図1-2**参照）。

　雇用創出効果としては，木質バイオマス発電所による雇用は15人だが，発電燃料の木材供給に関わる間接的な雇用効果も無視出来ない（180名程度の賃金相当が地域に還元されているとみられている）。またこの発電所で発電

34

した電力は市役所のほか市内ほぼ総ての小中学校にも供給され，エネルギー
の地産地消も図られている[36]。

（3）地域主体の小水力発電による持続可能な地域づくり

　長野県飯田市は，おひさま進歩エネルギー等早くから市民主体で太陽光発
電を主体とした自然エネルギーに取り組み，行政がそれを支援してきたところと
して知られている。2013年4月地域環境権条例（「飯田市再生可能エネル
ギーの導入による持続可能な地域づくりに関する条例」）が制定され，市民の
自然エネルギー事業を行政が積極的に支援する仕組みももうけられた。これま
でに上村地区の小水力発電事業も含め10の事業がその認定をうけている。

　飯田市上村地区は2005年に飯田市に編入された旧村で，南アルプスの赤石
山脈と伊奈山地に挟まれた，上村川とその支流にそって南北にのびる峡谷沿
いの山村で，日本のチロルともいわれている遠山郷下栗の里もこの上村地区
に属している。かっては2,500人をこえていた人口は415人（2018年），高齢
化率も54％で，存続の危機に直面している地域である。

　上村地区では地域の存続を図るために，地域の資源を活用した小水力発電
に早くから着目し，それを具体化させるために2011年度に行政区の組織でも
ある「上村まちづくり委員会」が公募する形で「上村に小水力発電を考える
会」を発足させた。翌年にはそれを母体に「上村小水力発電検討協議会」を
立ち上げ，その作業部会を継続的に開催し，事業化の検討を続けてきた。

　そして2014年度に「小沢川小水力発電事業体設立準備委員会」をたちあげ，
2016年9月には「かみむら小水力株式会社」の設立にこぎつけた。この小水

---

(36)真庭市のバイオマス発電の取り組みについては，「真庭バイオマス発電所フル
　　稼働，売電目標クリア，地域に経済循環」（『山陽新聞』2018年5月15日），石
　　田雅也「バイオマス発電を支える地域の木材と運転ノウハウ―岡山県・真庭
　　市で2万2000世帯分の電力を作る―」（シリーズ「自然エネルギー活用レポー
　　ト」No.2，2017年6月20日），「地域への利益還元を実現した木質バイオマス
　　発電（岡山県真庭市）」参照。

図1-3　かみむら小水力発電事業の推進体制概要図

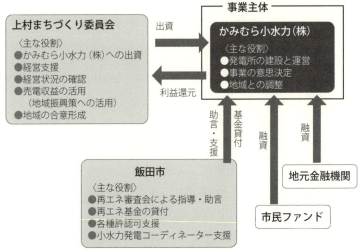

資料：牧野光郎「ESGの視点から考える新たな地域金融モデル～飯田市の取り組みを事例として～」の報告資料の図を基に加工・作成。

力発電事業は，「かみむら小水力株式会社」が事業主体となり，上村地区の北部を流れる小沢川を利用して約190kWの小水力発電所を設置しようとするもので，その売電収益の一部を存続の危機に直面している地域の課題の解決にあてる計画である。

　かみむら小水力株式会社は，前述した飯田市の地域環境権条例の各種支援（飯田市再エネ推進基金貸付等）を受けて事業化を図り，発電した全量を売電し，運営に係わる経費，金融機関や飯田市等への返済を除いた額の一部を上村まちづくり委員会へ還元する。上村まちづくり委員会は，その還元金を，若者の雇用対策や移住，定住支援などをはじめとした，様々な地域振興事業に活用する計画である（図1-3参照）。

　2017年度に詳細設計に着手し，系統接続協議や河川水利使用許可協議が進められ，2018年3月には飯田市の地域環境権条例第10号事業として認定されるにいたった。

第1章　環境・資源の保全・活用

　2018年夏に詳細設計を完了させ，秋には発電所建設工事に着手し，2019年までに発電開始にこぎつける計画となっている[37]。

（4）集落営農の持続的発展と地域づくりを支えるソーラーシェアリング

　以上にみてきた家畜糞尿を利用したバイオガス発電や木質バイオマス発電，小水力発電はそれぞれの地域に固有の資源，いわば地域に密着した資源を活用した自然エネルギー事業である。これに対し太陽光発電は，どの地域にも普遍的に存在する資源である太陽光を活用する事業であり，それだけにその利用の仕方，どのような主体がどのような目的で事業を進めるのか，事業主体と地域との関わりが事業の性格を規定する重要なポイントとなる。とくにソーラーシェアリングは，「営農型発電」ともいわれ，農地の上に設置して行われる発電事業だけにそのことがとくに重要となる。営農，作物の栽培と一体化した形で進められるソーラーシェアリング＝「営農型発電」は農家や農家組織が主体となって取り組んでこそ，農業や地域の振興への貢献はより大きくなる。農業・地域再生に活かすソーラーシェアリングである。

　この「営農型発電」としてのソーラーシェアリングは，関東，東海をはじめ全国に広がりつつあるが，集落営農が事業主体となっているのは全国でもまだごく僅かである。集落営農は農業の担い手が弱体化したところで，地域の農業を支える組織として広がってきているが，その集落営農の経営基盤を安定化させ，集落営農の持続的発展と地域づくりを支える上でソーラーシェアリングが重要な役割を果たすことに注目したい。

　ここで取り上げるのは，高知県四万十町の集落営農（株式会社サンビレッ

────────────────

(37)飯田市上村地区の小水力発電事業にむけた取り組みについては，飯田市HPの他，牧野光郎（飯田市長）「ESGの視点から考える新たな地域金融モデル〜飯田市の取り組みを事例として〜」（2018年4月20日　第4回ESG金融懇談会資料），牧野光郎「市民参加による再エネ事業からの持続可能な地域づくり〜エネルギーと財貨の地域内循環〜」（『第10回市民・地域共同発電所全国フォーラム2018年10月5日〜10月7日資料』）参照。

ジ四万十）が取り組んでいるソーラーシェアリングである。この地区では，圃場整備された農地を守る方策として，一集落一農場方式の集落営農組織（ビレッジ影野営農組合）が2001年にたちあげられた。しかし高齢化により農作業への参加者も次第に減り，作業参加者，後継者の確保が課題となってきた中で，集落営農の法人化が図られた（2010年，農事組合法人ビレッジ影野）。

　それを契機に新規作目（雨除けピーマン，露地しょうが）の導入・拡大による事業の多角化，複合化が図られ，それを担う従業員の雇用にも踏み切った。こうした事業の多角化，複合化で法人の売上高は大きく拡大し（法人化前の2009年の約800万円から2015年には4,000万円近くへ），それにあわせて若手の常勤従業員の雇用も拡大した（2011年1人→2017年5人）。事業の多角化・複合化による集落営農の次代の担い手の育成，確保である。

　こうした法人化，複合化からもう一段ステップアップするためにチャレンジしたのが，農業以外の事業で安定した収入を確保し，集落営農としての強固な経営基盤を築くためのソーラーシェアリングの導入と，そのための株式会社への組織変更である（2014年株式会社サンビレッジ四万十）。ソーラーシェアリングの導入では資金の借入（高知銀行）や農地の一時転用許可取得で大変な苦労を重ねたが，なんとかそれらをクリアし，設置にこぎつけた（2016年）。

　ソーラーシェアリングの規模は集落営農の強みを発揮する形で発電規模927kW，敷地面積97aの大規模ソーラーシェアリングで，FITの買取価格36円，年間の売電収入は約3,700万円である。4,000万円弱だった2015年までの売上高は一気に8,000万円近くにまで拡大し，売電収入はその46％を占めるまでになった（**図1-4**）。集落営農の経営基盤を安定化させるソーラーシェアリングの役割をそこにみることができる。

　サンビレッジ四万十の取り組みとして特筆すべきは，集落営農の持続的発展にむけた取り組みにとどまらず，より広域での集落営農間の連携や地域づくりの取り組みへとその活動の範囲を広げてきていることである。そしてそ

第1章　環境・資源の保全・活用

図1-4　(株)サンビレッジ四万十の部門別売上高の推移

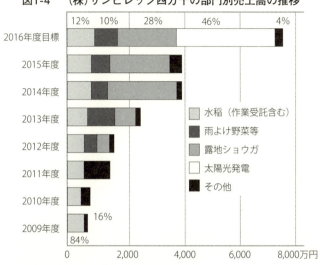

資料：(株)サンビレッジ四万十の資料より。

こでサンビレッジ四万十は中心的な役割を担うようになっている。地域づくり，地域貢献へと発展する集落営農であり，それを経済的に支えているのが基幹作目の充実と大規模ソーラーシェアリングである[38]。

　本章では，Ⅲ-2で取り上げた事例の検討を通じて，地域の様々な主体が協力・連携しながら自然エネルギーの事業に取り組み，その成果を農業や地域の再生・振興につなげていることを確認した。地域が主体となって取り組む自然エネルギー事業が脱炭素化，脱原発のエネルギーシフトを担うとともに，それが地域の再生・振興にもつながっている事例である。地域が主体となったエネルギーシフトの取り組みが地域の再生・振興につながっているのである。それは，大きくいえば脱炭素化，脱原発に向けてのエネルギーシフトといういわば世界的な課題を地域から担う形である。そのような構図にお

---

(38) (株)サンビレッジ四万十の取り組みについて詳しくは田畑保『農業・地域再生とソーラーシェアリング』(筑波書房，2018年)参照。

いて地域の再生・振興に向けた取り組みが地球温暖化対策という世界的な課
題にも連なっていくところにこの取り組みの特徴がある。

第2章

新自由主義グローバリゼーションと
国際農業食料諸関係再編

磯田　宏

I　日本のメガFTA/EPA局面突入と農政

1　日本のメガFTA/EPA局面突入の意味

　2012年12月発足の安倍政権は2013年4月の「日米事前協議合意」で早々に「前払い」譲歩を行なった上で，オバマ政権とともにTPP合意への積極的推進勢力となった。そして2015年10月大筋合意，2016年2月署名をへて，2017年12月国会承認を果たした。

　2017年1月トランプ大統領が就任初日に公約どおりTPP離脱覚書に署名し，かわって「米日2国間交渉を行なう」としてからは，11か国合意（CPTPP）の取りまとめに血道を上げ，2018年3月11か国署名，同6月国会承認をへて，同12月31日に7か国（メキシコ，日本，シンガポール，ニュージーランド，カナダ，オーストラリア，ベトナム）をもって発効させた。EUとの経済連携協定（EPA）についても，ソフト系チーズの関税撤廃などTPP以上の農業市場開放を含み，旧態依然としたISDSシステムへの固執（日本）と代替システムの導入（EU）の対立のために投資紛争解決部分を分離・後回しにまでして，2017年12月妥結，2018年7月署名，同年12月に国会承認，2019年2月1日発効に至らしめた。

　2018年9月の両首脳共同声明で受け入れた日米2国間通商交渉も，同声明や通商促進権限（TPA）法にのっとったUSTRの「交渉目的の概要」からして明らかに2国間FTAに連なりうるのに，対内的には限定的な「物品貿易

41

協定交渉」だという牽強付会の説明をし，2019年8月23日に閣僚間で「大枠合意」し，同10月7日に両国政府が公式署名した。

　かくして日本政府は，CPTPP，日EU・EPA，そして論理的には日米FTAという，メガFTA/EPA局面への突入を明白にした。これを，日本資本主義における新自由主義グローバリゼーションの今日的推進形態と捉えることができよう。

2　メガFTA/EPA照応型農政の特質

　12か国TPPが2015年10月5日に「大筋合意」に至るや，日本政府は『総合的なTPP関連政策大綱』を同11月25日に決定した。その後11ヵ国によるTPP「大筋合意」と日EU・EPA「大枠合意」「妥結」を受けて決定された『総合的なTPP等関連政策大綱』（2017年11月24日）は旧『大綱』をほとんど踏襲したものである。

　『大綱』の「基本的考え方」は，(A)TPPが創出する人口8億人（EU人口5億人超を加えれば13億人）の巨大市場の成長を取り込んで新たなグローバル・バリューチェーンが様々な分野で構築されることがアベノミクスの「成長戦略の切り札」となる，(B)農業もこの巨大な「市場へ打って出る」ことで「成長産業」として「力強い」産業とする，(C)「新輸出大国」「グローバルハブ（貿易・投資の国際中核拠点）」「農政新時代」によってこれらを「総合的に実施する」であった。

　そして「農林水産業の成長産業化を一層進めるために必要な戦略」のための12項目に，規制改革推進会議が「意見」した牛乳・乳製品の生産・流通等改革を加えたのが，『農業競争力強化プログラム』（2016年11月29日）だった[1]。

（1）13項目を略記すると，①生産資材価格形成の見直し，②流通・加工業界構造の確立，③人材力強化システム整備，④戦略的輸出体制整備，⑤全加工食品への原料原産地表示，⑥チェックオフ導入検討，⑦収入保険制度導入，⑧土地改良制度見直し，⑨農村地域就業構造改善，⑩飼料用米推進，⑪肉用牛・酪農生産基盤強化，⑫配合飼料価格安定制度改善，⑬牛乳・乳製品生産流通（指定生乳生産者団体制度）改革，である。

2017年12月8日改訂版『農林水産業・地域の活力創造プラン』は，⑴新旧『大綱』，⑵『農業競争力強化プログラム』，および⑶2013年11月産業競争力会議の提言に端を発する主食用米生産調整廃止という主な要素をあらためて包括して，メガFTA/EPA局面の農政パッケージとして打ち出されたのである。こうして「巨大市場への輸出」による「成長産業化」農政が，アベノミクスの「成長戦略」（＝「日本再興戦略」とそのための「規制改革」）の不可欠の一環に組み込まれた。「成長戦略」とそのための規制改革の最大の眼目・原則は，繰り返し安倍首相も明言したように，「日本は世界で一番企業が活躍しやすい国を目指す」ことだったから，「攻めの」農業・農政のための改革も「日本の農業・農村を世界で一番企業が活躍しやすい部面にする」ことが眼目となり，「成長産業化」を担い，その「果実」をまず受益するのも「企業」となる関係におかれる。

　ここでの大きな論点は，全体としては明らかに比較劣位にある日本農業が，高水準で市場開放するメガFTA・EPAの下で，国内外の需要フロンティアを創出し，そこへ向けたグローバル・バリューチェーンを構築し，「新輸出大国」の一端を担うことなどが，なぜ可能とされ，強力に推進されるのか，である。

　1990年代以降の日本は，実際に農産物輸出率を高めている。それは極度に低い自給率をさらに低下させる中での事態としては特異だが，国内的に栄養的食料不足である，食料を自給できていない，あるいは自給率を下げつつある国も農産物輸出率を高め，世界全体として，農産物・食料の貿易依存度を高めているのはむしろ一般的になっている。日本を含むこのような現象は，従前はそれなりに各国国民経済の中に定置されていた農業部門（までも）が，グローバルな資本蓄積にとって最適な，ますますクロスボーダーに統合される世界市場向けの農業へと再編される「世界農業」化の一環と捉えられるのではないか，というのが本稿の問題提起である。

　このような問題提起の基礎となっている，国際農業食料諸関係とその再編に関する分析方法論について以下で検討を試みる。

II　国際農業食料諸関係再編把握の方法論

1　フードレジーム論の基礎枠組みと「第1フードレジーム」

　国際的な農業食料政治経済学，あるいは農業食料社会学の舞台において，農業食料のグローバリゼーション，より一般的には国際農業食料諸関係の本質とそれが世界各地の農業食料産業を再編する特徴的な様相を，世界資本主義の主要な蓄積様式の歴史段階的な特質との照応関係を重視して究明しようとする有力な方法論的潮流として，フードレジーム（以下，FR）論がある。

　まずFR概念について，それを共同研究として打ち出したフリードマンとマクマイケルという二人の先駆的論稿にさかのぼって確認しておく。Friedmann and McMichael（1989）は[2]，レギュラシオン理論の支配的蓄積・調整諸様式でもって資本主義転形の諸時代を区分するという枠組みを援用する。すなわち19世紀後半の支配的資本主義は外延的蓄積様式をとり，賃労働の量的増大をつうじて資本制生産様式を構築していった。それが20世紀半ばには，「賃金上昇と生産性上昇の契約」というフォード主義的調整に体現される，労働者の消費拡大を市場的基盤にする消費諸関係の資本蓄積過程への結合という内包的蓄積様式を特徴とするものに転形されていた（do., p.95, McMichael 1991, p.75）[3]。

　農業食料部門（その生産，流通・加工，貿易，消費にまたがる諸過程）は，こうした異なる蓄積様式を支えるべくそれに照応した国際的諸関係に編制されるというのが，FRの基礎概念である。すなわち，第1FR（1870～1914年）とは，アメリカを典型とする家族農場によって生産された植民者農業輸出産

（2）Friedmann, H. and P. McMichael, Agriculture and the State System: The Rise and Decline of National Agriculture, 1980 to the Present, *Sociologia Ruralis*, 29 (2), 1989, pp.93-117.

（3）McMichael, P., Food, the State, and the World Economy, *International Journal of Sociology of Agriculture and Food*, Vol. 1, 1991, pp.71-85.

第2章　新自由主義グローバリゼーションと国際農業食料諸関係再編

品（settler agricultural exports，小麦と食肉）という賃金財の低廉な価格
での輸出が，中心部である西ヨーロッパの，繊維産業を基軸とする産業資本
による世界市場への外延的生産規模拡大を，多数の安価賃労働の利用面から
支える，という関係を中軸としていた。またこの時代の植民地農業が，砂糖，
植物油，バナナ，コーヒー，茶，煙草などの労働者消費用熱帯農産品および
綿花，木材，ゴム，藍などの工業原料熱帯農産品を中心部ヨーロッパに輸出
して，資本蓄積を支えるもうひとつの軸になっていた（Friedmann and
McMichael 1989, pp.95-98）。

2　第2フードレジームとその終焉

　第二次大戦後に形成された第2FR（1945～1973年）とは，先進資本主義諸
国における内包的蓄積様式に照応した，国際農業食料諸関係である。ここで
も複数の農業食料の国際分業・貿易関係＝商品連鎖が軸を構成するのだが，
その基礎的条件として重要な第一は，異常なまでの強力な国家保護（国家独
占資本主義）と，アメリカ覇権による世界経済の組織化（冷戦体制における
アメリカ資本主義の圧倒的覇権下で構築されたIMF・GATT体制）である
（*do.*, p.103）。

　第二は，「農業の工業化」の進展，すなわち一方で農耕（farming）は工
業的な投入財とそれに必要な信用にますます依存するようになり，他方で農
産物はますます最終消費財としての食料から工業的加工製品の原料となるこ
と，生鮮農産物でさえ巨大企業の流通ネットワークへの投入財になることで，
「農業食料セクター」という統合されたセクターが形成されたことである
（*do.*, p.103, Friedmann 1991, pp.65-66）[4]。このような農業投入財，農業，
加工諸段階，流通・貿易諸段階が一つのセクターとして国境をまたいで統合

（4）Friedmann, H., Changes in the International Division of Labor: Agri-food
　　Complexes and Export Agriculture, in Friedland, W., L. Busch, F. Buttel, and
　　A. Rudy（eds.）, *Towards a New Political Economy of Agriculture*, Westview
　　Press, 1991, pp.65-93.

45

されていることから，そうした農業食料の国際的産業連鎖は「複合体」
（complex）と呼ばれた（Friedmann 1991, p.71）。第2FRを構成した農業食
料の国際的生産消費諸関係は，3つの複合体である。

　第二次大戦後にアメリカ「援助」小麦が財政負担によって多数の旧植民地
途上国に送り込まれ，後に商業輸出化するが，それは製粉業－製パン業－パ
ン消費という産業連鎖・食料消費パターンのパッケージとして移植されたの
である。かくしてアメリカ小麦生産を起点として援助先諸国へ（日本にも）
越境的に形成されたのが，一つめの「小麦複合体」（wheat complex）であ
る（Friedmann and McMichael 1989, p.104, Friedmann 1991, p.71）。

　二つめは「耐久食品複合体」（durable food complex）である。「耐久食品」
とは，冷蔵，高速長距離輸送，加工，保存剤等による食品の長寿命化および
冷蔵庫等の家庭耐久消費財の普及を物的基礎とした，すぐれて戦後的な加
工・調理食品である。加えて重視されているのは，加工原料農産物の代替に
よって農産物貿易パターンが変えられたことである。

　すなわち甘味料と油脂はほとんどあらゆる加工食品の原料となるが，第
1FR下では，それは主として甘蔗糖とパーム油という植民地熱帯産品が中心
資本主義諸国に供給されていた。ところが，戦後の欧米における国家独占資
本主義的農業政策によって自国内の甜菜糖と油糧種子が保護・増産され，そ
れら旧植民地熱帯産品の代替原料になっていった。さらにアメリカで保護・
増産されたトウモロコシから，亜硫酸浸漬法による澱粉質分離と酵素分解に
よる糖化を大規模に行なう技術が確立・普及したことで，砂糖そのものが果
糖・ブドウ糖という甘味料によって代替されるようになる（Friedmann
1991, pp.74-75）。

　三つめは「集約的食肉複合体」（intensive meat complex）ないし「畜産・
飼料複合体」（livestock/feed complex）である。この複合体形成の技術的・
物的基礎であり前史となったのは，1930年代以降アメリカで推進されたハイ
ブリッド・トウモロコシの開発・普及と大豆の増産（大戦で危ぶまれた熱帯
産植物油代替と戦時食肉生産用大豆粕供給源），およびその戦時食肉供給政

46

第2章　新自由主義グローバリゼーションと国際農業食料諸関係再編

策として開発・奨励された，集約的で科学的に管理された連続的生産システムとしての，工業的な家禽の育種と飼育である。これは飼料作物生産と家畜飼育とが切り離され，それが配合飼料産業を結節点に再統合されるシステムとして登場した。それが戦後，トウモロコシ・大豆生産がそれらに専門化した資本集約的な耕種農業へ，また工業的家畜生産が肉豚，肉牛へと広がることによって，一大複合体を形成するにいたる（Friedmann and McMichael 1989, pp.106-107，Friedmann 1991, p.79）。

　以上の3つの複合体を主な構成要素とする第2FRは，1970年代初頭から混乱・解体過程に入るが，その直接の契機と現象形態は，ソ連による穀物大量買付が引き起こした食料価格高騰，いわゆる「食料危機」である。

　こうして「食料危機」は，米欧農業の増産を刺激するとともに新興農業輸出諸国を台頭させることによって，1980年代の世界的農産物過剰と「貿易戦争」「貿易危機」へと転形され，それがまた第2FRを解体していった（Friedmann 1991, pp.84-87）。

　これらに関してアラギは，より超長期的視点から特徴的な立論をしている。すなわち世界史的な資本主義の生成期（本源的蓄積期）の欧州諸国によるその他世界の植民地化を含めた「グローバリゼーションと非農民化（depeasantization）の間の諸関係」，「農民問題（peasant question）の世界史的枠組み付け（a world-historical framing）」に必要な時代区分を，第1期の第1段階（1492〜1834年）である植民地主義エンクロージャーとイングランドの古典的本源的蓄積の時代，第1期の第2段階（1834〜1917年）である植民地自由主義グローバリズムの時代，第2期（1917〜1973年）である長期の一国的開発主義時代，第3期（1970年代以降）であるポスト植民地新自由主義グローバリズムの時代，と提示している（Araghi 2009, pp.112-114, pp.120-122）[5]。

　第1期第1段階は，コロンブスのバハマ諸島到着を嚆矢とする南北アメリカ等での先住民の非所有者化（dispossession）や皆殺しをつうじた植民地エンクロージャーと，イングランドでの16世紀チューダー朝のエンクロー

47

ジャーの，双方が相まって19世紀における工業的資本勃興の必要条件を整えたとされる。第1期第2段階は，イギリス自由主義産業ブルジョアジーによる救貧法改正（1834年）と原初的福祉体系の解体があり，1839年の反穀物法同盟結成〜1846年同法廃止が「資本のグローバル・フードレジーム」の起源をなす。

第2期は1917年ロシア革命と1973年ベトナム戦争終結によって画される。ロシア革命は，反植民地運動，列強間対抗，ファシズムの台頭などと相まって植民地自由主義グローバリズムの危機を深め，資本に改良主義的撤退としての一国的開発主義を強要した。その経済的内実はケインズ主義であり，社会的・政治的内実は官僚主義的福祉国家，ポスト植民地諸国の国内市場志向型・一国基盤型工業化，その一貫としての農地改革などだった（*do.*, pp.123-127）。しかし第二次大戦後，アメリカの過剰穀物援助を軸とする1945〜1972年の戦後国際食料秩序による世界価格押し下げ，第三世界の輸入食料依存促進，アメリカ的食生活の普及は，一国的・農工併進的開発主義のレトリックとは矛盾していた。

第3期は，1970年代初頭に，一国的開発主義の諸矛盾（途上国による経済主権・資源主権の主張）とケインズ主義の諸矛盾（完全雇用政策による労働者階級への譲歩が生む賃金インフレ），両者によるスタグフレーションと利潤圧縮が，資本をして両形態の改良主義を堪えがたいものとし，ポスト植民地新自由主義グローバリズムへの転換をもたらした。

多くの途上国が重債務化し，それへの構造調整融資によって途上国の農業保護的政策は解体されるいっぽう，先進国からは商業的補助金農産物輸出攻勢がかけられることによって，一国的・農工併進的開発は徹底的に攻撃され，非農民化が一挙に顕在化・加速化する。彼らが膨大な移民・出稼ぎ労働者予

（5）Araghi, F., The Invisible Hand and the Visible Foot: Peasants, Dispossession and Globalization, in Akram-Lodhi, H. and C. Kay（eds.），*Peasants and Globalization: Political Economy, Rural Transformation and the Agrarian Question*, Routledge, 2009, pp.111-147.

第 2 章　新自由主義グローバリゼーションと国際農業食料諸関係再編

備軍にされることから，この時期の食料秩序は「エンクロージャー・フード
レジーム」とも称される（*do.*, pp.131-134）。

このようにアラギの議論は，植民地自由主義グローバリズムの第 1 期とポ
スト植民地グローバリズムの第 3 期とが実は連続性をもち第 2 期が例外的
だったとする（*do.*, p.113），第1FRと第2FR（を含む）時期区分の間に空白
がないといった興味深い特徴をもつが[6]，フリードマン，マクマイケルら
と共通点が多い。

このような意味で，第1FR，第2FRの時期区分とその基本的内実に関して
は，主なFR論者の間で，大筋の共通理解が存在すると考えられる。

Ⅲ　ポスト「第 2 フードレジーム」をめぐって

1　工業的農産物・食料大量供給システム批判への対応としてのFR再編論

しかし第2FR終焉後に，具体的に新たなFRが登場・成立したのか，した
のならそれはいかなるものかについての議論は，収斂しないまま今日に至っ
ている。そのうち本稿の主題に重要と考えられる論点の提起を，以下に摘
要・検討する。

（6）第1FRと第2FRとの間は両大戦間期にあたるが，わが国での「世界農業問題」
論はFR論とは別個に考究を与えている。すなわち，渡辺寛（「世界農業問題」，
宇野弘蔵監修・加藤栄一・馬場宏二・渡辺寛・中山弘正著『講座帝国主義研
究2　世界経済』青木書店，1975年，pp.189-306）と持田恵三（「世界農産物
市場の形成」初出1980年，「農業問題の成立」初出1981年，「総括と展望」初
出1977年時タイトル「世界農業問題の基本視角」，いずれも同著『世界経済と
農業問題』白桃書房，1996年所収）は，農業では資本家的生産様式が成立し
難いにもかかわらず，多くの資本主義諸国はそれを主として政治的理由から
国内に包含せざるを得なくなり，農工間国際分業の貫徹で外部に押し出して
しまうことができなかったことが「農業問題発生」の契機であるとする。そ
の上で，両大戦間期は，第一次大戦後の農業不況やロシア革命に鼓舞された
政治変革運動への対抗，大恐慌への対応の必要性から，主要諸国が国家独占
資本主義的農業保護・自給政策を強めたことで，世界農業問題の内在的矛盾
が深まった（持田にとっては「農業問題の確立」でもある）と捉えた。

49

Friedmann（2005）は[7]，既存FRに対する不満と要求，すなわち食料の安全性と健康への影響，環境問題，資源枯渇，動物福祉，途上国との交易上の懸念が，先進国の富裕消費者・市民から提起されるようになり，社会諸運動となったことを，あらたなFR形成の動態にとって中心的な契機と捉える。

　農業食料問題に限らず，第2FRが対応していた「フォード主義的」蓄積様式のもとで生じた環境諸問題等に対して，先進国等の消費者・市民の間から社会諸運動化された問題提起・要求のうちから，資本が市場機会と利潤拡大に適合的なあれこれの要素を選別的に専横し（selectively appropriate），それを新たな蓄積機会に転形する「グリーン・キャピタリズム」が台頭したとする（do., pp.230-231）。ここで概念化される新たな「企業‐環境FR」（corporate-environmental food regime）とは，それら諸「懸念」を選別的に専横し，私的資本が再組織化した超国籍食料サプライチェーンを軸に形成されんとするFRである。

　こうしてフリードマンは，第2FR終焉後に登場しつつあるFRにおいて，①超国籍小売企業が主体となって編制し，国家・国際機関による「公的基準」「公的認証」をこえた私的「基準」「認証」によって統御する富裕消費者向け超国籍食料サプライチェーンが形成されたと同時に，②地球規模の貧困消費者向けに，遺伝子組み換え等のバイオテクノロジーやさらなる「農業の工業化」技術の進展を基礎として「高度に工学的に改変，変性，そして再構成された原料を含む標準化された可食諸商品 edible commodities」を供給する，いま一種の超国籍食料サプライチェーンが併行して形成されたことも示唆した。つまり「階級的食生活 class diets」とそれを支える複数のサプライチェーンに着目したのである。

　フリードマンはこれらを第3FRの成立とは呼ばないのだが，その重要な理

（7）Friedmann, H., From Colonialism to Capitalism: Social Movements and Emergence of Food Regime, in Buttel, F. and P. McMichael (eds.), *New Direction in the Sociology of Global Development* (Research in Rural Sociology and Development Vol.11), Elsevier, 2005, pp.227-264.

第2章　新自由主義グローバリゼーションと国際農業食料諸関係再編

由は，それが安定的な制度基盤を構築しえていないからだとした（この点で
後にフリードマンは2005年から「企業FR」の「成立」を説くようになるマ
クマイケルとの間で「分岐・不一致」を遂げたと述懐している）。2009年論
文では[8]，安定的な制度基盤の欠落として強大国家による覇権の不在を強
調している。すなわち，第1FRはイギリス覇権の国際通貨制度的基盤として，
金本位制が大英帝国とその世界システムを支え，その中で欧州の移民・作
物・家畜・農法を「新世界」に移植することによってイギリス等欧州中核諸
国に対する穀物・食肉等の輸出生産植民地化を可能にした。第2FRはアメリ
カ覇権のもとに構築され，第二次大戦後の同国過剰農産物を食料援助として
動員することが基軸となっていたが，ブレトンウッズ体制がドル価値を一応
安定させる国際通貨制度的基盤となっていた。

　しかし1971年の金・ドル交換停止を契機とするブレトンウッズ体制の崩壊
によって，アメリカによるドル濫発（＝ドル減価）に対する最終的歯止めが
喪失し，国際金融市場が一挙に不安定時代に突入した。その後もアメリカは
「基軸通貨特権」を行使し続けて財政赤字・経常赤字を膨張させ，「ドル体
制」は明らかに不安定性を増している。こうした状況が続く限り，国際通貨
体制の，したがってまたFRの不安定は続かざるを得ない（だから「成立」
を言うことができない）とするのである（Friedmann 2009, p.339）。

　確かに第1FRが照応的に支えたのは世界資本主義のイギリス覇権型蓄積様
式，第2FRの場合はアメリカ覇権型＝冷戦体制型蓄積様式であり，それぞれ
の覇権を一定期間にわたって安定的に持続させる上で，前者は金本位制また
は金為替本位制としてのポンド体制，後者は疑似金為替本位制（アメリカは
諸外国政府・中央銀行が保有するドルとのみ金との交換に応じる建前）とし
ての固定レートドル体制をはじめとする，覇権国家主導型公的諸制度が重要
な役割を果たしたのは間違いない。

　しかし，FRを「資本主義の世界史的諸段階における基軸的蓄積様式に照

（8）Friedmann, H., Discussion. Moving Food Regimes Forward: Reflections on
　　Symposium Essays, *Agriculture and Human Values*, 26（4），2009, pp.335-344.

応して編制され，かつそれを担う諸資本（農業食料複合体）の蓄積機会をもつくりだすところの，国際農業食料諸関係」と規定する原点に立ち返るなら，それは「覇権安定期」以外の時期にも当然存在した（する）と考えるべきだろう[9]。

冷戦体制終焉後の現段階は，非常に長期的にみればアメリカ覇権の衰退過程であり，現局面は中国との覇権競争・覇権争奪抗争の歴史時代と見ることができるし，ドル体制は不安定性，腐朽性，危険性を増してきている。それでも（中国を含む）世界資本主義の新たな基軸的蓄積様式が不断に形成・展開しており，したがってそれに照応的な国際農業食料諸関係の再編・構築がなされているのだから，安定的な国際通貨制度に立脚した新たな覇権システムが確立しない限り新たなFRの成立が「言えない」のだとしたら，フリードマンもまた「FR分析の有用性の終焉」を宣言することになってしまわないだろうか[10]。

いっぽうフリードマンの「企業－環境FR」論を発展させたのが，キャンベルである。すなわちCampbell（2009）は[11]，「企業－環境フードレジーム」（キャンベルはcorporate environment regimeと表記）が，より持続可

（9）平賀緑『植物油の政治経済学』（昭和堂，2019年）p.29，p.126，p.202など。

（10）Friedmann, H., Commentary: Food Regime Analysis and Agrarian Questions: Widening the Conversation, *The Journal of Peasant Studies*, 43（3），2016，pp.671-692，は，企業FRおよびそれと食料主権運動の対抗を主唱し，結末は，前者が勝利して人類は破滅的な混沌に陥るか，後者が勝利するかだとするマクマイケルと，それを真っ向から批判して「資本が農業を従属させた」「資本の農業問題は解決された」とし，したがって論理的には「資本蓄積における農業セクターだけを抜き出したり特別扱いする理由などなくなってしまう」バーンスタイン（Bernstein, H., Agrarian Political Economy and Modern World Capitalism: The Contribution of Food Regime Analysis, *do.*, pp.611-647）の，両方が実はFR分析の有用性の終焉という共通した帰結を含意している，と批判的に指摘している。

（11）Campbell, H., Breaking New Ground in Food Regime Theory: Corporate Environmentalism, Ecological Feedbacks and the 'Food from Somewhere' Regime? *Agriculture and Human Values*, 26（4），2009，pp.309-319.

52

第2章　新自由主義グローバリゼーションと国際農業食料諸関係再編

能で環境保護的な諸関係を達成できる基盤を持つかどうかを検討する。キャンベルの理解によれば，WTO設立がもたらした一連の新たな世界的食料ガバナンスの諸制度等が，生産基準を調和させ，サプライチェーンの供給源を無限に代替可能にし，国民的な食料規制の範囲と権能を制約し，食料の地域的アイデンティティを押しつぶすところの企業サプライチェーンの基礎をもたらし，それがマクマイケルが「出所不明FR」（'Food from Nowhere' regime）と強調するところのものを生み出した（do., pp.309-310。「出所不明」とは筆者の仮訳である）。

　これに対置されるのが，富裕なヨーロッパ消費者市場ニッチ向けに巨大スーパーマーケットの戦略を軸として形成されてきた，フリードマンいうところの「企業－環境FR」であると整理した上で，これを「出所判明FR」（'Food from Somewhere' regime）と位置づけた（do., pp.311-312。「出所判明」も筆者の仮訳）。これは私的資本が国家，市民，社会運動との交渉をつうじて新たなガバナンス形態を創出し，高付加価値食品を供給する農業食料システムであり，今やヨーロッパ向け野菜・果実サプライチェーンから，さらに地理的にも品目的にも広範囲に拡張しているとする（do., p.314, p.316）。

　その上で「出所判明FR」は，監視・検査・トレーサビリティとそれに基づく情報フローを有しているがゆえに，環境，食品安全，農業生産者状態等に関するシグナルやショック・脅威に対する，積極的で，過去や現在の他のフードレジームよりはるかに濃密なフィードバック機構を備えていると評価する。そのため合成化学薬品使用量を間違いなく削減してきたし，農業における土壌・エネルギー諸問題に対処するための強力なプラットフォームになっており，さらにカーボン・フットプリントやフードマイレージをも組み込みつつあるとも評価される。そこからまた，「出所判明FR」は「出所不明FR」の支配に風穴を開け，新たな食料サプライチェーンの設計を企図する社会運動により大きな力を与える潜在可能性を有すると，結論づけられる（do., pp.316-318）。

　しかしこの評価と展望は，実はキャンベル自身も認識している次のような

53

批判への回答を必ずしも与えていない。すなわち，㋐ローカルなネットワークが持つ柔軟性や適応性を欠いているのではないか，㋑その諸基準に対応困難な脆弱な生産者にとっては排除的でないのか，㋒結局は富裕な消費者向けのレジームであるがゆえに「出所不明レジーム」と併存するしかない，という諸問題である。またキャンベルのFR概念がオリジナルのそれと同じ基礎に立っているのだとすると，それが照応し支える世界資本主義は，フリードマンが指摘した「グリーン・キャピタリズム」なのかも，問われることになる。

　かくてフリードマンの提起からキャンベルへと継承された「企業－環境FR」論は，ポスト第2FR論（ないし第3FR論）として，なお未完であると言える。

　しかしこれらが，新自由主義グローバリゼーションの進展にともなって顕在化せざるえない食料消費の分化・格差化，すなわち「階級的食生活」に照応した，【先進国市民による安全性と健康，環境問題，資源枯渇，動物福祉，不公正交易などへの懸念を「選別的に専横」して新たな蓄積のテコに転化した富裕者向け食料サプライチェーン】と【高度に工学的に改変，変性，再構成された原料を含む標準化された可食諸商品の貧困者向け食料サプライチェーン】（フリードマン），あるいは「出所判明FR」と「出所不明FR」（キャンベル。ただし両者は単一のFRを構成する個別具体的な農業食料のサプライチェーン，あるいは複合体complexesレベルの範疇と捉えるべきだろう）という両極から構成される新たなFRが形成されている，とする問題提起は重要な意味をもつ。なぜなら，それはWTO，さらにはメガFTA/EPAによってクロスボーダーに統合されつつ，その内部が階層的にセグメント化された食料消費市場に結合する複数の農業食料複合体，その一端に組み込まれるものとしての各国農業の「世界農業」化，という進行中の事態の把握・説明に有力と考えられるからである。

2 覇権国家にかわって超国籍資本が統御するものとしての企業FR論

いっぽうマクマイケルは同じく2005年論文で[12]，新たな（第3の）FRとして「企業FR」が成立したと主張してフリードマンと見解を分かった。それはグローバル新自由主義とグローバル開発プロジェクトによって推進され，先進諸国による農業ダンピング輸出と債務諸国への構造調整プログラムの強制とWTO農業協定をテコにして構築された，「世界農業」（world agriculture）による農業・食料循環を原動力にするものとした。

WTO農業協定は，アメリカとEUの農業輸出ダンピングを「グリーンボックス」と称して合法化し存続させるものでしかなかった。途上諸国はこのような見せかけの先進国の「農業市場開放」および「輸出補助金削減」と交換に，債務国構造調整プログラムと相まって，規制緩和・民営化を強いられ，多数の小農民が収奪／非所有者化（dispossession）によって農業から排除され，地域・国内食料供給体制も掘り崩された。その結果，小農民は膨大な非正規労働者化・産業予備軍化され，規制緩和・民営化によって途上国へのアクセスが一層可能となり，また経済の金融化の下で急速に集中化した超国籍アグリビジネスが，「比較優位」部門へと特化して構築する「世界農業」への労働力供給源となった。かくして選別されたグローバル消費者階級向けの企業主導型食料サプライチェーンが構築されたのである（McMichael 2005, pp.266-268, p.270, p.289）。

そのいっぽうで，この成立した企業FRの内部でも，「世界農業」軌道への強行的再編が，それへの対抗運動・軌道として「食料主権」を必然的に生み出しているのであり，したがって「企業FR」の本質を両者の緊張関係として捉える（do., p.274）。対抗の運動と言説を体現するものとしてヴィア・カ

---

(12) McMichael, P., Global Development and the Corporate Food Regime, in Buttel F. and P. McMichael (eds.), *New Direction in the Sociology of Global Development* (Research in Rural Sociology and Development Vol. 11) Elsevier, 2005, pp.265-299.

ンペシーナに代表される，分権化された小農民・家族農業を基礎とした持続的で主として国内市場向けの農業食料生産と，そのような自己決定権を保障するために必要となる国家間，国民国家，地域，ローカルの各レベルにおける民主政治の回復・創出を主張し，かつ実践する運動を位置づけたところが，最大の特徴と言ってもよい[13]。

これらをふまえてMcMichael（2009）では[14]，(ア)企業FRが1980年代〜1990年代と2000年代以降という2つの局面を経ていること，(イ)その第2局面において，企業FRが編制する「世界農業」の構造上で，アメリカとEUのそれに代表されるアグロフュエル政策，膨大化した過剰貨幣資本の農産物・食料市場への投機的流入，同じく過剰貨幣資本を原資とする金融資本によるアグリビジネスのグローバル規模での統合・集中化（それによる独占価格設定力）が進展し[15]，(ウ)それらが相まって，まさに「企業FR」の矛盾の産物として世界食料危機（特に2008年価格暴騰とそれによる食料不足人口の急増，それらに抗議する食料暴動）が作り出された，という把握へと展開した。

フリードマンと分岐することになった覇権の把握については，企業FRは編制原理が以前と異なって帝国でも国家でもなく，「市場」（そこで主導権を握る超国籍企業と新自由主義）であるとする。とはいえ国家は依然として，「北」（先進諸国）における農業・アグロフュエル補助金と，「南」（途上諸国）に対してWTOルールやFTA等を通じて合法化し押しつけた農業自由化とを結合して，現在のフードレジームを構造化している。ただし，今や国家が「市場」に奉仕しているのだとする。

またこの局面区分論で重要なのが，第2局面に資本主義の金融化（換言すると金融的蓄積が世界資本主義の基軸的蓄積様式の位置に本格的・全面的に定置された事態）を，枢要な契機として織り込んだことである。

すなわち，企業FR第2局面では，農業食料分野が2重の意味で，資本の金融化的蓄積とその不可避的な危機を支える役割を果たしたとする。第一に，農産物・食料を組み込んだコモディディインデックス・ファンドが仕組まれ，食料それ自体が投機的投資の対象になったからである。これによって農産

56

第2章　新自由主義グローバリゼーションと国際農業食料諸関係再編

(13)なおバーンスタインは，マクマイケルの「企業FR」対「国際農民運動が中心
となる食料主権」というシェーマが，農業食料をめぐる「悪い」諸傾向はも
ちろん，企業権力，ランドグラブ，栄養問題，健康破壊，生態系破壊，気候
変動など今日の余りに多くの諸問題が「企業FR」におけるアグリビジネスと
企業農業の「決定的な悪行」(definitive vices) の責に帰され，それへのアン
チテーゼとして小規模農民の美徳（virtues）がアプリオリに対置されること
で，複雑で矛盾にみちた現実の分析が置き去りになっているのでないかとして，
強い批判を提示している（Bernstein, *ibid.*, 2016, pp.639-640）。この点，フリー
ドマン（Friedmann, *ibid.*, 2016, p.675）も「マクマイケルの企業FR論はアグ
リフード企業という，画一化された，強力な，単一の軌跡をたどるもの」と
して措定されているために，「具体的な作物，地域，農業者諸タイプがおりな
す様々な糸（小麦，家畜，耐久食品，コーヒー，バナナ等々）の分析へ向か
なくなっている」，換言すればFR論の重要概念だった農業食料複合体分析を
欠いていると指摘している（Friedmann, *ibid.*, 2016, p.675）。
　　また，オルタナティブとしての「国際農民運動が担う食料主権」「農民の道」
論が，「近代資本主義史で繰り返し登場してきた農業ポピュリズム（agrarian
populism）」（Bernstein, H., Agrarian Questions from Transition to
Globalization, in Akram-Lodhi and Kay eds., *ibid.*, 2009, p.254），「農民ポピュ
リズム（peasant populism）＝チャヤノフの遺産」（Bernstein, *ibid.*, 2016,
p.642）への「転向（peasant turn）」ではないかとの疑問を呈している。
　　バーンスタインは自らが，農業資本の登場（それによる労働者階級の生成
と安価食料の調達），工業資本の登場（より広くは資本一般の源泉としての農
業）といった意味内容としての「資本の農業問題」は1970年代以来のグロー
バリゼーションによって解決されたのであり，今日あるのはそのグローバリ
ゼーションがもたらした労働者階級の再生産の危機という「労働者の農業問
題」(agrarian question of labour) とでもいうべき「問題」だとしており，
Akram-Lodhi, H. and C. Kay, The Agrarian Change: Peasants and Rural
Change, in Akram-Lodhi and Kay (eds.), *ibid.*, 2009, pp.3-34による様々な現
代農業問題政治経済学の分類においても，「資本からは切り離された労働問題
としての農業問題論」(decoupled agrarian question of labour) と性格づけら
れている。
　　今日における資本主義の農業問題の本質が何かという論点は，本稿の及ぶ
範囲をはるかに超えるが，マクマイケルが「企業FR」がもたらす負の影響・
害悪を農業食料問題から資源エネルギー問題，生態系問題，気候変動問題等々，
およそ人類が直面しているほとんどあらゆる領域を包括する方向へ拡大させ
ているのは，FR概念の「ブラックホール化」とでも呼べる傾向を，またそれ
と表裏関係で食料主権運動（とくに農民の運動と組織と実践をこそ中心に据
える）がそれらますます全面化する諸問題へのオルタナティブと位置づけら
れるのはその「オールマイティ化」とでも呼べる傾向を帯びつつあるのでは
ないかという疑問を，筆者はバーンスタインと共有するところではある。

物・食料先物売買がデリバティブ市場へ質的に発展して金融資本的蓄積の機会を膨張させ，さらに金融危機で行き場を失った過剰蓄積貨幣資本が同市場にさらに流れ込んだ結果，デリバティブ売買の繰り返しによって先物価格（したがってまた現物価格）の暴騰を招いた（McMichael 2012, pp.63-64）[16]。

　第二に，従来先進諸国を中心に深化してきた「工業化農業」を，世界的にはなお多くの部分を占める低投入・小保有農民的農業分野に拡延することは，一面では農業資本蓄積の場を拡大するのに適合的と言えるが，他面で食料需要の所得弾力性の低さやグローバル新自由主義の下でますます多くの世界人口（労働者≒消費者）が限界化されていることを前提とすれば，農業部面における資本の（剰余価値の）実現には制約があるはずである。これに対する唯一つの突破口こそが，アグロフュエル・プロジェクト（国家と資本による食料と競合する作物起源の大規模工業的な燃料化）だった。

　そしてアグロフュエルとそれが重要な動因となったランドグラブが，金融

---

(14) McMichael, P., A Food Regime Analysis of the 'World Food Crisis', *Agriculture and Human Values* 26 (4), 2009, pp.281-295.
(15) このような，「金融機関がますます農業食料システムに入り込み」，他方でグローバル・スーパーマーケットを典型とするアグリビジネス企業も自社・自社グループ内に金融事業部門を創設・拡大することをつうじて「ますます金融機関のように行動するようになっている」という両方からの作用力によって，「金融化された第3FR」が構築されてきたとして，実質的に「第3FR＝金融化FR」説を打ち出したのが，Burch, D. and G. Lawrence, Towards a Third Food Regime: Behind the Transformation, *Agriculture and Human Values*, 26 (4), pp.267-279だった。それが内容的に「金融資本・スーパーマーケットFR」とでも言いうる特徴をもつことについては，磯田宏『アグロフュエル・ブーム下の米国エタノール産業と穀作農業の構造変化』（筑波書房，2016年）pp.22-23，また農業食料システムの金融化論についてのより新しい展開と論評については，平賀緑・久野秀二「資本主義的食料システムに組み込まれるとき―フードレジーム論から農業・食料の金融化論まで―」（『国際開発研究』28巻1号，2019年）pp.19-37，を参照。
(16) McMichael, P., Biofuels and the Financialization of the Global Food System, in Rosin, C., P. Stock, and H. Campbell (eds.), *Food Systems Failure: The Global Food Crisis and the Future of Agriculture*, Routledge, 2012, pp.60-82.

第2章　新自由主義グローバリゼーションと国際農業食料諸関係再編

危機における「資本の避難場所」となり資本蓄積の新たなフロンティアたり
えているのは，実は投資国政府（アメリカ，EUを典型とするアグロフュエ
ル使用目標の設定，各種減免税，直接的補助金）と，投資受入国政府（土地
「所有権」の確定とそれによる外国資本への大規模農地供与の条件整備，世
界銀行その他国際金融機関やその系列投資会社，先進国政府援助機関などに
よる資金供与を受けたハード・ソフト両面でのインフラストラクチャー整
備）の双方からの，膨大な実質的補助があればこそだった（*do.*, pp.66-70）。

　またランドグラブをひとつの象徴的形態とする，先進国拠点の超国籍資本
だけでなく中国等の新興国や産油国の国家ないし国営企業・国有ファンドに
よる対外大規模農地・農業投資が，食料・燃料・バイオマスの生産・調達の
オフショア化，さらには二酸化炭素隔離の利潤手段化のために推進されるこ
とで，途上国を中心とする投資受入諸国の，自国食料供給とは切り離され，
あるいはそれを担ってきた農民を排除しての輸出農業化，つまり「世界農
業」化が強められている。それは企業FRの再構築（restructuring）と位置
づけられる。

　こうした再構築は，今やWTOの多角的（農産物）自由貿易ルールという
よりは，2国間ないし多国間投資・通商協定（投資家国家間紛争解決システ
ムISDSを含む）にもとづく土地・資源そのものの掌握や調達によって媒介
されているという意味で，「農業－（食料・燃料）安全保障重商主義」
（agro-security mercantilism）とも呼ばれる。そこでは先進諸国だけでなく
新興諸国・産油国も能動的主体となっているという意味で「多極化」
（multi-centric）している点，新たな国家と資本（とりわけ金融化した資本）
の結合体（nexus）が重要な担い手かつ制度・指針・規範設定者になってい
る点も，新しい重要な特徴であるとした（McMichael 2013, pp.117-130）[17]。

　なおマクマイケルは，こうした内容をもつ第3FRを「新自由主義FR」で
はなく「企業FR」と命名する理由を，「以前の2つのFRとは対照的に，新

---

(17) McMichael, P., *Food Regimes and Agrarian Questions*, Fernwood Publishing, 2013.

自由主義下のFRは，諸国家が資本に奉仕するという覇権関係を制度化しており，そのことが企業の諸権利を諸国家とその市民の諸権利の上へと押し上げてきた，特有の編制原理」をもっていること，あるいは企業・市場の総括者としての国家から「国家が企業の支配する市場へ奉仕」への移行という基本的転換を，明確に表現するためだとする（McMichael 2016: p.649, p.657）[18]。

Ⅳ　第3フードレジームにおける「世界農業」化の諸相

本稿ではFR論の主な論者達による以上のような展開をふまえて，第3FRを，①主要先進諸国の高度成長の終焉とブレトンウッズ体制の崩壊を契機とし，1970年代を移行期として（換言すると冷戦体制の終焉過程にともなって），1980年代から新自由主義グローバリゼーションとそれによって促進された経済の金融化と「生産のアジア化・中国化」という新しい蓄積様式への移行に照応した，新たなFRである，②第3FRは1980〜90年代の第1局面と21世紀に入ってからの第2局面に区分できる，③第1局面とは，新自由主義グローバリゼーションの展開が，多国籍企業（機能資本）の直接投資による事業活動の世界化と，それら活動を支援するために国家および超国家機関が冷戦体制下の国家独占資本主義・ケインズ主義福祉国家的な諸規制・諸調整様式をことごとく改廃して，多国籍企業の営業の自由と最大利潤の追求に最適な市場と制度を世界化する過程であった（その到達点としてのWTO），④第2局面とは，世界資本主義の支配的蓄積様式として，資本主義の「金融化」と「生産の中国化」が全面展開する過程に照応したものであり，⑤コモディティ・インデックス市場への農産物・食料先物の組み込み，アグロフュエル産業の大拡張政策，それを一大要因とする食料価格暴騰が一挙に加速したランドグラブなどの形態で，金融化と中国の「世界の工場化」という世界資本

---

(18) McMichael., P. Commentary: Food Regime for Thought, *The Journal of Peasant Studies* 43（3）, 2016, pp.648-670.

第2章　新自由主義グローバリゼーションと国際農業食料諸関係再編

主義の基軸的蓄積様式に照応し，それを支えるようになった，という内容としてとらえたい。

1　第3FR下の世界農産物貿易フローの全般的特徴

表2-1で世界の主要地域別名目農産物輸出入額の推移を見ると，第2FR半ばと言える1962年（前後3か年移動平均。以下同じ）には北米の輸出額が世

表 2-1　世界の地理的主要地域別・名目農産物輸出入額の推移（表示年次前後3か年平均）

（単位：億ドル，%）

			1962	1970	1980	1990	2000	2010	2015
世界合計	実数	輸出額	341	515	2,237	3,188	4,142	11,186	13,105
		輸入額	368	559	2,440	3,439	4,395	11,508	13,630
北米	実数	輸出額	66	91	482	536	711	1,563	1,867
		輸入額	50	74	228	334	559	1,192	1,535
		純輸出額	16	17	254	201	152	370	332
	シェア	輸出額	19.4	17.6	21.6	16.8	17.2	14.0	14.2
		輸入額	13.5	13.2	9.4	9.7	12.7	10.4	11.3
欧州	実数	輸出額	105	194	903	1,559	1,925	4,932	5,561
		輸入額	221	331	1,355	1,921	2,080	5,239	5,481
		純輸出額	▲116	▲137	▲452	▲361	▲155	▲308	80
	シェア	輸出額	30.7	37.7	40.3	48.9	46.5	44.1	42.4
		輸入額	59.9	59.3	55.5	55.9	47.3	45.5	40.2
南米	実数	輸出額	32	45	195	220	358	1,326	1,504
		輸入額	9	12	69	56	122	338	387
		純輸出額	23	33	125	163	236	987	1,118
	シェア	輸出額	9.4	8.8	8.7	6.9	8.6	11.8	11.5
		輸入額	2.4	2.1	2.8	1.6	2.8	2.9	2.8
豪州・NZ地域	実数	輸出額	25	32	118	164	213	423	539
		輸入額	3	3	12	24	41	126	167
		純輸出額	22	29	105	140	172	297	372
	シェア	輸出額	7.3	6.3	5.3	5.1	5.1	3.8	4.1
		輸入額	0.7	0.6	0.5	0./	0.9	1.1	1.2
東アジア	実数	輸出額	9	19	68	170	203	508	714
		輸入額	34	61	319	533	673	1,764	2,249
		純輸出額	▲26	▲42	▲251	▲363	▲470	▲1,257	▲1,535
	シェア	輸出額	2.5	3.6	3.1	5.3	4.9	4.5	5.4
		輸入額	9.3	10.9	13.1	15.5	15.3	15.3	16.5
東南アジア	実数	輸出額	24	26	132	181	252	1,084	1,168
		輸入額	11	16	66	108	196	630	963
		純輸出額	13	10	66	73	57	454	205
	シェア	輸出額	7.0	5.1	5.9	5.7	6.1	9.7	8.9
		輸入額	2.9	2.8	2.7	3.1	4.4	5.5	7.1
アフリカ	実数	輸出額	39	52	132	118	139	382	488
		輸入額	16	22	146	154	202	665	800
		純輸出額	23	30	▲14	▲36	▲63	▲283	▲312
	シェア	輸出額	11.5	10.2	5.9	3.7	3.4	3.4	3.7
		輸入額	4.4	4.0	6.0	4.5	4.6	5.8	5.9

資料：FAO, *FAOSTAT.*

61

界の19％を占めていた。これに次ぐのが（内部貿易の多い欧州を除くと）アフリカ，南米，オーストラリア・ニュージーランド地域で，これら4地域で輸出の48％を占めた。輸入では欧州がシェア60％と圧倒的だが，同時に東アジアのシェアも既に10％近くになっていた。

　その後北米は，第2FR終焉の画期となった「食料危機」を含む1970年代半ばから1980年前後にかけて輸出シェアを高めるが，その後趨勢的には低下させていく。その結果，輸出シェアを14％程度まで落とし，輸入シェアは11％超へと再び高めている。

　欧州は1970年代に入って以降，その輸入シェアを漸次下げていき，2015年は40％程度になると同時に，遂に純輸出地域化した。つまり第2FRの終焉は共通農業政策の進展によって欧州が世界最大輸入地域としての性格を転換することも意味し，第3FRとはそれが自給地域化をへて純輸出地域化する過程だったのでもある。

　その他の地域で特徴的なのは，まず南米が1990年前後に向けて，つまり第2FRおよびそこから第3FRへの移行期にかけて輸出シェアを一旦落としたのが，その後飛躍的に輸出額を増やしてシェアも12％に迫ろうとしていることである。

　次に東アジアがすでに第2FR下の1960年代から純輸入地域として10％前後の大きなシェアを持っていたのが，その終焉と第3FRへの移行期から輸入額増大とシェア拡大を加速し，今やEUの域外輸入額をはるかに上回る世界最大の輸入地域・純輸入地域化したことである。東南アジアも規模と段階にラグがありつつ，同様の方向へシフトしている。これらは換言すると冷戦体制の崩壊からポスト冷戦体制に移行する過程における「（工業）生産のアジア化」[19] がこれら地域の農業の比較劣位化を促進し，新たなFRの一方の基軸になったことを示唆する。

　最後にアフリカは，1960年代，つまり「アフリカの年」による独立初期には11％以上の輸出シェアをもち，第1FR的な性格を残していた。その後急速に輸出シェアを落とすと同時に輸入シェアを上げ，1980年には純輸入地域化

第2章　新自由主義グローバリゼーションと国際農業食料諸関係再編

した。第2FRの進行，終焉，第3FRへの移行はそれを促進した。しかし最近になって輸出額増加率が再加速して，輸入額増加率を上回る状況が出てきている。

2　農産物貿易フローの地域別変化を代表する典型国の動向

第2FRの最大基軸だったアメリカ農産物輸出の世界シェアは，第2FRから第3FRへの移行期をへると，南米，EU，一部東南アジアなどの新農業輸出国の台頭で11％以下にまで落ちた（**表2-2**）。他方で長期的趨勢として輸出増加を輸入増加が上回り，直近の1,200億ドルは巨大輸入センター化した中

表2-2　アメリカと主要西欧諸国の名目農産物輸出入額の推移（表示年次前後3か年平均）

（単位：百万ドル，％）

			1962	1970	1980	1990	2000	2010	2015
アメリカ	実数	輸出額	5,354	7,286	41,418	44,674	55,293	120,632	142,205
		輸入額	4,096	6,070	18,204	26,384	44,379	91,595	120,057
		純輸出額	1,258	1,216	23,214	18,290	10,914	29,036	22,148
	シェア	輸出額	15.71	14.15	18.51	14.02	13.35	10.78	10.85
		輸入額	11.12	10.87	7.46	7.67	10.10	7.96	8.81
イギリス	実数	輸出額	1,005	1,437	7,699	12,431	15,239	25,035	27,592
		輸入額	5,569	5,786	15,757	21,802	27,054	54,593	57,288
		純輸出額	▲4,563	▲4,350	▲8,058	▲9,371	▲11,814	▲29,558	▲29,696
	シェア	輸出額	2.95	2.79	3.44	3.90	3.68	2.24	2.11
		輸入額	15.12	10.36	6.46	6.34	6.16	4.74	4.20
フランス	実数	輸出額	1,299	3,168	17,250	31,549	33,680	64,388	64,505
		輸入額	2,309	3,273	13,991	21,943	23,469	50,755	52,530
		純輸出額	▲1,010	▲104	3,259	9,606	10,211	13,633	11,976
	シェア	輸出額	3.81	6.15	7.71	9.90	8.13	5.76	4.92
		輸入額	6.27	5.86	5.74	6.38	5.34	4.41	3.85
オランダ	実数	輸出額	1,370	3,096	15,405	29,465	30,031	80,326	79,147
		輸入額	1,000	2,084	10,815	17,005	17,701	50,120	52,189
		純輸出額	370	1,013	4,590	12,459	12,330	30,206	26,958
	シェア	輸出額	4.02	6.01	6.89	9.24	7.25	7.18	6.04
		輸入額	2.71	3.73	4.43	4.95	4.03	4.36	3.83

資料：FAO, *FAOSTAT.*

(19) 戦後資本主義のME革命にともなう生産のアジア化と冷戦体制解体との関係については，南克巳「『冷戦』体制解体の世界史的過程におけるアメリカ資本主義—ME化とアジア化を軸線として—」（『1986年度土地制度史学会秋季学術大開報告要旨』）pp.58-68，同「冷戦体制解体とME＝情報革命」（『土地制度史学』第147号，1995年）pp.21-37。

国の1,080億ドルよりも多く，国単位では世界最大である。依然として世界最大の輸出国ではあるが，純輸出額規模は相対的に小さくなり，2015年の221億ドルは，ブラジル648億ドル，アルゼンチン327億ドル，オランダ270億ドルの後塵を拝し，オーストラリア204億ドル，タイ175億ドル，インドネシア170億ドル，ニュージーランド168億ドル，EU（ネット）151億ドルなどに迫られている。

　かくしてアメリカは第3FR第2局面の，依然として輸出における基軸であるが，同時に輸入における中国とならぶ基軸になっており，別言するとアメリカ農業もまた著しく「世界農業」化が進んだのである。

　これと対照的に，第2FR前半まではなお輸入センターたる性格を残していた欧州だが（その意味で基層に旧いFRの構造を残していた），特にEC・EUを中心に域内貿易を膨張させながら対外的に純輸出地域化した，その動きを牽引したのは主として3つの型の諸国である。第一が，元来大輸入国にして大純輸入国でもあったのが，輸出増加率が輸入増加率を上回り続けたことによって，今日も純輸入国とは言えそのギャップを大幅に縮小させた，イギリス，ドイツ，それに準じたイタリアの型である。第二に，EC発足時は純輸入国だった，あるいは若干の純輸出国だったものが，反転して大輸出国・大純輸出国化したフランス，スペイン，オランダの型である。第三が，冷戦体制終焉後に加盟した旧社会主義中東欧の大国であるポーランドとルーマニアの型である。加盟前後までは純輸入国だったのが，加盟後短期間のうちに，EU内国際分業再編の下で急激に輸出を増大させて純輸出国化している。

　かつての欧州に代わって大輸入センター化した東アジアを代表する3か国は（**表2-3**），「生産のアジア化」の時系列にしたがって，第1FR期から輸入の急増を始めていた日本，第3FRへの移行期から急増させた韓国，そして第3FR第2局面，21世紀になって一挙に世界第2の輸入国に躍り出た中国という図式が鮮やかである。

　アメリカが純輸出幅を急減させる中で，この東アジア・中国の巨大輸入を支える役割に躍進したのが，南米である。この場合の特徴は急激な巨大輸出

第2章　新自由主義グローバリゼーションと国際農業食料諸関係再編

表2-3　東アジア3か国の名目農産物輸出入額の推移（表示年次前後3か年平均）

(単位：百万ドル，%)

			1962	1970	1980	1990	2000	2010	2015
中国 （本土）	実数	輸出額	388	927	3,180	8,798	11,606	35,136	49,593
		輸入額	654	504	5,143	5,670	9,150	71,870	107,703
		純輸出額	▲266	423	▲1,962	3,129	2,456	▲36,733	▲58,110
	シェア	輸出額	1.14	1.80	1.42	2.76	2.80	3.14	3.78
		輸入額	1.78	0.90	2.11	1.65	2.08	6.25	7.90
日本	実数	輸出額	163	329	908	1,174	1,899	3,088	3,554
		輸入額	2,103	4,030	17,519	29,114	35,334	56,626	54,114
		純輸出額	▲1,940	▲3,701	▲16,612	▲27,940	▲33,435	▲53,538	▲50,560
	シェア	輸出額	0.48	0.64	0.41	0.37	0.46	0.28	0.27
		輸入額	5.71	7.21	7.18	8.47	8.04	4.92	3.97
韓国	実数	輸出額	15	77	591	1,125	1,609	3,758	5,574
		輸入額	119	468	3,457	6,572	7,964	18,995	24,431
		純輸出額	▲104	▲391	▲2,866	▲5,446	▲6,354	▲15,237	▲18,856
	シェア	輸出額	0.04	0.15	0.26	0.35	0.39	0.34	0.43
		輸入額	0.32	0.84	1.42	1.91	1.81	1.65	1.79

資料：FAO, FAOSTAT.

地域化であり，しかも圧倒的な純輸出地域化というところにある。

　これをもっとも体現するのはブラジル（2015年の輸出額744億ドル，純輸出額648億ドル），次いでアルゼンチン（344億ドルと327億ドル）であり，チリ，パラグアイもスケールは小さいが相似形的展開をとげている。端的には，第3FR第2局面において「世界の工場」中国輸入─「世界の農場」ブラジル輸出という新たな基軸が成立したのである。

　前述のようなアフリカの動向は，主として2類型の諸国の趨勢が合成されたものである。**表2-4**では西アフリカと東アフリカから2か国ずつだけを取り出しているが，ナイジェリアは1960年代は輸出シェアも高い旧来的植民地型輸出国だったが，その後国内向け食料の増産も十分なしえず，また新たな輸出産品への転換も微弱なまま大幅な純輸入国化の道を歩んでいる。同じ西アフリカでもコートジボアールは，旧来的植民地型モノカルチャー輸出の性格をますます強めながら輸出額を大幅に増大させ（全輸出額のうちカカオ豆だけで約50％，カカオ調整品類を合わせると約70％），他方で基礎食料を輸入依存する（米と小麦で全輸入額の約40％），というパターンを辿っている。

　東アフリカでは，エチオピアが一方で輸出額を急増させたが，その内容は

65

表2-4　西アフリカと東アフリカ4か国の名目農産物輸出入額の推移
（表示年次前後3か年平均）　　　　　　　（単位：百万ドル，%）

			1962	1970	1980	1990	2000	2010	2015
ナイジェリア（不）	実数	輸出額	380	419	525	233	416	1,178	1,133
		輸入額	80	134	2,148	567	1,365	5,816	6,544
		純輸出額	300	285	▲1,623	▲334	▲949	▲4,638	▲5,411
	シェア	輸出額	1.11	0.81	0.23	0.07	0.10	0.11	0.09
		輸入額	0.22	0.24	0.88	0.16	0.31	0.51	0.48
コートジボアール（不，純）	実数	輸出額	147	316	1,812	1,650	2,151	5,783	7,203
		輸入額	42	80	449	427	424	1,446	1,550
		純輸出額	105	236	1,363	1,223	1,727	4,337	5,653
	シェア	輸出額	0.43	0.61	0.81	0.52	0.52	0.52	0.55
		輸入額	0.11	0.14	0.18	0.12	0.10	0.13	0.11
エチオピア（不，純，後）	実数	輸出額	72	114	377	279	294	1,753	3,385
		輸入額	7	16	93	208	262	1,325	2,211
		純輸出額	65	98	284	71	32	427	1,174
	シェア	輸出額	0.21	0.22	0.17	0.09	0.07	0.16	0.26
		輸入額	0.02	0.03	0.04	0.06	0.06	0.16	0.16
ケニア（不，純）	実数	輸出額	116	168	668	666	1,031	2,652	2,394
		輸入額	40	53	153	194	467	1,734	2,018
		純輸出額	75	115	514	471	564	919	376
	シェア	輸出額	0.34	0.33	0.30	0.21	0.25	0.24	0.18
		輸入額	0.11	0.09	0.06	0.06	0.11	0.15	0.15

資料：FAO, *FAOSTAT*.
注：国名の後（　）内は，「不」が低所得食料不足国（Low Income Food Deficit Countries），「純」が食料純輸入途上国（Net Food Importing Developing Countries），「後」が後発開発途上国（Least Developed Countries）で，いずれも2016年時点の分類である。
　なおここでの「食料不足」とは，直近3か年のカロリー換算した食料純輸入国。「後発開発途上国」とは，国連開発計画委員会が設定した基準によるもので，1人当たりGNIが1,025ドル以下で，人的資産指数（Human Assets Index：5歳以下死亡率，栄養不良人口比率，妊婦死亡率，中等教育就学率，成人識字率の組み合わせ）と，経済脆弱性指数（Economic Vulnerability Index：人口規模，遠隔性，輸出率，農林漁狩猟業GDP比率，低地沿岸部居住人口比率，財・サービス輸出不安定性，自然災害犠牲者率，農業生産不安定比率の組み合わせ）とを総合した指標で定義される。

　近年では伝統的産品未焙煎コーヒー豆が全輸出額の約30％を占めるものの，生鮮野菜果実が20％以上を占めるようになっており，輸出品構成が再編されている。他方で輸入においては基礎食料ないしその原料であるパーム油，小麦，米，精糖が全体の60％近くを占める構造という点では上述西アフリカ2ヵ国と類似している。ケニアでも輸出額の増大は近年その内容を変化させるとともに，2000年代以降輸入額（同上4品が50％強を占める）が急激に増加して，2010年代には純輸出額が減少している。

　なお注目しておくべきは，西アフリカのコートジボアール，東アフリカのエチオピア，ケニアが，いずれも「低所得食料不足国」，「食料純輸入途上

第2章　新自由主義グローバリゼーションと国際農業食料諸関係再編

表2-5　西アフリカと東アフリカの4か国対外債務状況の推移

(単位：名目百万米ドル，%)

		1980	1990	2000	2010	2017
ナイジェリア	対外債務残高	8,938	33,458	32,374	15,484	40,238
	同上・対 GNI 比率	14.6	120.1	80.5	4.4	11.0
	年間対外債務元利返済額	1,151	3,336	1,855	1,257	3,573
	財・サービス輸出および第一次所得収入	27,759	14,761	21,183	83,697	52,327
	財・サービス貿易および第一次所得の収支	5,754	4,904	5,800	▲ 7,594	▲ 11,578
	経常収支	5,178	4,988	7,427	13,111	10,381
	1 人当たり GDP（名目米ドル）	n.a.	686	570	2,365	1,995
コートジボアール	対外債務残高	7,462	17,251	12,060	11,704	13,433
	同上・対 GNI 比率	77.1	187.3	124.1	48.8	34.4
	年間対外債務元利返済額	1,407	1,262	1,022	751	2,239
	財・サービス輸出および第一次所得収入	3,640	3,561	4,512	12,811	12,716
	財・サービス貿易および第一次所得の収支	▲ 1,121	▲ 1,033	89	904	▲ 86
	経常収支	▲ 1,826	▲ 1,214	86	465	▲ 490
	1 人当たり GDP（名目米ドル）	1,256	960	664	1,193	1,528
エチオピア	対外債務残高	824	8,645	5,516	7,286	26,562
	同上・対 GNI 比率	n.a.	71.4	67.4	24.4	33.2
	年間対外債務元利返済額	45	236	139	176	1,388
	財・サービス輸出および第一次所得収入	573	606	1,008	4,652	6,680
	財・サービス貿易および第一次所得の収支	▲ 299	▲ 743	▲ 665	▲ 5,330	▲ 12,970
	経常収支	▲ 226	▲ 294	13	▲ 425	▲ 5,566
	1 人当たり GDP（名目米ドル）	215	269	130	361	817
ケニア	対外債務残高	3,387	7,055	6,148	8,848	26,424
	同上・対 GNI 比率	48.1	86.0	48.9	22.2	35.7
	年間対外債務元利返済額	433	791	593	402	1,602
	財・サービス輸出および第一次所得収入	2,061	2,233	2,821	9,127	10,838
	財・サービス貿易および第一次所得の収支	▲ 1,033	▲ 895	▲ 1,120	▲ 4,696	▲ 9,466
	経常収支	▲ 876	▲ 527	▲ 199	▲ 2,369	▲ 5,018
	1 人当たり GDP（名目米ドル）	642	553	479	1,039	1,695

資料：1 人当たり GDP は IMF, *World Economic Outlook Database, April 2019*（2017 年は推定値），その他は World Bank, *DataBank: International Debt Statistics*（2019 年 8 月 29 日更新版）.

国」，「後発開発途上国」の複数に該当する国でありながら（**表2-4**注を参照），早い場合は1970年代から，遅い場合で2000年代以降に急速に輸出額を増やし，他方で多くの基礎食料を輸入していることである。これは国内基礎食料の自給を放棄または断念しながら輸出に傾斜する，まさに食料不足途上国における「世界農業」化にほかならない。

　これら諸国が自国農業を「世界農業」化せざるを得なかった重大な要因が，多額の債務とその償還のための事実上の強制である。**表2-5**によると，各国で一定のタイムラグはあるが1980年代から1990年代に対外債務が劇的に増大し（対GNI比70～190％），その年間元利返済額に充てられるべき貿易・第一次所得収支が赤字という，極めて厳しい状況におかれた（同収支が黒字だっ

67

表2-6 アメリカの品目別・相手地域別輸出入額（2018年）

	品目合計			穀物・同調製品（04）			油糧作物	
	輸出額	輸入額	純輸出額	輸出額	輸入額	純輸出額	輸出額	輸入額
世界総計	127,659	121,816	5,843	26,207	12,650	13,557	19,490	1,121
アフリカ合計	4,232	3,017	1,215	1,309	16	1,292	1,382	24
東部アフリカ小計	266	1,115	▲ 849	150	1	149	2	22
中部アフリカ小計	297	30	267	7	0	7	0	0
サハラ以北アフリカ小計	2,799	424	2,376	745	3	741	1,360	0
南部アフリカ小計	283	331	▲ 48	57	10	47	1	0
西部アフリカ小計	587	1,118	▲ 531	350	2	348	20	2
アジア合計	55,604	28,980	26,624	10,892	2,230	8,662	10,346	219
東アジア小計	32,835	8,425	24,411	6,689	559	6,130	4,603	45
その他アジア小計	3,682	456	3,225	940	64	876	857	1
東南アジア小計	11,177	14,290	▲ 3,113	1,758	932	826	3,164	5
南アジア小計	3,004	4,583	▲ 1,579	194	454	▲ 260	1,394	148
西アジア小計	4,906	1,227	3,680	1,311	221	1,090	328	20
カリブ海・中米合計	23,961	29,826	▲ 5,865	7,305	3,476	3,829	2,303	39
欧州合計	12,215	12,881	▲ 666	930	1,437	▲ 507	3,470	62
欧州 EU 諸国小計	11,976	10,877	1,099	903	1,385	▲ 482	3,466	50
欧州非 EU 諸国小計	239	2,003	▲ 1,764	27	51	▲ 24	4	12
旧ソビエト連邦合計	691	828	▲ 136	13	15	▲ 2	144	88
北米合計	22,417	23,582	▲ 1,164	3,360	4,731	▲ 1,371	603	525
オセアニア合計	1,894	4,872	▲ 2,978	142	29	114	31	3
南米合計	6,645	17,831	▲ 11,186	2,256	716	1,540	1,210	163

資料：United Nations, *Comtrade*.
注：1）品目分類は，国連の「標準国際貿易分類 第 1 次改訂版」（Standard International Trade Classification Revised 1, 1960）によっている。
　　2）「品目合計」には表出のほか，「生きた動物（00）」，「乳製品・卵（02）」，「砂糖・同調製品（06）」，「コーヒー・茶・カカオ・香辛料・同調製品（07）」，「未加工穀物を除く飼料（08）」，「その他調整食品（09）」，「切花草類（2927）」を含む。

たナイジェリアも2000年以後は赤字に転落）。かくて先進諸国の事実上の補助金輸出によって国際価格が低廉化されている基礎食料の国内生産を高付加価値輸出農産物へ「転換」して，この債務返済に充てざるをえなくなっている。すなわち，「世界的分業再構築の手段としてのグローバル債務レジーム a global debt regime」による「過剰消費グローバルセンター向けの」「自国用食料作物を犠牲にした」高付加価値「農業輸出の促進」であり（Araghi 2009, pp.131-133），「債権者が強制した構造調整」の狙いであり結果でもある「非伝統的農産物輸出」なのである（Bernstein 2016, pp.621-622）。

（単位：百万名目米ドル）

(22)	食肉・同調製品 (01)			魚類・同調製品 (03)			果実・野菜 (05)		
純輸出額	輸出額	輸入額	純輸出額	輸出額	輸入額	純輸出額	輸出額	輸入額	純輸出額
18,368	19,044	9,710	9,334	5,614	23,219	▲ 17,605	20,009	30,698	▲ 10,689
1,358	576	1	575	51	256	▲ 206	182	612	▲ 430
▲ 20	9	0	9	0	72	▲ 72	53	112	▲ 59
0	261		261	6	0	6	5	1	4
1,360	86	0	86	5	83	▲ 78	87	208	▲ 121
1	111	0	111	16	40	▲ 25	29	214	▲ 185
18	109	1	108	24	61	▲ 37	9	77	▲ 69
10,128	10,318	274	10,044	2,970	11,359	▲ 8,389	7,378	4,333	3,045
4,559	8,418	218	8,200	2,639	3,336	▲ 697	3,924	1,598	2,327
856	785	4	781	42	154	▲ 113	364	25	339
3,159	742	40	702	239	5,212	▲ 4,973	931	2,121	▲ 1,190
1,246	41	1	40	20	2,580	▲ 2,560	630	237	393
308	332	11	321	31	77	▲ 46	1,528	352	1,176
2,265	4,544	1,535	3,009	156	1,236	▲ 1,080	1,874	16,113	▲ 14,239
3,408	294	801	▲ 507	1,017	2,133	▲ 1,115	3,524	1,111	2,413
3,416	263	797	▲ 534	999	925	74	3,436	1,063	2,373
▲ 8	32	4	27	19	1,208	▲ 1,189	88	48	39
56	115	1	114	116	610	▲ 494	102	23	78
78	2,161	2,873	▲ 711	1,190	3,253	▲ 2,063	6,340	2,112	4,228
28	315	3,456	▲ 3,141	65	323	▲ 258	353	281	72
1,048	720	768	▲ 49	49	4,048	▲ 3,999	255	6,111	▲ 5,857

3　FRの現局面と「世界農業」化を代表する諸国の農業食料貿易構造

（1）世界最大の輸出国かつ輸入国に変容したアメリカの農業食料貿易構造

　第2FRでは３つの農業食料複合体の中心に位置して，その最大輸出軸の役割を果たしていたアメリカは，第3FR第２局面の今日では，世界最大の輸出国でありながら最大の輸入国へと大きく変容した。その構造はどのようなものか（**表2-6**）。

　注目すべき最初の点は，輸出入額が拮抗して，出超が58億ドルと相対的にごくわずかになったことである。品目分類別に見ると，穀物等（出超136億ドル），油糧作物（184億ドル），未加工穀物を除く飼料（91億ドル），食肉（93億ドル），乳製品等（24億ドル）で稼いだ出超が，魚類等（入超176億ドル），コーヒー等（113億ドル），果実・野菜（107億ドル）で，ほとんど帳消

しになる構造である。輸出品の大宗が穀物等，事実上の輸出補助金で支援されたバルク商品であるのに対し，輸入品のますます多くの部分が途上国産労働集約的「高付加価値」商品になっていることから，今後は輸出入が逆転することも容易に予想される。

　大幅な出超になっている穀物等の輸出先は，総額262億ドルのうちアジアが41.6％，うち東アジア25.5％（日本15.4％，韓国7.2％，中国2.7％），東南アジア6.7％，カリブ海・中米が27.9％（圧倒的にメキシコ19.3％），油糧作物では総額195億ドルのうちアジア53.1％，うち東アジア23.6％（大豆輸入総量9,000万トンに迫る中国が16.3％，日本5.4％），大豆を対外依存する欧州が17.8％となっている。

　また食肉類が穀物類，油糧作物につぐ大輸出品目にして出超品目になったのも，大きな変化である（輸出総額に占めるシェアが1965年3.4％から2018年14.9％へ）。その輸出先構成は，ここでもアジアが54.2％を占め，うち東アジア44.2％（日本20.4％，韓国12.8％。香港8.7％），ついでカリブ海・中米が23.9％，うちメキシコが17.2％となっている。

　これらに，配合飼料や2000年代後半以降アメリカのコーンエタノール生産激増に随伴して急増しているその副産物飼料としてのDDGs（ドライ・ディスティラーズ・グレイン）などからなる「未加工穀物を除く飼料」を加えた，穀物・油糧種子－加工飼料－食肉製品という品目群（それらを一貫的に調達・加工・飼養・処理・販売・輸出するのが多角的・寡占的垂直統合体型アグリフードビジネスとしての「穀物複合体」[20]）を「穀物複合体品目」として合計してみると，その輸出額は773億ドルで輸出総額の60.6％を占める。またその地域構成が，アジア48.2％（うち東アジア28.6％，東南アジア14.5％），カリブ海・中米21.4％となる。

　こうして農産物食料輸出国としてのアメリカは，世界資本主義の「生産のアジア化」（日本～アジアNIEs～ASEAN）から今日的局面では「生産の中

(20)磯田宏『アメリカのアグリフードビジネス—現代穀物産業の構造再編—』（日本経済評論社，2001年）pp.58-74ほか。

70

第2章　新自由主義グローバリゼーションと国際農業食料諸関係再編

国化」を，また副次的にはNAFTA体制下での地域版「生産のメキシコ化」を，「穀物複合体」品目群で支えている。それは中国資本主義だけでなく，中国やメキシコに巨額の対外直接投資や委託生産を行なっているアメリカ資本主義自身の蓄積様式をも支えているのである。

　他方，輸入面で生じた大きな変化が，果実・野菜（307億ドル），魚類等（232億ドル），の巨額化である。いずれも2017年統計で世界シェアが13.7％と16.9％でトップである。

　その輸入先構成は，果実・野菜の場合，カリブ海・中米が52.5％（うちメキシコが40.2％）と基軸をなし，南米19.9％（うちチリ8.5％），アジア14.1％（中国4.9％，ベトナム4.3％）である。カリフォルニアの資本家的農場およびパッカーが供給長期化のためにアリゾナ，ニューメキシコと南下する延長線上にメキシコへ生産・調達源を拡延し，また南半球チリ等から「反対季節」輸入をしていることがよく反映されている。

　魚類等の場合，アジアが48.9％（うち中国12.4％，インドネシア8.5％，ベトナム6.9％，タイ5.4％），南米17.4％（うちチリ9.6％），カナダ14.0％である。

　このように見ると，アメリは一方で「穀物複合体」品目群輸出で世界資本主義の「生産のアジア化・中国化」を支えつつ，他方で自国資本主義の中産階級以上の健康志向からくる生鮮果実・野菜消費や脱食肉の受け皿としての水産物消費，またそれを「選択的に専横」するグリーン・キャピタリズム型スーパーマーケットや外食チェーンなどへの蓄積機会提供を，メキシコ，チリ，中国，東南アジアからの輸入でまかなっており，これがアメリカ農（漁）業における「世界農業」化の具体的形態である。

（2）今日的「世界の工場」中国の蓄積を支える農業食料貿易構造

　上述・FAOの「農畜産物」統計ベースで世界第2の輸入国に躍り出た中国の，国連Comtrade統計ベースでの2017年農業食料輸入額974億ドルの輸入先構成は（**表2-7**），南米33.0％（うちブラジル23.9％），北米27.7％（アメリカ21.8％），アジア13.6％（タイ3.9％，ベトナム2.7％），オセアニア10.8％

71

表 2-7　中国（本土）の相手地域別輸出入額（2017 年）

	品目合計			穀物・同調製品 (04)			油糧作物 (22)		
	輸出額	輸入額	純輸出額	輸出額	輸入額	純輸出額	輸出額	輸入額	純輸出額
世界総計	64,338	97,368	▲33,031	2,874	7,000	▲4,126	1,069	43,048	▲41,979
アフリカ合計	2,788	1,626	1,162	445	0	445	80	821	▲741
東部アフリカ小計	335	687	▲352	80	0	80	1	554	▲553
中部アフリカ小計	198	2	196	33	0	33	0	0	0
サハラ以北アフリカ小計	632	116	516	3	0	2	78		78
南部アフリカ小計	256	355	▲99	9	0	9	1		1
西部アフリカ小計	1,367	467	900	321	0	321	0	266	▲266
アジア合計	41,705	13,196	28,509	2,046	2,335	▲290	765	104	662
東アジア小計	22,402	2,076	20,326	1,291	211	1,080	239	51	187
その他アジア小計	2,245	609	1,636	44	55	▲11	41	0	40
東南アジア小計	13,992	9,641	4,351	574	1,967	▲1,393	181	17	164
南アジア小計	1,529	678	851	91	94	▲3	144	35	109
西アジア小計	1,537	192	1,345	45	8	37	161	0	160
カリブ海・中米合計	994	554	440	15	2	14	1	1	▲0
欧州合計	6,469	9,803	▲3,334	88	123	▲36	173	7	167
欧州 EU 諸国小計	6,345	9,056	▲2,711	86	123	▲36	170	6	164
欧州非 EU 諸国小計	124	746	▲623	2	1	1	3	0	3
旧ソビエト連邦合計	2,469	2,607	▲137	93	620	▲528	10	273	▲263
旧ソ連アジア小計	473	159	314	12	59	▲47	6	55	▲49
旧ソ連中央アジア	439	159	280	12	59	▲47	5	55	▲50
旧ソ連西アジア	35	0	34	0	0	0	1		1
旧ソ連欧州小計	1,996	2,447	▲451	80	561	▲481	4	218	▲214
旧ソ連 EU 諸国	71	28	43	0	0	▲0	1		1
旧ソ連非 EU 諸国	1,925	2,419	▲495	80	561	▲481	3	218	▲214
北米合計	7,723	26,939	▲19,217	122	2,039	▲1,917	34	17,096	▲17,062
オセアニア合計	1,176	10,552	▲9,375	51	1,879	▲1,828	5	111	▲106
南米合計	1,013	32,089	▲31,076	14	1	13	1	24,636	▲24,635

資料と注：表2-6に同じ。ただし相手地域には表出以外に「その他ラテンアメリカ」と「その他」があるので，総計とは一致しない。

（ニュージーランド5.6％，オーストラリア5.2％）となっている。イギリス「世界の工場」段階の第1FRだけでなく，アメリカ「世界の工場」段階の第2FRでも，農業食料貿易はアメリカ大陸から欧州へ（1965年アメリカの「品目合計」輸出先構成は欧州40.6％＞アジア34.2％）という大西洋基軸だった。それが中国「世界の工場」段階の第3FR第２局面では，アメリカ大陸から中国・東アジアへという太平洋基軸へ旋回したのである。これは2018年アメリカからの「品目合計」輸出先構成でアジア43.6％（うち東アジア25.7％）≫欧州9.6％，2017年ブラジルでアジア60.8％（うち東アジア37.7％）≫欧州

第２章　新自由主義グローバリゼーションと国際農業食料諸関係再編

（単位：百万名目米ドル）

食肉・同調製品（01）			乳製品・卵（02）			魚類・同調製品（03）			果実・野菜（05）		
輸出額	輸入額	純輸出額	輸出額	輸入額	純輸出額	輸出額	輸入額	純輸出額	輸出額	輸入額	純輸出額
4,681	9,591	▲4,910	314	4,912	▲4,598	18,477	8,176	10,301	18,656	8,967	9,689
15	5	9	1	0	1	637	134	503	516	371	144
3	4	▲1	0	0	0	130	61	69	53	3	50
1		1	0	0	0	81	0	81	44	0	44
1		1	1	0	1	105	9	96	56	94	▲38
9		9	0	0	0	64	21	43	85	263	▲179
1	1	▲0	0		0	257	42	215	278	11	268
4,058	69	3,989	270	171	99	10,475	1,980	8,495	13,218	4,672	8,546
3,314	65	3,249	235	16	219	6,327	643	5,684	4,666	250	4,416
377	1	376		4	▲4	1,350	145	1,204	108	107	1
310	1	309	31	151	▲120	2,442	925	1,517	7,209	4,118	3,091
13		13	0	0	0	191	258	▲67	685	103	583
44	2	42	3		3	165	8	157	549	95	455
10	20	▲10	2	0	2	582	81	501	168	57	111
145	2,517	▲2,372	13	1,176	▲1,163	2,310	1,066	1,244	1,211	266	945
144	2,517	▲2,373	13	1,172	▲1,159	2,274	514	1,760	1,181	261	920
1	0	1		4	▲4	36	552	▲516	31	5	25
121	0	120	0	21	▲21	436	1,468	▲1,032	1,267	58	1,209
27	0	27	0	0	0	10	4	6	298	19	279
14		14	0		0	8	4	3	292	19	273
13		13			0	3		3	6	0	6
94	0	94	0	21	▲21	425	1,463	▲1,038	968	39	929
1		1		1	▲1	11	18	▲7	18	7	12
94	0	93	1	20	▲20	414	1,446	▲1,031	950	32	918
275	1,735	▲1,460	19	426	▲407	3,274	2,064	1,211	1,803	1,324	480
52	1,947	▲1,896	8	3,075	▲3,067	395	749	▲354	187	752	▲564
6	3,297	▲3,291	1	42	▲41	368	631	▲263	286	1,467	▲1,182

16.8％ということでもわかる。

　品目分類別に見ると，油糧作物430億ドル・輸入総額比44.2％が断トツで，以下食肉等が96億ドル・9.9％，穀物等が70億ドル・7.2％，乳製品等が49億ドル5.0％である。これらの輸入先構成比は，油糧作物（≒大豆）がブラジル48.6％，アメリカ32.6％，食肉等がEU26.2％，ブラジル19.4％，アメリカ12.4％，オーストラリア10.4％，ニュージーランド9.9％である。畜種別には牛肉が南米（ブラジルとウルグアイ）49％とオセアニア34％，豚肉がEU66％と北米25％，家禽肉が南米85％（ほぼブラジル）である。

　穀物等はオーストラリア26.8％（主として小麦），アメリカ22.0％（同・ト

ウモロコシ），ベトナム15.0％（米），タイ8.7％（米），乳製品等がニュージーランド55.1％，EU23.9％（うちフランス8.3％，ドイツ5.3％，オランダ2.9％）である。

　かくして中国は，「穀物複合体」品目群（表出していない飼料を含めて）の輸入を南北アメリカ大陸に依存し，ただし食肉ではこれをEUからの豚肉，オセアニアからの牛肉が補完するという構造によって，「世界の工場」たる自国基礎食料調達を支えている。同時に，世界的にはなお相対的低賃金国に属することから，果実・野菜と魚類等では東・東南アジア諸国を主対象とする大輸出国として他の「生産のアジア化」諸国を支える側面も有する。

　この意味で，中国農（漁）業もまた「世界農業」化しているのである。

（3）グローバル債務レジーム下の東アフリカ農業食料貿易構造

　世界最大の純輸出国へと飛躍したブラジルの農業食料貿易構造については，以上で見てきたアメリカの大輸出国としての相対的地位低下，「世界の工場」中国に対する「穀物複合体」品目群の最大供給源としての飛躍という，2つのグローバルな再編と表裏の関係にあり，輸出品としての相対的地位は低下したものの依然として砂糖，コーヒーの大輸出国という性格も基層にもっているという点を指摘するにとどめる。

　そこで最後に，グローバル債務レジームをテコに，世界の富裕消費者向け高付加価値「農業輸出の促進」構造に組み込まれた事例を，東アフリカのケニアで検証する（**表2-8**）。

　ケニアは1960年代から一貫して輸出額を増やしているが，その増加率はとくに1960年代，1970年代，1990年代，2000年代に高かった。他面で1980年代からは輸入額増加率の方が高くなっていることが特徴的である。その結果，一貫して純輸出国ではあるが，2000年代後半から純輸出額が減少している。

　2018年の輸出総額31億4,000万ドルの品目構成は，コーヒー等が16億2,000万ドル・51.6％を占め，その限りでは旧植民地型特産品輸出国の側面を強く保っているが，他方で注目すべきは，果実・野菜が5億8,900万ドル・18.8％，

74

切花草類が５億7,500万ドル・18.3％を占めるようになっている点である。これらの高付加価値・非伝統的農産物の輸出先は，果実・野菜の場合，EUが63.8％（うちイギリス21.7％，オランダ17.9％，フランス11.3％，ドイツ4.6％），西アジアが10.8％（アラブ首長国連邦6.7％，サウジアラビア2.0％），また切花草類の場合，EUが75.6％（オランダ50.4％，イギリス16.6％），アジア10.6％（アラブ首長国連邦3.3％，サウジアラビア2.9％，日本1.4％）となっており，要するにEU，産油国，日本のグローバル富裕消費者市場向けなのである。

　輸入総額17億1,000万ドルの品目構成は，穀物等が９億1,200万ドル・53.3％，砂糖等が２億2,200万ドル・13.0％，乳製品等が１億800万ドル・6.3％などとなっている。輸入先構成（2017年）は，穀物のうち小麦（４億1,000万ドル・185万トン）がロシア30.8％（金額ベース），アルゼンチン19.7％，ウクライナ10.4％，米（２億5,900万ドル・63万トン）がパキスタン59.4％，タイ25.3％である。砂糖等はアフリカが66.7％（うちモーリシャス16.6％，ウガンダ15.6％，エジプト13.8％），アジアが15.5％（うちインド10.2％），南米が10.7％（うちブラジル10.6％）である。また乳製品等は東アフリカが92.6％（うちウガンダ90.7％）となっている。

　つまり輸入の大宗は基礎食料であること，そのうち穀物等は小麦について第２グループとでもいうべき大輸出国，米もアジアの大輸出国に依存しているのに対し，砂糖等と乳製品等はアフリカ近隣諸国に依存している。後者の品目群では，ケニアが富裕国向け輸出によって獲得した外貨の一部が，他のアフリカ債務国に間接的に流入しているとも言える。

　かくしてケニアの事例によって，グローバル債務レジームによる元利返済強制が生み出した，先進大輸出諸国の実質的輸出補助金によってダンピング価格化している基礎食料農産物の自給断念と，そこから富裕国≒債務国サイド向けの高付加価値・非伝統的輸出農産物への転換という形で，別種の「世界農業」化が貫徹していることが確認できる。

表 2-8　ケニアの相手地域別輸出入額（2018 年）

	品目合計			穀物・同調製品（04）			乳製品・卵（02）		
	輸出額	輸入額	純輸出額	輸出額	輸入額	純輸出額	輸出額	輸入額	純輸出額
世界総計	3,140	1,710	1,430	56	912	▲856	2	108	▲107
アフリカ合計	538	681	▲144	54	148	▲94	2	101	▲99
東部アフリカ小計	300	527	▲228	54	139	▲85	1	100	▲99
中部アフリカ小計	35	1	33	0		0	0		0
サハラ以北アフリカ小計	178	68	110	0	7	▲7	0	0	0
南部アフリカ小計	7	45	▲38	0	3	▲3	0	0	▲0
西部アフリカ小計	18	39	▲21	0	0	▲0	0	0	0
アジア合計	1,142	395	747	1	282	▲281	0	1	▲1
東アジア小計	77	66	12	0	25	▲25		0	▲0
その他アジア小計	3	0	3		0	▲0			0
東南アジア小計	36	88	▲51		78	▲78	0	0	▲0
南アジア小計	653	207	446	0	167	▲167		0	▲0
西アジア小計	372	35	337	0	11	▲10		1	▲0
カリブ海・中米合計	0	0	▲0		0	▲0			
欧州合計	1,183	171	1,012	0	73	▲72	0	7	▲7
欧州 EU 諸国小計	1,124	167	956	0	72	▲71	0	7	▲7
欧州非 EU 諸国小計	59	3	56	0	1	▲1	0	0	▲0
旧ソビエト連邦合計	123	248	▲124		243	▲243		0	▲0
旧ソ連アジア小計	34	0	34						
旧ソ連中央アジア	32	0	32						
旧ソ連西アジア	2	0	2						
旧ソ連欧州小計	89	248	▲159		243	▲243		0	▲0
旧ソ連 EU 諸国	3	14	▲12		14	▲14			
旧ソ連非 EU 諸国	87	234	▲147		230	▲230	0		▲0
北米合計	121	76	45	0	62	▲62	0		▲0
オセアニア合計	28	15	13	0	14	▲14	0		▲0
南米合計	1	124	▲123		90	▲90			

資料と注：表 2-6 に同じ。ただし相手地域には表出以外に「その他」があるので，総計とは一致しない。

V　「世界農業」化路線の進展と「国民的農業」路線の対置

1　「世界農業」化のグローバルな進展と諸形態

　表2-9によって，農業食料貿易フロー構造の変化，したがって農業食料の国際分業の再編動向を，第3FRへの移行後，1990年代以降について総括的に概観することができる。

　第一に，世界全体として貿易依存度が高まった。統計データが名目米ドルなので価格変化を反映しているが（特に2000年代食料価格暴騰），生産額の

第２章　新自由主義グローバリゼーションと国際農業食料諸関係再編

（単位：百万名目米ドル）

砂糖・同調製品 (06)			コーヒー・茶・カカオ・香辛料・同製造品 (07)			果実・野菜 (05)			切花草類 (2927)		
輸出額	輸入額	純輸出額	輸出額	輸入額	純輸出額	輸出額	輸入額	純輸出額	輸出額	輸入額	純輸出額
53	222	▲169	1,620	53	1,567	589	176	413	575	0	575
52	148	▲96	258	36	223	34	129	▲95	6	0	6
44	70	▲26	61	21	39	28	101	▲73	0	0	0
7		7	7	1	6	2	1	1	0		0
0	30	▲30	174	7	167	2	9	▲6	1		1
	10	▲10	2	5	▲2	1	19	▲17	3	0	3
1	37	▲36	15	2	13	0	0	0	1		1
0	34	▲34	888	9	879	108	14	95	61		61
	3	▲3	44	1	43	8	5	3	14		14
	0	▲0	3	0	3	0	0	0	0		0
	2	▲2	12	3	9	10	0	10	1		1
0	23	▲23	623	4	620	26	2	24	1		1
0	7	▲7	206	2	204	64	6	58	45		45
	0	0	0	0	0	0	0	▲0	0		0
1	15	▲15	319	6	313	380	12	368	463	0	463
1	15	▲15	292	5	287	376	12	364	435		435
	0	▲0	27	1	26	4	0	4	28		28
	0	▲0	84	0	84	11	4	7	28		28
	0	▲0	31		31	0		0	2		2
			31		31				1		1
		0	53	0	53	11	4	7	26		26
			0		0				2		2
			52		52	10	4	7	24		24
0	0	▲0	55	0	55	56	9	47	3		3
0	0	▲0	13	0	13	0	0	▲0	15		15
	24	▲24	0	2	▲2	0	8	▲8	0		0

年平均増加率が1992〜2000年0.8％，2000〜2010年9.4％，2010〜2015年2.3％だったの対し，貿易額（輸出サイド）は同2.4％，10.5％，3.2％だったので，貿易依存度が1992年の25.5％から2015年の33.7％へ大きく上昇した。地理地域別にも性格グループ別にも全ての地域で上昇した。

　第二に，その中でも地域別・国別の分化が進んだ。輸出率を高めながら自給率を上昇させた類型がEU（域内貿易除く），南米（ブラジル筆頭），オセアニア（オーストラリア，ニュージーランド）である。これらは第3FRにおいて，新たなグローバル農業食料輸出源という形での「世界農業」化を遂げ

表 2-9　世界主要地域・国の農産物貿易依存度等の推移

(単位：%)

		前後3か年平均			
		1992	2000	2010	2015
世界合計	貿易（輸出）依存度	25.5	29.1	32.1	33.7
アメリカ	貿易依存度	49.1	57.9	67.9	73.9
	輸出率	30.7	32.1	38.6	40.1
	自給率	114.2	106.8	110.2	106.7
EU28か国 （域内貿易除く）	貿易依存度	29.3	42.9	56.3	68.2
	輸出率	12.9	20.3	27.2	36.0
	自給率	96.6	97.7	98.2	104.0
アジア	貿易依存度	28.0	28.2	30.6	33.3
	輸出率	10.3	9.8	11.8	12.0
	自給率	93.0	92.0	93.4	91.5
アフリカ	貿易依存度	25.0	29.9	37.6	47.2
	輸出率	10.1	12.2	13.7	17.9
	自給率	95.3	94.8	90.8	89.7
南米	貿易依存度	41.1	49.5	55.5	58.0
	輸出率	30.8	36.9	44.2	46.2
	自給率	125.8	132.2	149.1	152.2
オセアニア	貿易依存度	97.1	109.5	112.5	139.6
	輸出率	80.8	89.4	84.4	103.6
	自給率	282.4	326.3	228.5	309.3
中国（本土）	貿易依存度	9.0	7.4	11.3	13.0
	輸出率	6.2	4.1	3.7	4.1
	自給率	103.5	100.9	96.3	95.4
日本	貿易依存度	31.9	43.8	59.3	68.9
	輸出率	1.4	2.2	3.1	4.2
	自給率	77.4	71.8	65.3	62.4
後発開発途上国	貿易依存度	27.3	32.5	31.9	44.8
	輸出率	10.0	10.9	9.4	13.4
	自給率	93.1	90.3	88.4	84.7
低所得食料不足国	貿易依存度	13.2	16.9	21.0	25.3
	輸出率	6.7	8.4	9.7	11.4
	自給率	100.3	99.8	98.4	97.6
食料純輸入途上国	貿易依存度	35.6	39.7	44.4	53.2
	輸出率	15.2	15.4	15.7	18.8
	自給率	95.1	91.8	88.4	86.5

資料：FAO, *FAOSTAT*.

注：1）生産額は，Value of Agricultural Production: Gross Production Value (current USD) である。このデータが1991年からしか得られない。

2）輸出入額は，Export Value/Import Value: Agricultural Products, Total, である。

3）貿易依存度＝（輸出額＋輸入額）÷生産額，輸出率＝輸出額÷生産額，自給率は便宜的に＝生産額÷（生産額−輸出額＋輸入額），とした。

第2章　新自由主義グローバリゼーションと国際農業食料諸関係再編

た。そして南米を筆頭に，中国の世界最大級の輸入基軸化に照応した動きである。

これに対し輸出率を高めながら自給率を下降させた類型が，アメリカ，アジア，アフリカ，中国（2010年代に入ってから輸出率が反転上昇傾向），日本であり，途上国食料需給構造別では後発開発途上国，低所得食料不足国，食料純輸入途上国もこれにあたる。

そのような中，日本は第2FRの半ば（1960年代）以降，「生産のアジア化」の先陣を切って自給率を急速に低下させたが，第3FRではその自給率低下をさらに進めながら輸出率を高めるという，突出した様相を呈している。

第三に，これら全ての再編動向が共通して示すのは，一般的な農業生産余力・輸出余力の有無とは別に，新自由主義グローバリゼーションの広まりと深まりを背景として，各国・各地域の農業が，より統合化され障壁が消失していくボーダーレス市場において，階層別・属性別にセグメント化されたサブ市場に向けた農業食料複合体の一貫に組み込まれる上で「最適」の農業分野へと再編・専門化され，農業食料全体の「水平貿易」が著しく展開したことである。すなわちグローバル規模での「世界農業」化にほかならない。

2　「世界農業」化路線の矛盾と「国民的農業」路線の対置―日本によせて―

日本政府によるメガFTA/EPA局面への突入は，日本資本主義における新自由主義グローバリゼーションの今日的推進形態と捉えることができ，それに照応するのが「農業競争力強化プログラム農政」，それを推進するのが集権的・専横的「官邸農政」である。

このような意味での「農業競争力強化プログラム農政」の枢要点は，第一に，国内外をつうじたグローバルな階層的にセグメント化された諸市場に合わせた，日本農業と関連産業のふるい分けである。(A)端的に中下層消費者市場セグメント向けの農産物・食料のうち，そこで最重視されるコスト面で比較優位に立つ展望のない分野は，メガFTA・EPAの高水準市場開放自体によって他国調達型グローバル・バリューチェーンに置き換える。(B)いっぽう

79

市場開放下でも，国内外をまたぐ富裕層市場セグメント向けに「（超）高品質」や「健康的・文化的価値（和食の世界遺産化等）」によって比較優位に立ちうる分野は「成長産業化する農業」に指定され，国内調達型グローバル・バリューチェーンの川上段階に位置づけられる。ただしその場合でも，コスト「国際競争力」の強化も迫られる。(C)国内産が価格優位性を持っているわけではないが，商品特性・国際市場構造・政治的必要などから「他国調達型」への置換が（当面）困難な分野は，賃金財としての低廉化のためにも徹底したコスト削減が，生産・流通・加工の全段階にわたって強いられる。

　第二に，(B)や，(C)のうちの一定部分が「成長産業」に位置づけられる場合，それを掌握しかつ受益するのは，国内外の企業でなくてはならない。生産の直接的担当者としての農家等は，企業直営農場に置き換えられるか，グローバル・バリューチェーンのチャネルキャプテンたる内外企業の統御下に収められなければならない。そこからまず，内外一般企業の農地所有権取得自由化が引き続き最重要課題となる。また川上，川下から組合員農業生産者を支援してきた農協グループは排除されるか，あるいはチャネルキャプテン企業の傘下や一部に編入されなければならない。

　したがって，メガFTA/EPA路線と「農業競争力強化プログラム農政」の本質は，日本農業を，【国民経済の一環として自国消費者への食料供給や多面的機能提供を本義として成り立ち，それゆえに国民国家的な固有の政策・制度・規制によって支持・保護されたり組織化される「国民的農業」】から，【メガFTA・EPAによって創出され，ボーダーレス化していく階層的にセグメント化された「市場」（需要フロンティア）向けに構築されるバリューチェーンの一端に組み込まれ，内外アグリフードビジネス資本の統御下に置かれる「世界農業」】へ，再編・転形しようとする本格的な一歩である。

　しかし「世界農業」化へ歩を進めることは，一方の極で「成長産業」に指定されて内外富裕層消費者向けグローバル・バリューチェーンに組み込まれる農業が，一部富裕層以外の国民・国内消費者から乖離していく道，他方の極で格差社会化の進展で増大する貧困層や下降にさらされる中間層向けに食

第2章　新自由主義グローバリゼーションと国際農業食料諸関係再編

料供給を担ってきた農業分野が，メガFTA/EPA自体の高水準の市場開放によって可能な限り放逐される道に，連なっていく⁽²¹⁾。当面そうした放逐の条件が整わずに国内に残る農業分野も，アグリフードビジネス資本利潤拡大のための圧力と，総資本利潤拡大のための食料価格抑制圧力とに挟まれ続けるだろう。

　しかし農業の強化は，国民・国内消費者・地域に向き合い貢献する路線，つまりは「国民的農業」という基礎路線上で進められるべきである。それはまた，「国民生活の安定向上及び国民経済の健全な発展を図ることを目的」として「食料の安定供給の確保」と「多面的機能の発揮」を図り，それらに必要な「農業の持続的な発展」と「農村の振興」を進める食料・農業・農村基本法の本旨に，さらに「農業者のみならず消費者を含む幅広い国民各層の支持を得て」打ち出されたWTO現行ラウンド日本提案の「基本的哲学」たる「多様な農業の共存」にも合致する道のはずである⁽²²⁾。

　こうした「世界農業」化路線から「国民的農業」路線への転換のためには，貿易や投資に対する国境措置や国家的規制，農業そのものといった国民的（ナショナル）なものを最大限削減，解消しようとする「超国家型ハイパーグローバリゼーション」に，それらを重視する「国民国家尊重型グローバリ

---

(21) 友田滋夫「増加する低所得層と日本農業—日本農業は誰に向かって生産をするのか—①～⑥」(『JC総研レポート』Vol.40，2016年，pp.10-15；Vol.41，2017年，pp.14-20；Vol.42，2017年，pp.18-28；Vol.43，2017年，pp.16-23；Vol.44，2017年，pp.26-33；Vol.45，2018年，pp.32-39) は，日本の世帯が全体として富裕層の一部を除いて所得水準を落とし，多くの階層で食料費支出を減らさざるを得なくなっている状況を克明に分析している。その上で，日本農業の「高付加価値農産物」指向がもつ隘路の危険と，多くの階層における所得低下を反転させるための新自由主義的賃金・社会保障政策からの転換の重要性を指摘しており，示唆に富む。

(22) ここから，日本農業の「国民的農業」から「世界農業」への再編・転形を本質とする農業競争力強化プログラム農政がこのまま貫徹されていくなら，やがて基本法の改定やWTO日本政府提案の撤回も俎上にのぼるであろうことが示唆される。

81

ゼーション」を対置する必要があり，後者を体現する通商協定枠組みあるい
は広域共同体枠組みの実現を目指すことが不可欠となる[23]。

　（付記：本稿は，公益財団法人・平和中島財団2019年度アジア地域重点学術研
　究助成による研究成果の一部を含んでいる。）

---

(23)リベラル・社民的と権威主義・排除的の両様で進められる「超国家型ハイパー
　　グローバリゼーション」のもとでの「世界農業」化路線に，民主的・包摂的
　　な「国民国家尊重型グローバリゼーション」のもとでの「国民的農業」路線
　　を対置する試論的枠組みについては，磯田宏「グローバリゼーションをめぐ
　　る国際動向と日本のメガFTA/EPA路線の意味」（『農業と経済』84巻3号，
　　2018年4月臨時増刊号）pp.147-159および磯田宏・安藤光義「グローバリゼー
　　ション・メガFTA/EPA局面への主要国農政対応の位置と性格」（『農業問題
　　研究』50巻2号，2019年）pp.1-9, も参照。

第3章

世界食料安全保障の政治経済学

久野 秀二

I　はじめに

　2008年秋のリーマン・ショックに端を発する米国発の金融危機と世界的な
景気後退によって収束に向かったものの，2007～08年の食料価格高騰は1972
～74年の世界食料危機にも比肩する深刻な状況を呈していた。例えば，2005
年1月から2008年4月にかけて，小麦は2.4倍，トウモロコシは2.6倍，大豆
は2.5倍，コメは3.5倍という著しい価格高騰を経験した。新興経済国や発展
途上国では食料高騰が消費者物価上昇に大きく寄与する，いわゆる「アグフ
レーション」と呼ばれる状況がみられた。とくに基本食料を輸入に依存する
低開発諸国へ及ぼす影響は深刻だった。これら途上国の貧困層は家計収入の
5～8割を食料購入に充てている。その割合が15～25％程度の先進国とは比
較しようのない事態が食料価格高騰下で進行していたことは容易に想像でき
よう。

　世界の食料需給は中長期的に逼迫基調（食料価格水準の高止まり）が続く
との見方が一般的である。実際，2008年秋に急落した時も，国際食料価格は
2007年前半の水準に押し戻されたにすぎなかったし，開発途上国では国内食
料価格の低下の動きが先進国と比べて鈍かったこと，それに経済危機による
収入の減少が重なり，多くの開発途上国で深刻な状況が続いていたことが
縷々報告された。そして，2010年後半から2011年にかけて，再び世界の食料

83

価格が高騰した。国連食糧農業機関（FAO）の食料価格指数[1]は2011年2月に240ポイントとなり、2008年6月の226ポイントを上回った。その後、小さな乱高下を繰り返しながら徐々に低下、2014年8月に200ポイントを切り、さらに2016年1月に149ポイントまで下がったものの、2016年夏以降はほぼ160〜180ポイントの間を推移している。最高値に比べて大幅に下がったとはいえ、価格指数は依然として高い水準にある。

　最初の食料価格高騰を受けて、多くの農業経済研究者や市場アナリストがその背景と要因についてさまざまな説明を試みてきた。新興国を中心とする需要の高まりと主産地での相次ぐ天候不順等による減産（予測）が重なったことにともなう需給逼迫状況が背景にあることは否定できない。もしそうであるなら、本章で詳しく検証するように、国際社会による対応策の柱として「安定的な食料増産」とそのための「大規模な農業投資」が登場するのは必然である。また、一部の生産・輸出国が国内需要を優先するとともに高騰する国際相場が国内市場に波及するのを防ぐために主要作物の輸出規制措置を発動したことが、食料価格高騰危機の直接の引き金になったとする議論がある。輸出規制措置は引き金（あるいは増幅効果）であっても食料価格高騰の主要な要因とは言い難いが、2008年の食料サミットやG8洞爺湖サミットで先進諸国が口を揃えて批判したのがこれである。もしそうであるなら、食料安全保障政策として「貿易自由化の推進」が正当化されるのは必然である。

　その一方で、食料価格高騰の主要な要因として指摘されている投機資金による農産物・食料市場の攪乱やバイオ燃料推進政策による「食料と燃料の競合」は、政策上の作為・不作為によって生じた問題として、したがって政策の修正・転換によってすぐにでも解決可能な問題として、国際社会が率先して取り組むべき政策課題であったはずだが、国際機関・国際会合の対応は各国・機関の利害対立にも苛まれ、これらの問題に有効な策を打ち出せないまま今日に至っている。

（1）FAO食料価格指数は穀物、油脂、食肉、乳製品、砂糖の5分野23品目73価格系列を総合したもので、2002〜2004年の3年間の平均値を100として算出される。

第3章　世界食料安全保障の政治経済学

　適切な処方箋は正しい診断（情勢認識）からしか生まれない。間違った情勢認識に基づく不適切な処方箋が，問題の根本的解決を遠ざけているのが現状である。もちろん，2007〜08年の食料価格高騰時に暴動を含む混乱が世界各地で頻発したこと，その過程で「2015年までに栄養不足人口の割合を半減させる」というミレニアム開発目標の掛け声とは裏腹に飢餓人口が10億人を超えると予想されたことから[2]，当時の国際社会がこの問題に真剣に向き合おうとしていたのは確かである。しかし，それは処方箋の正しさを何ら保証するものではない。FAOは「世界市場での食料価格急騰は，どれか一つの要因に帰せられるものではない。よく言われている原因のどれひとつとして，単独では最近の価格変動のパターンや程度を説明することはできない。それらが同時発生し，組み合わさったことが，劇的な変化の原因となったのである」と分析したが，食料高騰の背景にある諸要因を単なる「要因」とみなすだけでなく，むしろ現代の農業・食料システムに内在する「矛盾の発現」と捉え，その根本的打開の道を探るところまで国際社会が進めるか否かがいま問われている。実際，農業・食料システムの抜本的な改革に向かわず，表面的で個別的な対処策にとどまっている各国・国際機関の対応に，市民社会組織や国連機関の一部から厳しい批判が投げかけられている。

　そこで本章では，第2節で，2007〜08年の食料価格危機後の国際社会における議論と対応について整理する。つづく第3節では，食料安全保障の新自由主義的転回の現段階について，とくにグローバル・ガバナンスの民営化と脱政治化の動きに焦点を当てて論じる。第4節で，食料安全保障論を再構成（政治化）する試みとして，国連「食への権利」論，グローバル農民運動が牽引する食料主権論およびFAO世界食料安全保障委員会改革の到達点と課題を明らかにする。最後に，こうした食料安全保障論の権利論的・運動論

（2）FAOは毎年，『世界の食料不安の現状』で世界の飢餓人口（栄養不足人口）の推計値を公表しているが，この数値の推定方法が2012年報告から改訂された。栄養不足人口が基準年の1990〜92年で1.5％増，2009年で8％減となったことに伴い，トレンドは漸減傾向を示し，2009年も10億人を下回ることになった。

85

的・制度論的な再構成を踏まえて，日本の食料安全保障政策の問題性を指摘し，今後の方向性に示唆を与えたい。

II　食料安全保障をめぐる国際情勢

　世界貿易機関（WTO）のパスカル・ラミー事務局長（当時）は食料価格危機の当初から再三にわたり，ドーハ・ラウンド交渉妥結の必要性を食料価格危機とつなげる言説を繰り返した。これに「ドーハ・ラウンドの妥結は開発途上国の食料安全保障を促進するための絶好の機会」と呼応したロバート・ゼーリック世界銀行総裁（当時）をはじめ，G8やG20の首脳声明や潘基文国連事務総長（当時）の発言などでも濃淡の差はあれ繰り返された言説である。こうした市場主義的な言説に，市民社会組織は即座に反応した。例えば，2008年6月，「私たちの世界は売り物ではない（Our World is Not For Sale）」と名付けられた国際連帯イニシアティブに世界50ヶ国以上の243組織が参集して共同署名した公開書簡は，WTOを食料危機の解決策として位置づけることを痛烈に批判する内容だった。当のWTOでも，食料輸入途上国グループ（G33）が「途上国の特別かつ異なる待遇」を要求して結束し，その発言力を高めつつあった。周知のように，ドーハ・ラウンドでは保護削減基準（モダリティー）をめぐって，重要品目の削減や低関税輸入枠の拡大などを要求する一方，輸出補助金などは温存する不公平な合意案が提示されていた。2008年7月に行われた農業交渉は結局，輸入急増時に関税を引き上げる途上国向け特別セーフガードや米国の農業補助金削減額をめぐって，インド・中国に牽引された開発途上諸国と米国との対立が解消されず，決裂に終わった。2008年の「世界の食料安全保障に関するFAOハイレベル会合」（FAO食料サミット）と並行して開催されたNGO会合は，「自由貿易協定など食料の自由取引は食料危機の解決にならない」と訴えた。サミット後の談話で，農業貿易政策研究所（IATP）をはじめとする世界中の市民社会組織が批判したのも，食料サミット宣言がWTOドーハ・ラウンドの迅速な妥結

を主張した点である。交渉決裂についても，彼らは「貿易自由化が地域の食料システムを不安定化し，農民を傷つけ，今日の食料危機の要因となっているとの理解が広がっていることの表れ」だと指摘した。また，国連人権理事会「食への権利」特別報告者（当時）のオリビエ・デシュッターも，ラミーらの議論を「まるで食料価格危機がなかったかのように旧態依然たる議論と処方箋が繰り返されている」と酷評した（De Schutter 2011）。その後は，TPP（環太平洋パートナーシップ）協定やTTIP（大西洋横断貿易投資パートナーシップ）協定，RCEP（東アジア地域包括的経済連携）協議をはじめとする自由貿易投資協定に交渉の舞台が移っているが，懸念はむしろ拡大・深化している（田代編 2016）。

　宣言文書等に見られるもう一つの特徴は，食料価格危機の打開の道を，とくにアフリカ諸国における農業生産の増大に求め，そのために必要な投入財の供与と農業技術開発への投資を促している点である。食料価格高騰のさなか，ディウフFAO事務局長（当時）は「世界の飢餓根絶に必要な追加的予算は年300億ドルである」とした。世界の軍事費は年1.8兆ドルと言われている。また，金融危機への対応に，米国だけで7,000億ドル規模の財政出動（金融安定化法）が即断されたこと，食料高騰の一因でもあるOECD諸国のバイオ燃料生産支援に2006年だけで110億ドル以上の政府補助金が投入されていたことなどを勘案すれば，年300億ドルは政治的意思さえあれば十分に達成可能な額である。そもそも，デシュッター特別報告者が「過去20年の過ちのツケが回ってきた」と指摘したように，また，国際NGOのアクションエイドが「農業投資を怠り，小規模農家支援を解体するといった長年の失政のツケを貧しい人々が払うのは，一種の暴力だ」と非難したように，問題の背景には，1984年に80億ドルだった農業開発援助額が2004年には34億ドルまで減少し，政府開発援助（ODA）に占める農業分野の割合が1980年の17％から2006年の３％にまで落ち込んできた事実があった。もちろん，援助額を増やし農業投資を促せばそれで問題が解決する，といった単純な話ではない。

　2008年４月，国連や世界銀行など27国際機関の首脳らがスイス・ベルンに

87

集まり，食料危機への対応策を協議した。2008年6月のFAO食料サミットには43か国の首脳，191名の関係大臣を含め，181か国の代表が参加した。最終日に採択されたサミット宣言は「食料安全保障を恒久的な国家の政策として位置づけ，現在と将来の世代のために，食料生産の強化，農業投資の拡大，資源の持続的利用に必要なあらゆる手段を講じる」ことを謳った。国連は緊急食料援助を担当する世界食糧計画（WFP）が追加拠出を要請，FAOは低所得食料輸入国に農産物種子や肥料を提供することを柱とする生産支援計画への拠出を決め，国際農業開発基金（IFAD）も緊急資金援助を表明した。また，世界銀行は，ゼーリック総裁が2008年4月に提唱した「新ニューディール政策」の下，緊急融資制度「世界食料危機対応プログラム（GFRP）」と最貧国援助信託基金を新設したほか，農業支援額を大幅に増額する計画を発表した。日本も同年5月に開催した第4回アフリカ開発会議（TICAD Ⅳ）を機に緊急食糧支援を約束した。

　同年秋に勃発した金融危機・世界同時不況の波に晒され，各国・国際機関が公約した緊急援助の履行すら危ぶまれる状況も生まれたが，それでも過去20〜30年の趨勢がようやく反転に向かったと言える。WFPは結局，2008年を通じて51億ドル，78ヶ国1億人あまりの人々に緊急食料援助を実施することができた。年次報告書『世界開発報告2008年版：開発のための農業』で26年ぶりに農業そのものをテーマにとりあげて注目を集めた世界銀行は，緊急融資制度GFRPを通じて49ヶ国6,600万人をカバーする16億ドル相当のプロジェクトに資金を提供した。世界銀行は通常プログラム（国際復興開発銀行IBRD／国際開発協会IDA）でも，2008年度に22億ドルだった農村開発分野への融資を2009年度に42億ドル，2012年度に54億ドル，2016年度には61億ドルまで増額してきた。また，2009年のG8ラクイラ・サミットで採択された「ラクイラ食料安全保障イニシアティブ」およびG20ピッツバーグ・サミットでの誓約に基づき，最貧国の農業・食料安全保障計画を支援するための多国間メカニズムとして，2010年に「世界農業食料安全保障プログラム（GAFSP）」が新たに立ち上げられ，2017年末までに官民合わせて41カ国176

プロジェクトがその支援を受けてきた。1980年代から軽視されてきた農業・農村開発分野への投資が回復してきた事実は歓迎すべきである。しかし，どのような農業・農村開発をめざすのかについては，議論が大きく分かれている。そもそも，看板に掲げられている「食料安全保障」の定義や考え方自体が一様ではないことを思い起こす必要がある。

　1996年11月の世界食糧サミットで採択された「世界食料安全保障のためのローマ宣言／行動計画」で，食料安全保障は「すべての人が，いかなる時にも，活動的で健康的な生活のための食生活の必要と嗜好に合致した，十分で，安全で，栄養のある食料を物理的，経済的に入手できるときに達成される」と定義された。そして，これを達成し，2015年までに栄養不足人口を半減させるために，中長期的な食料の安定供給と短期的な食料需給の充足を，生産，貿易，備蓄の効果的な組み合わせにより図っていくことが目指された。しかし，食料安全保障の定義と解釈は各国・地域の地政学や食料事情によって大きく異なるだけでなく，歴史的にもその時々の国際政治経済状況や政策思想を反映して大きく変遷してきた（久野 2011b；Jarosz 2011）。要約すれば，①1970年代初頭の世界食料危機を受けて提起され，基礎的食料（主要穀物）の安定供給およびそれを保障する生産拡大と市場安定を確保するための国家政策・国際調整を軸とする食料安全保障概念の創成期（1970～80年代），②社会的・経済的に脆弱な人々の食料アクセス，自然災害や経済的・政治的混乱によって生じる突発的飢餓と区別される慢性的飢餓，食の安全性や栄養，社会的・文化的な側面，ジェンダー等の社会慣習上の疎外など，新たな問題領域への食料安全保障概念の拡張期[3]（1980～90年代），そして③「非効率

（3）これは経済開発と並んで社会開発や人間開発，環境保全が重視されるようになった1990年代の開発援助政策や農村開発実践の動きと連動している。とくに，アマルティア・センの「潜在能力アプローチ」，ロバート・チェンバースやサセックス大学開発研究所による，開発への主体的参加を通じたエンパワーメントや人々の暮らしを総体的に捉える「持続可能な暮らしアプローチ」（Scoones 2015＝2018）がFAOの食料安全保障論にも一定の影響を与えた。その結果，2001年の定義では「食料の社会的な入手」が加えられた。

な小農生産」と「遅れた農村社会」を国際市場に組み込むことで経済成長が達成され，市場で最適化行動をとることで家計と個人の購買力（所得）が確保され，もって貧困削減と食料アクセスが改善されると考える，開発主義的で新自由主義的な傾向が強まった食料安全保障論の新自由主義的転回期（1990年代以降）へと至る流れとして整理できよう。

　こうした概念的変遷の過程でさまざま要素が定義に取り入れられ豊富化してきた一方で，各国・国際機関はそれぞれの立場からそれらを解釈し，政策形成に自らの利害を反映させてきた。2008年のFAO食料サミットや2009年の世界食料安全保障サミットをはじめとする一連の国際会合の宣言文でも，WTO自由貿易体制を既定路線とする立場からドーハ・ラウンドやそれを補う各種自由貿易投資協定の早期妥結を促し，あるいは大規模・資本集約・外発型の農業開発路線を踏襲する議論が紛れ込み，バイオ燃料推進政策の見直しや投機資金の規制に消極的な議論が繰り返されている事実は，食料安全保障論の限界を表しているといえる。さらに近年の特徴は，一方で，こうして新自由主義的に歪曲された食料安全保障論が，各種の政策や事業を設計・決定・実施するグローバル・ガバナンスの今日的変容の過程で増幅していることである（第3節）。他方で，こうした食料安全保障論の新自由主義的転回が，食農社会学・政治経済学の分野でも「貿易志向の食料安全保障」（Lee 2013）や「多国籍企業主導の食料安全保障」（McMichael 2009）といったかたちで批判的分析の俎上に乗るようになっており，それらに対置されるオルタナティブな食料安全保障論として，「食への権利」や食料主権といった考え方が盛んに議論されていることである（第4節）。

Ⅲ　食料安全保障ガバナンスの民営化と脱政治化言説

　近年，グローバル・ガバナンスにおける役割と影響力を急速に強めているのが主要国首脳会議（サミット）であり，食料価格危機のさなかに開催されたG8北海道洞爺湖サミット（2008年）や「食料安全保障イニシアティブ」

第3章　世界食料安全保障の政治経済学

を採択したG8ラクイラ・サミット（2009年），後述する「食料安全保障及び栄養のためのニューアライアンス」を提唱したG8キャンプデービッド・サミット（2012年），「食料安全保障及び栄養に関する広範な開発アプローチ」を採択したG7エルマウ・サミット（2015年），それを受けて「食料安全保障と栄養に関するG7行動ビジョン（V4A）」を採択したG7伊勢志摩サミット（2016年）などが，食料安全保障ガバナンスにおいても，その是非はともかく重要な役割を果たしてきた。2009年には初のG8農業大臣会合が開催されている。主要先進諸国の経済困難を背景に1975年にG7として創設されたサミットは，1970〜80年代を通じて経済問題を中心とする主要国間の利害調整と政策協調の場（政府間フォーラム）として機能していた。1990年代以降は，冷戦構造の終焉とグローバル化の急速な進展に伴って生起した国際政治経済上の多種多様な重要課題がサミットで扱われるようになり，主要国首脳が「国際問題の解決にあたっての政治的指針」を世界に示す場を提供するとともに，それ自体が「グローバル・ガバナンスを担う内閣」あるいは「グローバル・ガバナンスの司令塔」然とした政治主体へと変貌を遂げてきた（高瀬2001）。

　その一方で，主要先進諸国の相対的凋落と中国をはじめとする新興経済諸国の台頭を受けて，G20が恒常的に開催されるようになった。G20はアジア通貨危機の経験を踏まえ，新興国を含めて国際金融システムについて議論する政府間フォーラム（金融サミット）として1999年に創設されたが，2008年に初の首脳会合（ワシントン）が，2011年には「食料価格乱高下及び農業に関する行動計画」を採択した農業大臣会合（パリ）が開催されるなど，次第にG7/G8からG20へとグローバル・ガバナンスの中心が移行しつつあるように見受けられる。宣言文書や行動計画についてもG7/G8同様に，2014年のG20ブリスベン・サミットでは「食料安全保障・栄養フレームワーク」が，2015年のG20アンタルヤ・サミットでは「食料安全保障と持続可能なフードシステムに係るG20行動計画」が，2017年のG20ベルリン農業大臣会合では「食料と水の安全保障に向けたG20農業大臣宣言及び行動計画」が採択され

91

ている。こうしたグローバル・ガバナンスの流れは，参加国の枠を広げたという意味で水平的な次元での「民主主義の欠如」に対処しえたかもしれないが（Lamy 2010），世界の「主要国」に新たに加わった新興経済国政府が，依然として周縁に留め置かれている圧倒的多数の開発途上国の利益を代弁するとは限らないし，そもそもWTOやG20のような国際機関・協議体やそれらを主導する主要国政府と市井の人々との間に存在する垂直的な次元での構造的な「民主主義の欠如」を埋め合わせることを保証するものでもない（Wilkinson 2011；Clapp & Murphy 2013）。

　実際，G7/G8やG20が主導する食料安全保障ガバナンスで顕著になっている「官民連携（PPP）」は，多国籍企業を中心とする民間資本の動員を主眼としている。彼らの参画は事業実施にとどまらず，政策や事業の設計と意思決定にまで及んでいる。その実態に即した検証なしに，グローバル・ガバナンスの流れを正しく評価することはできない。

1　G8──食料安全保障及び栄養のためのニューアライアンス

　2012年のG8キャンプデービッド・サミットで提起された「食料安全保障及び栄養のためのニューアライアンス（NAFSN）」は，「アフリカの人々や首脳と協力しつつ，アフリカ農業への責任ある国内外民間投資を増大させ，農業生産性を向上させるイノベーションを取り入れ，脆弱な経済やコミュニティに発生するリスクを減少させる」ことを目標に掲げ，さらに「農業を変革し，繁栄する経済を構築するにあたり，小規模農家とくに女性が果たす重要な役割を認識し，行動する」とも謳っていた。「10年間で5000万人を貧困から救い出す」という高い目標を実現するために，G8諸国とパートナーのアフリカ諸国・民間企業は具体的にどのような計画を立て，2017年に終焉するまでどれだけ到達できたのか。

　第一に，2009年のG8ラクイラ・サミットで合意した財政支援協力のための国際公約を継続的に実現することである。当時，3年間で220億ドルを拠出することを約束した「食料安全保障イニシアティブ」の多くが達成されず

92

にいたことが背景にある。アフリカ諸国はFAOの支援で2003年に策定した「包括的アフリカ農業開発プログラム（CAADP）」に従って，食料安全保障及び栄養の改善と農業所得の向上を目的に，各国予算の10％以上を農業部門に振り向け，農業生産を年6％拡大するという目標の達成を目指してきた。CAADPに対する評価は域内外の市民社会組織や農民組織の間で分かれてはいるが，国別計画や地域別計画には小規模生産者への視点が盛り込まれていた。しかし，NAFSNは以下に見るようなアプローチを新たに採用することで，アフリカにおける農業開発・食料安全保障ガバナンスのあり方を大きく変容させるものとなった（Oxfam International 2013）。

　第二に，G8諸国による支援は，アフリカの対象10か国が策定した「国別協力枠組み」に沿って示された200余りの「政策コミットメント」に対して総額62億ドルが約束され，2015年までに約7割が達成された。問題は政策コミットメントの中身である。それは大きく次の7分野に仕分けすることができる。すなわち，①外資による土地取得や水資源アクセスのための法整備，②種子法改正を通じた商品種子の普及と自家採種の制限，肥料・農薬規制の緩和・平準化，③投資課税や輸出関税の減免による投資促進，④金融市場の整備・規制緩和や農業保険市場の自由化，⑤農業成長回廊を中心とする大規模インフラ開発，⑥栄養強化食品の普及を含む栄養改善，そして⑦その他の諸々の政策介入，である。

　第三に，公的資金に加えて民間資本を動員し，インフラの整備，イノベーションの促進，リスク管理の構築，栄養の改善を図ることである。2014年までに多国籍企業とアフリカ企業を合わせて200社以上が約100億ドル相当の「投資コミットメント」を含む280件の基本合意書・趣意書を援助対象の10か国と交わした。それらの内容は企業秘密とされているため投資事業の詳細は分からないが，全体的に多国籍企業の「新たな資本蓄積機会の創出」が追求されてきたことは明らかである（McKeon 2014）。

　例えば，政策コミットメントの①はすでに各地で報告されている農地争奪や水争奪を誘発し，地元住民の「土地と水への権利」を侵害するおそれが当

93

初から指摘されていた。②は農業資材市場の寡占を形成する多国籍企業のための市場開拓を意味し，多投入型工業的農業への転換にともなって経営負荷（農民の借金増）と環境負荷（生物多様性の喪失）を強めることが懸念された。実際，タンザニアやガーナ，エチオピアでは農民の自家採種や種子交換を制限するための種子制度・種子法改正が議論されており，モザンビークでも種子生産への民間投資を促進するため，未改良品種の自由な供給・配布を中止し，新品種保護制度を整備し，種子の生産・流通・品質管理・認証制度等の規制を強化することが政策コミットメントで明記された。③と⑤では地下資源開発や輸出向け商品作物生産のための物流インフラと輸出インフラの整備が計画されており，したがってグローバル市場向け価値連鎖（バリューチェーン）への取り込み，換言すれば，多国籍企業のための原料供給基地化が企図された。タンザニアとモザンビークを中心に進行中の農業成長回廊も後述するように大きな問題を孕んでおり，総じて，アフリカ農業生産の大半を担い，アフリカ大陸の食料安全保障を支えてきた小規模生産者に寄り添う姿勢は欠落している。他方，⑥が政策コミットメントで言及されることは少なかったものの，やはり後述するように，別の官民連携プラットフォームを通じて多国籍食品企業による栄養強化食品の開発と普及が進められている。

2 AGRA──アフリカ緑の革命のためのアライアンス

AGRAはビル＆メリンダ・ゲイツ財団とロックフェラー財団を中心に2006年に設立された。ロックフェラー財団はフォード財団とともに1960〜70年代の「緑の革命」以来（そのひな形となったメキシコでの活動を含めれば1940年代から），国際農業開発事業に深く関わってきたことで知られるが，新興のゲイツ財団が農業開発分野に巨額の投資を行うようになったのはAGRA設立が契機となっている。AGRAの「診断」によると，アフリカ農業の根本問題はその低生産性にあり，それはアフリカ農業への投資不足によって科学的知識と能力が欠如し，したがって土壌改良が不十分で，種子制度が未整備なため改良品種の導入も妨げられ，それらを遂行するのに必要なガバナンスと

規制制度が弱いためである（ACB 2012）。もっとも，AGRAは単純な生産力主義・市場原理主義とは異なり，従来の「緑の革命」的な技術移転がアフリカの多様な生態系と社会制度に適合的ではないことを認めている[4]。自家採種・種子交換のようなインフォーマル種子制度の意義，耕畜複合経営にみられるような有機質肥料の利用など多様な土壌改良の必要性，農民の参加・組織化や政府の積極的役割の必要性にも言及している。それにもかかわらず，AGRAの基本路線と具体的事業は，フォーマル種子制度を確立して改良品種を普及し（PASS：アフリカ種子制度プログラム），輸入と物流のためのインフラを確立して化学肥料を普及し（SHP：土壌改良プログラム），それらを小農民に行き渡らせるための市場流通網と農業信用の整備を図るとともに，国内外企業による価値連鎖への小農民の参画を促すなど，総じてアフリカ農業の近代化（小規模農業の多投入型工業的農業への転換）と商業化（小規模生産者の原料供給者化，契約栽培による優良生産者のグローバル市場への包摂）を推し進めるものとなっている。そして，改良種子・化学肥料の供給市場，農産物の販売市場・輸出市場を確立するためには民間企業による投資が欠かせないとし，そのための市場開拓と投資環境の整備を進める上で官民連携を通じた政府の役割が期待されている。

　例えば，PASSではサブ事業の「アフリカ作物の改良・導入のための基金」や「アフリカのための種子生産」，「アグロディーラー育成事業」を通じてデュポン・パイオニアやモンサントの関与が顕著である。また，SHPについ

────────────────────────

（4）Berguis & Buseth（2019）は，環境影響に配慮して「第2の緑の革命」を提唱したロックフェラー財団会長（1997年当時）のゴードン・コンウェイ，農民の所得向上も加えた「第3の緑の革命」を提唱した世界銀行副総裁・CGIAR議長（1996年当時）のイスマイル・セラゲルディンに始まり，近年の気候変動対応型農業（CSA）に至る農業近代化路線の修辞法を「グリーン近代化」と捉えている。こうした動きはハリエット・フリードマンが「コーポレート＝エンバイロンメンタル・フードレジーム」と捉えた，新しいフードレジーム（農業生産・食料調達を通じた資本蓄積体制）の特徴を示している（磯田　第2章を参照）。

ては，AGRA以外に米国国際開発庁（USAID）や英国国際開発省（DfID），FAO，オランダの国際開発NGO（IDH）などからも資金援助を受けて「アフリカ肥料アグリビジネス・パートナーシップ（AFAP）」が設立されている。その目的は対象国（ガーナ，モザンビーク，タンザニア）における化学肥料利用の促進とそれを通じた農業生産力の増強であるが，実際には「担当能力を有するアグリビジネス企業」とパートナー契約を締結して事業を進めることになっており，農業信用を供与する金融機関としてバークレイズやラボバンクが関与するとともに，肥料製造販売を担当するヤラ・インターナショナル（以下，ヤラ）やルイ・ドレフュス，農産物取引加工を担当するカーギルやADM，ガーナのカカオ産業に利害を持つネスレやマースといった巨大アグリビジネス企業が顔を並べている（ACB 2014）。

3　世界経済フォーラム——農業ニュービジョン・イニシアティブ

ダボス会議の名でも知られる世界経済フォーラム（WEF）は「グローバル・シチズンシップの精神に則り，官と民の両セクターの協力を通じて，世界情勢の改善に取り組む国際機関」，「ビジネス界，政界，学界および社会におけるその他のリーダーと連携し，世界・地域・産業のアジェンダを形成」する場として自らを位置付けている。これに対抗するため，世界の市民社会組織が世界社会フォーラムを2001年に発足させたように，WEFは代表性，包括性，説明責任，総じてグローバル・ガバナンスの主体ないし場としての正統性の観点から多くの批判を浴びてきた（Garsten & Sörbom 2018）。このWEFで実質的な影響力を行使しているのは言うまでもなく各産業部門の多国籍企業である。そして，ユニリーバを筆頭とする多国籍食品企業がコフィ・アナン国連事務総長（当時）とともに2006年に発足させた「慢性的飢餓に立ち向かうためのビジネス・アライアンス」を嚆矢に，WEFを舞台とするグローバル・ガバナンスのための官民連携イニシアティブが次々と立ち上げられた。国連機関・研究機関・多国籍企業等の関係者がハイレベル・マルチステークホルダーとして参加する「食料安全保障に関するグローバル・

アジェンダ評議会」が2008年に発足。WEF消費財産業部会によって2009年に構想された「農業ニュービジョン・イニシアティブ（NVA）」のためのロードマップ報告書（WEF 2009）が，2010年に発表された。このNVAを主導的に構想・提起した多国籍企業はADM，BASF，ブンゲ，カーギル，コカ・コーラ，デュポン，ゼネラルミルズ，クラフトフーズ，メトロ，モンサント，ネスレ，ペプシコ，SABミラー，シンジェンタ，ユニリーバ，ウォルマート，ヤラの17社（現在は36社・団体），錚々たる顔ぶれである。

　NVAは食料安全保障（食料生産を20％増やす），環境的持続可能性（温暖化ガスを20％削減する），経済成長機会（農村の貧困を10年毎に20％削減する）の三つの大きな目標を設定しているが，その具体的アプローチはいわゆるBOPビジネスの展開であり，最上流の農業資材市場を含む農業価値連鎖の構築・整備と生産者及び消費者のグローバル市場への包摂である。報告書の副題「貧しい人々のエンパワーメント」の内実も，小規模生産者の「企業家的成長」に矮小化されている。その上で，開発途上国での民間農業投資と市場開拓を促進するための政策環境とインフラの整備を官民連携で進めることが強く要請された。

　このNVA構想を実行に移すためのプラットフォームとして，アフリカ地域では「Grow Africa」が2011年に，東南アジア地域では「Grow Asia」が2015年に，それぞれ発足した。Grow Africaの参加国はほぼNAFSNへの参加国と重なっている。2017年，Grow Africaの枠組みを残しつつ，前述したCAADPに沿って38か国が策定した「国家農業投資計画（NAIP）」と，農業価値連鎖全体に渡る民間資本投資の動員を企図した「国別アグリビジネス・プラットフォーム（CAP-F）」に引き継がれた。他方，Grow Asiaにはベトナム，インドネシア，ミャンマー，フィリピン，カンボジアの5か国が参加している。参加企業の入れ替わりがあるものの，ベトナムでは現在はバイエル，ルイ・ドレフュス，オーラム，ペプシコ，マコーミック，ヤラ等が参加する官民連携枠組み（PSAV）が2010年に，インドネシアではシンジェンタ，カーギル，ネスレ，ユニリーバ，ヤラ，クボタ等が参加する官民連携枠組み

97

（PISAgro）が2012年に，ミャンマーではBASF，ダウ・アグロサイエンス，ネスレ，コカ・コーラ，ウィルマー等が参加する官民連携枠組み（MAN）が2013年に，フィリピンではモンサント，バイエル，パイオニア・デュポン，シンジェンタ，ADM，ネスレ，ユニリーバ等が参加する官民連携枠組み（PPSA）が2015年にそれぞれ始動し，カンボジアでも同様の官民連携枠組み（CPSA）が2018年に設置されたところである。

4　農業成長回廊事業

　NAFSNやAGRAでも主導的な役割を果たしている化学肥料最大手のヤラが2008年6月のWEF「アフリカ・フォーラム」で初めて言及し，同年9月の国連総会「民間セクター・フォーラム」やその後のWEF年次会合で繰り返し提起して国際社会の注目を集めた事業コンセプトが「アフリカ農業成長回廊」で，とくにタンザニアやモザンビークなど南部アフリカ地域で顕著である（Paul & Steinbrecher 2013）。その狙いは，当該諸国の内陸部に広がる肥沃な農地と未開発の鉱物資源を活用した素材産業（農業及び農業関連産業と鉱業及び関連産業）の育成とグローバル市場への接合を図るため，港湾施設・輸出加工特区の整備や内陸部の資源開発地域をつなぐ輸送網の整備といった巨大インフラ開発事業を官民連携で進めることにある。ヤラがこの種の事業に積極的である理由は言うまでもなく化学肥料市場の開拓であり，域内生産は限られるため外国産化学肥料の輸入と内陸部への輸送に大規模インフラ整備が不可欠だからである。また，食料安全保障や貧困削減に貢献するビジネス・モデルへの積極姿勢（＝グローバル企業の社会的責任）が企業戦略として重要視されるようになったことの反映でもある。進行中の事業として，タンザニアの南部アフリカ成長回廊（SAGCOT），モザンビークのベイラ農業成長回廊（BAGC）とナカラ成長回廊がよく知られる。

　モザンビーク北部の主要商業港・ナカラ港からナンプラ州，ザンベジア州，ニアサ州を経てマラウイに至る地域を対象にしたナカラ回廊経済開発事業については日本も深く関与しており，2009年に日本政府・JICA（国際協力機

98

構）がブラジル政府・国際開発庁およびモザンビーク政府とともに「日本・ブラジル・モザンビーク三角協力によるアフリカ熱帯農業開発プログラム（通称プロサバンナ事業）」を進めることで合意，2011年から各種事業を開始している。1970年代に日本がブラジルで実施し，同国を米国に次ぐ大豆生産・輸出大国へと成長させたとされる農業開発支援事業「日伯セラード農業開発（通称プロセデール事業）」を再現しようという狙いが背景にあるが，一方で，外交上の貢献を演出しつつ民間投資を呼び込む必要から，他方で，強まる国際的批判を回避する必要から，同事業を正当化するための言説が迷走してきた様子が舩田クラーセン（2014）によって詳細に分析されている。

　事業対象となる地域は3州19郡の1,450万ha，日本の耕地面積の3倍に及び，400万人の小農とその家族が影響を受ける巨大事業となっている。当初より同国の農民組織や関係国の市民社会組織から巨大農業開発事業に伴う影響を懸念する声が上がっていたが，事業の緊急停止と抜本的見直しを求めて，2013年4月にモザンビーク内外25団体の連名による共同声明が，5月にモザンビーク国内23団体による公開書簡が発表され，国際的注目を集めた。翌6月には，横浜で開催されたTICAD V（第5回アフリカ開発会議）に合わせて，モザンビーク全国農民連盟（UNAC）とナンプラ市民社会プラットフォームの代表が公開書簡を安倍首相に手渡すため来日した。すでに2012年12月に開催された「NGO・外務省ODA政策協議会」で最初の問題提起が行われていたが，これを機に日本でもアフリカ日本協議会や日本国際ボランティアセンター，オックスファム・ジャパン等の市民社会組織や一部の研究者による本格的な調査研究活動が取り組まれることとなった。現地の農民組織・市民社会組織と連帯した彼らのアドボカシー活動の結果，外務省・JICAの姿勢にも変化が見られ，事業目的の比重を「広大な未利用農地における民間投資を通じた輸出市場向け大規模農業開発」から「地域小規模農家への支援を通じた貧困削減と食料安全保障の改善」に移すとともに，農民組織や市民社会との対話が不十分であったことを認めた。しかし，対話や説明会の機会が増えたにもかかわらず，実際には信頼関係の構築には至っていな

い。最大の問題は不十分な情報開示と説明責任の欠如（手続きの不透明性，説明の非一貫性）である。また，市民社会組織・研究者による現地調査によって，大豆生産を目的とした大規模な土地収奪と住民生活への影響が各地で顕在化していることが明らかとなっている。企業の農地取得に際して地域コミュニティとの協議が形骸化していたり，補償が支払われた場合でも算定額が不明瞭かつ不十分であったり，企業が約束した雇用や病院・学校の建設も実現していなかったり，実施されている契約栽培でも内容や条件をめぐって齟齬が発生していたりと，多くの問題が露呈している。

　もちろん，農業開発の必要性そのものが拒絶されているわけではないが，モザンビークの人口の8割を占め，食料生産の9割以上を担う小農と彼らの組織は，小規模家族農業支援のための国家戦略計画の策定こそが鍵であると主張している。彼らは単に「援助される客体」ではなく，政府や他のステークホルダーとともに政策策定にコミットしうる「主体」として自分たちが位置づけられることを求めている。森下（2013）は，2013年6月に来日したモザンビーク代表団の言葉を次のように引用している。こうした声に国際社会がどこまで真摯に対応できるかが問われている。

　　「モザンビークの小規模農業にはインフラが足りていない。だが，今必要なのは，自分たちの食料を奪い，海外に作物を輸出するための港や幹線道路の整備改修じゃない。必要なのは，小さな村と村の市場をつなぐ道路や，持続可能な形で環境負荷の低い農業を行うための，小規模な灌漑設備だ。種子についても，毎年種子を買うことを強いられる遺伝子組換え種子ではなく，小規模農家自身が選び守ってきた伝統品種や固定種の優良な種子をきちんと保存し，共有するためのシステムだ。技術指導も必要には違いない。しかし，それは土壌を急速に劣化させる大規模な単一栽培を進めるための技術指導ではなく，自分たちが食べる作物をいかに環境負荷の低い持続可能な形で生産し，収量や品質を改善できるかという指導だ。」

5　気候変動対応型農業とグローバル・アライアンス

　限られた土地資源で環境負荷を減らしながら世界の食料増産を達成するための農業技術の推進を掲げた「Sustainable Intensification（持続可能な農業生産強化）」という考え方が近年，国際社会で主流化している。干ばつ耐性や病虫害抵抗性といった作物品種，窒素固定や光合成能力を高めた増収性品種の開発，除草剤耐性品種と親和的な不耕起栽培技術の普及など，その多くは遺伝子組換え（GM）作物を含むバイオテクノロジーの開発と利用を中心に論じられ，官民連携による大規模農業開発投資にも組み入れられている。最近は同じ文脈で「Climate Smart Agriculture（CSA：気候変動対応型農業）」という用語が好んで用いられている（Clapp et al. 2018；Taylor 2018）。

　農業生産が高温・低温や洪水・干ばつといった気候変動の影響を大きく受けることは一般に知られるが，同時に温室効果ガスの主な排出源の一つとなっていることはあまり知られていない。IPCC（国連気候変動に関する政府間パネル）試算によれば，世界の温室効果ガス排出量の24％が「農林業その他の土地利用」に由来している。これに含まれないサプライチェーン全体の排出量を考慮すれば，その割合はもっと高まる（GRAIN 2015）。例えば，農地拡大による森林伐採や土地利用の変化によって排出される二酸化炭素，家畜や水田から排出されるメタン，化学肥料の使用によって排出される亜酸化窒素，そして加工・輸送過程で排出される二酸化炭素などがある。バイオエタノールやバイオディーゼルなど植物由来のバイオ燃料は化石燃料と異なり再生可能である上に，原料植物の成長過程で光合成によって二酸化炭素を吸収するため，温室効果ガス排出量は相殺されてゼロになるという「カーボン・ニュートラル」の考え方が，バイオ燃料作物の生産拡大政策を正当化してきた。しかし，そのことが「食料と燃料の競合」をもたらし世界食料価格高騰の要因の一つになっただけでなく，実際には栽培過程や輸送・加工過程で大量の化石燃料を消費しているため温室効果ガスの削減効果は必ずしも高

くないこと，一部の作物では逆に排出量を増やすことが明らかになっている。また，化学肥料や農薬の使用は土壌有機物を喪失させ，土壌の温室効果ガス貯留能力の低下にも繋がっている。農業部門として温室効果ガスの削減に直接の責任を果たさなければならない所以である。

CSAという概念はFAOによって2009年に定義され，翌2010年の「農業・食料安全保障・気候変動に関するハーグ会議」で提唱されたのが最初とされる。限られた資源から持続的に食料を生産すること，気候変動への強靱性と適応力を高めること，そして温室効果ガスを削減・除去すること，という三つの柱が同概念を構成する。これらは相互規定関係にあり，どれか一つを達成すれば済むというものではなく，農業・食料の生産・流通・消費のあり方を全体として転換していくことが求められている。ところが，2012年の「農業・食料安全保障・気候変動に関するハノイ会議」前後から，CSA概念の一人歩きが始まった。同会議では民間部門の役割が重視され，その関与を制度化し拡充していくことが議論された。FAOは世界各地で実践されている成功例を集め，CSAの可能性と課題を整理した報告書（FAO 2013）を刊行したが，成功例はトップダウンの農業技術普及事業で占められ，途上国小農向け窒素肥料普及事業がこれに含まれる一方，アグロエコロジーはほとんど言及されていない。FAO主催の「食料安全保障と栄養のためのアグロエコロジー国際シンポジウム」が2014年9月に開催されるなど，小農とアグロエコロジーの食料安全保障・気候変動問題への貢献可能性が国際社会で広く認識されるようになっていた時期にもかかわらず，である。そして同じ2014年9月，国連本部主催の気候変動サミットが開催されるのに合わせて，官民連携プラットフォームとして「CSAのためのグローバル・アライアンス（GACSA）」が設立された。メンバーには主要先進国や一部途上国の政府，大学・研究機関，農業・環境保護団体も含まれるが，実際には化学肥料最大手のヤラとモザイク，国際肥料産業協会や国際植物栄養協会等の業界団体が主導して準備を進めてきたものである（ASEED 2016）。とくに化学肥料業界がCSAに積極的である理由は，気候変動と農業に関する国際社会の対応

と議論をめぐって先制的に主導権を握り，自らの利害を反映したフレーミングと正当化言説を作り出して規制を回避するために，大学・研究機関や一部の環境保護団体・農業団体を巻き込んだフロント団体を組織する必要があったからではないかとされている（GRAIN 2015）。

肥料業界だけではない。2015年12月には，「持続可能な開発のための世界経済人会議（WBCSD）」が同年5月に設置した「低炭素技術連携イニシアティブ」のCSA作業部会が，パリで開催された気候変動枠組み条約第21回締約国会議（COP21）に合わせて行動計画を発表している。WBCSDは1992年の地球サミットに産業界の利害を反映させることを目的に1990年に組織された「持続可能な開発のための経済人会議」と，国際商工会議所が1993年に設立した「環境のための世界産業会議」を1995年に併合して設立されたもので，現在200社以上のグローバル企業が加盟する，環境とビジネスに関する強力なロビー団体である。

産業界主導のCSA論の広がりに対して，世界中の社会運動・市民社会組織・途上国小農組織等が懸念を表明し，これを批判する声明を2014〜2015年に相次いで発表している。例えば，CSAの定義や基準が明確にされておらず，世界各地で実践され成果をあげているアグロエコロジーの経験やそこで期待される小農の役割がほとんど顧みられない一方で，GM作物や最新の化学肥料・農業機械，工業型畜産技術などが含まれている点が批判されている。化学肥料業界は，化学肥料による生産性の向上と生産力の増大を前提に，それがなければ農地確保の必要から森林破壊がさらに進むと主張し，気候変動対応という文脈で化学肥料を正当化している。彼らは製造過程のガス排出量を削減した製品や，土壌や作物の栄養状態をセンサーで診断して施肥量を効率化する技術（精密農業）も開発しているが，そのコストを負担できる生産者は限られるだろう。他方，モンサントはGM技術による品種改良を通じて「温室効果ガスを増加させない作物生産システム」の構築を目指すとしている。除草剤耐性品種は不耕起栽培を普及させ土壌の炭素貯留を維持しトラクターによるガス排出を抑制するものとして，干ばつ耐性品種は収量を高めて

103

単位面積あたりの炭素吸収量を増やすものとして，それぞれCSAに該当すると主張しているが，根拠に乏しいだけでなく，そもそも環境負荷を高めてきた生産システムを前提している点で持続可能性とは相容れない（久野2018）。前述した三つの柱の一つにさえ該当すれば「気候変動対応」として扱われるような枠組みでは，実際には気候変動対応とならない従来型ビジネス・モデルを隠蔽する「グリーン・ウォッシュ」を助長しかねない。

6　栄養改善政策の民営化

　食料安全保障概念に栄養側面が含まれるようになったのは1996年世界食料サミット時の定義以降だが，それに先立つ1992年に第1回FAO/WHO合同国際栄養会議（ICN1）が開催され，栄養上適切で安全な食料へのアクセスが諸個人の権利として認識され，すべての人々とコミュニティの意思決定と行動への参加の必要性が議論された（Oenema 2014）。さらに，2004年に採択されたFAO「国家食料安全保障の文脈で適切な食への権利の漸進的実現のための任意ガイドライン」でも「栄養の改善」が位置づけられ，人々の栄養への権利を尊重・保護・促進する国家の責務が確認された。ところが，栄養改善に向けた国際政策調整やアドボカシー活動で重要な役割を果たしてきた国連栄養常任委員会（SCN）が2008年以降，年次会合を開けない状態が続いている。2010年には市民社会組織が活発に活動していた運営委員会も廃止されている。G・W・ブッシュ政権下で米国農務長官を務めたアン・ヴェネマンが2006〜2009年にSCN議長を務めたことも含め，官民連携を柱とするグローバル食料安全保障ガバナンスの再編——その内実は国連機関の弱体化と多国籍企業のガバナンス参加を通じた新たな資本蓄積機会の創出——にともなう動きと考えられている（Valente 2015）。

　SCNに代わるガバナンス・プラットフォームとなったのが，世界銀行や米国開発庁，カナダや日本の政府が拠出金を支援して2009年に始動した「栄養スケールアップ（SUN）」イニシアティブである。各国政府，国連機関，民間企業，市民社会組織が参加する官民連携グローバル・ガバナンスの体裁を

第3章　世界食料安全保障の政治経済学

整えているものの，実際にはBASFやカーギル，ケロッグ，ペプシコ，シンジェンタ，ユニリーバを含む22社のグローバル会員と，インドネシアやケニア，モザンビークなど12カ国の国別企業会員（多国籍企業現地子会社も含まれる）で構成される「SUNビジネス・ネットワーク（SBN）」がSUNを主導している。SBNは，ダノン，ペプシコ，コカ・コーラ等の多国籍食品企業を中心とする民間部門と主要国政府の開発援助機関やNGOとが連携して栄養改善を進めるための官民連携プラットフォームとして2002年に設立された「栄養改善のためのグローバル・アライアンス（GAIN）」が，WHOと公式の協力関係にある非政府組織として認可されるために，民間連携部門を切り離してSUNの一部門として2014年に設置し直したものである。その結果，GAINは2015年にWHO非政府協力機関として認定されたが，IBFAN（乳児用食品国際行動ネットワーク）等の市民社会組織はその欺瞞性を強く批判してきた経緯がある。実際，GAINの活動資金の多くがゲイツ財団から拠出されており，多国籍食品企業の栄養改善への貢献度をランキング形式で評価する「栄養アクセス・インデックス（ATNI）」の導入にも関与してきた。ATNIの2018年版グローバル・インデックスによると，上位には塩分・糖分・油脂・添加物を多分に含む不健康な高度加工食品を事業の中心とする，あるいは粉ミルクの非倫理的な広告販売戦略で国際社会から非難されてきた，ネスレやユニリーバ，ダノン，フリースランド・カンピーナ，モンデリーズ，マース，ペプシコ，ケロッグ等の多国籍食品企業が並んでいる。問題は，事業の一部として栄養強化食品の開発と販売に取り組むだけで，その実態や効果に関する第三者調査もなしに国際社会への宣伝材料が提供されるという点にとどまらない。

　WHO「健康の社会的決定要因に関する最終報告書」（2008年）が，日常生活条件の改善や政治的・経済的・社会的な資源の不公平な分配への対処の必要性を強調したように，栄養問題についても，その背景にある所得や雇用機会の不均衡，教育や保健・医療へのアクセスの困難，人種・宗教・民族・社会的地位等に伴う差別といった構造的問題への視点が欠かせない。ところが，

105

ゲイツ財団の助成を受けて2008年と2013年の2回にわたり母子の栄養に関する特集号をとりまとめたランセット誌をはじめ、栄養不良の社会的・経済的・政治的・文化的な背景要因から栄養問題を切断し、その技術的側面への単純化と製品開発による解決策へ議論を矮小化する傾向も同時に顕著となってきた（Oenema 2014）。SCNが事実上の機能停止に追い込まれる契機となった、ヴェネマン議長の独断で実施された外部評価でも、公衆衛生や社会経済的な側面からの評価視点が排除された。こうした技術的解決至上主義の傾向はSUNやGAINの活動方針にも反映しており、その結果、健康的な食生活やそれを支える地域の食農システムを守り発展させるという視点、コミュニティや世帯レベルでも栄養改善の妨げとなっている女性や子どもの権利をめぐる問題への視点が欠落している[5]（Shuftan & Holla 2012）。こうした傾向を批判する市民社会組織や研究者も緊急時における栄養強化食品の役割を否定しているわけではないが、それを新たな資本蓄積機会として追求する多国籍企業が栄養政策の設計・意思決定・実施の過程に影響力を行使しうる状況をもたらし、基本的人権に責任を負うべき政府の役割や国連機関の権限を弱めている、安易な官民連携ガバナンス（マルチステークホルダー主義）の蔓延に強い警鐘を鳴らしている（Prato & Bullard 2014）。

7　官民連携ガバナンスの問題点

官民連携ガバナンスを標榜して進められている各種事業に共通する考え方は以下のように整理できる（McKeon 2014；Henriques 2013）。第一に、農

（5）ゴールデン・ライスはその典型である。同技術はビタミンA欠損症に苦しむ途上国貧困層とくに子どもたちの健康と命を守るという人道的な名目で研究開発が進められてきたが、ビタミンA前駆物質のベータカロチンは伝統的な食生活で日常的に消費されていた野菜や果物に多く含まれる一方、ゴールデン・ライスに含有でき効率的に摂取可能なベータカロチンの量は限られている。農業と農村の持続可能な発展にもつながる多様な農作物の生産と多様な食物の消費を促す（取り戻す）ための技術指導・生活指導にこそ、施策と予算を振り向けるべきだろう（久野 2018）。

業の近代化・工業化という開発モデルへの固執である。伝統的・地域志向型の「未開」な小規模家族農業から，資本集約的・輸出志向型の「先進的」な大規模農業への発展を進めるべきであるとする開発思想がそこに横たわっている。こうした単線的な農業発展経路では，農業部門から流出した労働人口が他産業部門に吸収されて国民経済の発展に結実することが想定されている。そして，官民連携ガバナンスを通じて政府機関と民間企業がそれぞれの役割を果たしながらこの発展経路を促進し，しかも役割の比重は前者から後者へ徐々にシフトするものと理解されている。こうした農業近代化モデルは，その典型である「緑の革命」型農業とその派生であるGM技術利用型農業が引き起こしてきた／引き起こしている環境的・社会的・経済的な負荷を顧みないだけでなく，農業が本来有する多様な発展経路の可能性や農村で働く人々の「持続可能な暮らし」（Scoones 2015＝2018）への視点を欠いている。

　第二に，食料安全保障を農業生産の問題と捉え，単一作物でみた土地生産性と労働投入でみた経営効率性を追求することに重きを置く生産力主義であり，したがって大規模な企業的農業への投資拡大が専ら追求されることになる。それは一方で，世界人口を養って余りある食料が世界中で生産されている傍らで飢餓と栄養不良が広がっている事実に目を瞑るものであり，生産をめぐる社会関係，資源と所得の配分をめぐる構造的な力の不均衡への省察を欠くものである。他方で，小規模家族農業が実現している／潜在的に有している，単位面積当たりの総合的な収量の高さやエネルギー効率性・持続可能性の高さ，地域の雇用創出や食料安全保障への貢献，空間的・社会経済的な不平等の是正と社会的統合，生物多様性と国土の保全，文化遺産の保全と継承などといった多面的機能への視点を欠いている。もしそうした潜在能力を発揮できずに貧困と食料不安に苛まれているとすれば，その構造的な制約要因を明らかにし，それらを取り除き，小規模家族農業への投資を強化するための戦略を構築することこそを追求すべきなのである（HLPE 2013）。

　第三に，生産をめぐる社会的・構造的な諸関係への省察を欠いた生産力主義は，気候変動問題や栄養問題への対応においてもやはり，それらの背景に

ある構造的要因への視点を欠き，そうした社会的・経済的・政治的・文化的な文脈から切り離された技術的解決策のみを追求する技術至上主義として表れる。官民連携ガバナンスで重視される技術的な診断と技術的な処方箋とは，結局のところ，既存のパラダイムを「スマート農業」や「栄養改善」と言い換えて正当化するための策でしかないのではないか。気候変動対応の必要性，栄養改善の必要性が「新たな資本蓄積機会」に転用されているのではないか。こうした懸念や批判が出されるのは当然であろう。

　第四に，契約農業を通じて川上の投入財部門と川下の加工流通部門に接合させて市場志向の高付加価値化を図るとともに，さらに輸出志向を強めることが無条件に是とされている。世界銀行はアフリカでの民間部門開発融資に関する2013年の報告書（World Bank 2013）の中で，これまで通りに農業生産だけに注目するのではなく，①アグリビジネスの川上と川下での展開，②商業的農業の発展，③小規模生産者と小規模事業者の価値連鎖への接合こそがアフリカ経済発展の鍵であることを強調し，この機会を捉えて経済成長の潜在性を実現するために前へ踏み出すか，それともこの機会を逸して競争力を失い続けるのかの重大な岐路に立たされているとした。こうしたアグリビジネス主導型価値連鎖アプローチの議論では，実際には小規模農業が多様なかたちで市場に接合しており，小農自身が小規模農業への最大の投資者である事実（HLPE 2013）が無視されている。そもそも，官民連携ガバナンスが推奨する契約農業モデルは小農のせいぜい2〜10％しかカバーしえず，圧倒的多数の小農は契約農業が約束する「恩恵」に預かることができないとされる（Vorley et al. 2012）。契約農業を通じて国内外企業の価値連鎖に参加できる小農が限られる一方で，そうした官民連携を理由に大多数の小農が必要とする公的サービスが後退するとすれば，彼らの脆弱性はますます高まることになる。条件に恵まれた一部の小農や農村集落が契約農業モデルによって成長機会を得られる可能性は否定できないが，そもそもの交渉力の非対称性，過去の経験や成長回廊事業で進行中の事態を踏まえれば，契約農業を通じた価値連鎖への参加が小農のアグリビジネス企業への従属，したがって気

第3章　世界食料安全保障の政治経済学

候変動で高まる生産リスクの一方的負担，契約企業が提示する買取り価格の一方的受容，契約企業が提供する外部投入財への依存，経営権の実質的剥奪と農業労働者化，債務の連鎖などに帰結し，家計と地域の食料不安をむしろ高めることが懸念される（McMichael 2013）。

　第五に，官民連携モデルは公的機関と民間企業がそれぞれ有する能力と資源（公的部門の正統性と説明責任，民間企業の高い技術と経済効率性）を活用し，両者でリスクを分散し，もって双方両得の開発アプローチであると想定されている。しかし，実際には官民ともに説明責任を果たさないまま，企業リスクの一方的回避と生産者・納税者へのリスク転嫁をもたらすことへの正当な懸念がある。限られた援助国・機関，非援助国政府，それらと政治的人脈を持つ国内外の有力企業のみで構成される円卓会議で合意された「国別協力枠組み」ですでに路線が決められており，したがって民主的かつ透明性のある政治プロセスを経ておらず，その影響を最大限に受ける当該国・地域の農民組織，農村女性団体，市民社会組織等の声が政策形成過程に反映されていないからである（McKeon 2014）。また，民間部門の投資計画は企業秘密扱いであり，人権配慮や環境配慮の基準に照らした投資計画の事前評価を行うことすらできないからである。そもそも政府が果たすべき最低限の義務——例えば教育や医療，生活インフラなどの基本的な社会サービスの提供，農民に対する公的農業普及サービスの提供など——を履行できていない状況が，脆弱な状況に留め置かれている開発途上国の農村集落・小規模農民をして，前述のような農地収奪や生活破壊・環境破壊のリスクがある民間農業投資の罠に容易に陥ってしまう素地を作り出しているのである。こうした脆弱性が脆弱性を生み出す悪循環を断ち切るためにも，官民連携モデルの相互無責任体制に歯止めをかけなければならない。

　総じて，栄養を含む食料安全保障問題の背景にある経済的・社会的・文化的な構造要因に切り込むのではなく，指標化・計測化が可能で技術的に対処可能な問題（食料増産，栄養素摂取）に議論を矮小化する傾向が顕著である。そして，実際には利害の衝突と市場の失敗が避けられない民間資本と市場機

109

能に解決策を委ねることが，官民連携やマルチステークホルダーといった「ガバナンス」言説によって，あるいは企業自身の「社会的責任」言説によって，正当化されている。このように食料安全保障や栄養の問題を「価値中立的な技術的問題として捉えようとするバイアス」（北野 2017），したがって本来は政治的なものの本質を見えなくさせる「脱政治化」のプロセスが，食料安全保障問題をめぐって進行している（Duncan & Claeys 2018）。

Ⅳ　食料安全保障のオルタナティブな枠組み

本節では，これまで考察してきた市場主義・生産力主義・技術的解決至上主義に基づく食料安全保障論に対置されるオルタナティブな食料安全保障論について，権利論としての「食への権利」，運動論としての食料主権，そして制度論としての国連世界食料安全保障委員会の改革に注目しながら，今後の議論のあるべき方向性を指し示したい。

1　食料安全保障の権利論的再定義――「食への権利」論

1996年の世界食糧サミットは「すべての人は安全で栄養のある食料を必要なだけ手に入れる権利を有すること，またすべての人は飢餓から解放される基本的権利を有することを再確認」し，「すべての人にとっての食料安全保障の達成，すべての国において飢餓を撲滅するための継続的努力，2015年までに栄養不足人口を半減することを目指すとの政治的意思を宣誓」するとした「世界食料安全保障に関するローマ宣言」を採択し，その「行動計画」の一つとして，「食への権利」の具体化を勧告した。

適切な（安全で栄養があり文化的にも適切な）食料へのアクセス，食料を生産ないし調達するための物理的・経済的な手段へのアクセスは，すべての人に与えられる基本的人権であるとする考え方は，「世界人権宣言」（1948年）とそれを条約化した「経済的，社会的及び文化的権利に関する国際規約」（1966年採択，76年発効），いわゆる社会権規約の第11条に遡る。1996年

110

第3章　世界食料安全保障の政治経済学

の「ローマ宣言及び行動計画」勧告を受けて，国連人権高等弁務官事務所や社会権規約委員会で「食への権利」の検討作業が進められた（Eide 2005）。さらに，2002年の世界食糧サミット5年後会合で策定が指示され，2004年にFAOで採択されたのが前述の「任意ガイドライン」である。もともと社会権の国際条約化に消極的で「基本的人権としての食」という考え方に否定的だった米国等の反対により，法的拘束力のない任意ガイドラインにとどまったが，それ自体は国際法の法源とはならないものの，内容的には国家行動規範であり，中長期的に慣習国際法として定着する可能性がある（Oshaug 2005）。

　権利とは元来，権利主体と義務主体との規範的関係を含意する概念であり，国際法上，第一義的な義務主体は国家とされる。すなわち，「食への権利」をはじめとする社会権的権利が「権利」である以上，権利主体である諸個人がこれら諸権利を享受できるようにするために，義務主体である国家には「相関的義務」が発生する。社会権規約委員会「一般的意見12号」によると，「食への権利」に関わる国家の法規範的義務には，適切な食料へのアクセスを妨げるいかなる措置もとらないことを要求する「尊重の義務」，適切な食料へのアクセスが企業や他の諸個人など第三者によって奪われないことを確保する「保護の義務」，そして適切な食料へのアクセスとその利用を強化するために国家が積極的に行動するとともに，もし個人や集団が自らの力を超える理由によって適切な食への権利を享受できない場合に国家が直接に権利を供与するという「充足の義務」が含まれる。その上で「国内戦略は，生産，加工，配給，販売，安全な食料の消費，また，保健，教育，雇用および社会保障の分野での並行的な措置を含め，食料制度のあらゆる側面に関する重要な事項や措置について取り上げるべきである」とされている。つまり，「食への権利」を含む社会権規約は各締約国に対し，すべての人が飢餓から解放され，可及的速やかに適切な食料に対する権利を享受できることを確保するために，必要なあらゆる国内的措置をとることを要求している。

　それだけではない。義務履行に必要な資源と能力は締約国によって差があ

111

るし，したがって権利実現のための適切な方法と手段は国によって異なる。それゆえ，締約国が「食への権利」を十全に実現するための「国際協力の不可欠の役割」が確認されている。さらに重要な点は，国際開発協力・金融政策に関わる世界銀行・IMFや国際通商政策に関わるWTOといった国際経済機関が国際法上の義務主体として議論されていることである。世界銀行・IMFは国連憲章に基づいて国連と連携協定を結んだ専門機関であり，組織的には独立した地位を与えられているものの，人権を含む国際法や国連憲章から自由ではないことは，国際法の専門家グループが2003年に作成した「世界銀行・IMFと人権に関するティルブルグ指導原則」でも明らかにされている（van Genugten et al. 2003）。そもそも，両機関を統治する加盟国は人権を含む国際法上の義務に拘束され，国連加盟国として国連憲章の目的と原則に従うことが求められるのだから，「国連加盟国のこの憲章に基づく義務と他のいずれかの国際協定に基づく義務とが抵触するときは，この憲章に基づく義務が優先する」（第103条）ことになる。つまり，世界銀行・IMFはその活動や機能のすべての側面にわたって人権への配慮を組み入れなければならず，加盟国は人権義務の遵守・履行を妨げるような措置を両機関が講じることに同意すべきではないのである。

　同じことはWTOにも当てはまる。WTOには紛争解決機関（DSB）のような強制力（規制的権威）が存在する一方で，国連人権機構やFAO等の国連機関には道徳的権威はあっても，強制的な執行権限も不履行に対する救済構造も与えられていないという非対称な関係が存在するが，前述した「一般的意見12号」では，「国際協定において関連性をもつときにはいつでも，適切な食料に対する権利に正当な注意が払われることを確保し，また，このためにさらに国際的な法文書を発展させることを検討すべきである」ことが確認されている。つまり，「食への権利」を尊重・保護・充足するのは本来，国家の政策選択の問題ではなく国際的義務なのであって，加盟国の遵守義務とともに国際機関・国際協定における遵守義務が問われなければならないのは，国際人権法体系に照らせば当然の論理的帰結なのである。

第3章　世界食料安全保障の政治経済学

　他方，民間企業とりわけ国境を跨いで活動する多国籍企業は，国際条約や
国際法に（少なくとも形式的には）拘束される国家・政府機関とは異なり，
法的枠組みや各種の国際協定から相対的に自由であり，説明責任を果たさせ
るのは容易ではない。それでも，基本的人権の実現のための「国際協力の義
務」規定を根拠に，義務主体である国家の管轄権の域外適用（ETO）を支
持する国際人権法専門家は少なくない。人権侵害の現場が多国籍企業の直接
投資を受け入れている開発途上国である場合が多いことを踏まえれば，多国
籍企業の本国である先進国政府の国際人権法上の義務はもちろん，当事国だ
けでなく国際社会全体がこれに積極的に関与すべきなのである。こうした議
論を深めるとともに，多国籍企業を規制するための国際枠組みを構築・強化
しながら，農民や労働者を含むすべての人々の権利を実現していくことが早
急に求められている（久野 2011a）。これまで，国際労働機関（ILO）「多国
籍企業及び社会政策に関する原則の三者宣言」(1977年)，経済協力開発機構
（OECD)「多国籍企業行動指針」(1976年)，国連「グローバル・コンパクト」
(2000年)，国連人権理事会「ビジネスと人権に関する指導原則」(2011年)
など，多国籍企業の行動規範に言及した国際枠組みは存在するが，いずれも
自主規制にとどまる。そのため，国連人権理事会は2015年に政府間作業部会
を設置し，法的拘束力を有する国際条約づくりに着手している。また，労働
者の人権を守るため労働組合と多国籍企業との間で「グローバル枠組み協定
（GFA)」を締結する動きが広がっており，例えばダノンやチキータ等と協
定を締結した国際食品労連（IUF）の役割が注目される。

　農業分野でも2013年から国連人権理事会で検討されてきた「小農及び農村
で働く人々の権利に関する国連宣言」が2018年12月の国連総会で採択された。
同年11月には「国連家族農業の10年」(2019～2028年) も採択されている。
近年の官民連携ガバナンスを通じた農業開発モデルでも繰り返されている言
説・視座を「開発客体としての農民」像とすれば，「小農権利宣言」などの
新しい動きは「発展主体としての農民」像への視座転換と捉えることができ
る（池上 2019）。こうした国連での動きに影響を与えてきたのが，国際小農

113

連帯組織ビア・カンペシーナ（La Via Campesina）を中心とする小農・市民社会組織のグローバルな社会運動である。

2　社会運動のグローバル展開——食料主権論の登場

　1996年の世界食糧サミットはビア・カンペシーナ等によって提唱された食料主権論（food sovereignty）が国際社会の表舞台に登場する契機ともなった。この食料主権論は，それまでの食料安全保障論が食料の増産と食料入手機会の向上には言及するものの，その食料をどのように・どこで・誰の手によって生産するのか，そして食料の分配と消費のあり方をどうするのかといった構造的問題への視点を欠落させていることを問題視し，それが前提としてきた新自由主義的な農業政策・通商政策と農業工業化モデルに対するオルタナティブを表現するための概念として提示された。2005年にビア・カンペシーナに加盟した全国農民運動連合会（農民連）は，自らの「食糧主権宣言」の中で食料主権の考え方を次のように要約している。――「食糧主権は，すべての国と民衆が自分たち自身の食糧・農業政策を決定する権利である。それは，すべての人が安全で栄養豊かで，民族固有の食習慣と食文化にふさわしい食糧を得る権利であり，こういう食糧を家族経営・小農が持続可能なやり方で生産する権利である。食糧主権には，国民が自国の食糧・農業政策を決定する国民主権と，多国籍企業や大国，国際機関の横暴を各国が規制する国家主権の両方が含まれている」。

　一般に「主権」という用語は，国民主権よりは国家主権をイメージしやすい。実際，ビア・カンペシーナは1996年時点で「食料主権とは，各国内の文化と食料生産の多様性を尊重しながら，国内に必要な基本的食料を自ら生産する能力を維持し発展させる，各国政府に保障されるべき権利である。食料主権は真の食料安全保障を実現するための前提条件である」と表現していた。この概念に注目した国内の研究者の間でも当初は戸惑いのようなものが見られたが（久野 2011b），グローバルな食料主権運動の到達点として広く参照されている，2007年にマリで開催された食料主権国際フォーラムの「ニエレ

ニ宣言」を読むかぎり，むしろ民衆の権利（国民主権）が第一義的であり，それを保障するために国家が国際社会で自らの政策決定権を主張するという意味では，国家主権は「食への権利」論で言うところの「国家の義務」に近いように思われる。食料主権が，小農・家族経営者や牧畜民，漁民，森林生活者，先住民，移民を含む農漁業労働者，そして都市消費者の生活と権利を尊重し，土地や水，種子などの生産資源を農漁民や民衆の手に取り戻し，それをコモンズとして共有していくための「民主主義と社会正義」の実現をも含意している以上，各国の政治システム自体が変革の対象とならざるをえない。国家主権の主張は，そのことを含めて理解する必要がある。

　食料主権論はその後，世界各地の市民社会組織や農民運動にも取り入れられ，急速に普及していった（Wittman et al. 2010）。また，2002年の世界食糧サミット5年後会合に向けて，ビア・カンペシーナを含む50余りの小農・市民社会組織が連帯して「食料主権のための国際実行委員会（IPC）」が結成された。FAO事務局長との合意（2003年）に基づいて，IPCは市民社会の「主要対話者」として，その後の食料サミットや世界食料安全保障委員会（後述）等の国連公式会合に市民社会・小農の声を反映するための作業を任されるまでになった。

3　食料安全保障，「食への権利」，食料主権

　食料安全保障を「規範的な目的＝到達すべき結果」，食料主権を「規範的な過程＝到達すべき道筋」として区別する議論（Murphy 2014）がある。食料安全保障はその技術的・静態的な概念規定が政策論として論じられてきたが故に，いかようにも変容し変質しうる危うさをもっていることは，本章を通じて明らかにしてきた通りである。同様に，運動論として提起され発展してきた食料主権概念もいくつかの克服すべき弱点を抱えている（久野 2017）。

　食料主権の考え方は前出のデシュッター前「食への権利」特別報告者によってもたびたび取り上げられており，内容的にも相補的なので，「食への権利」と混同されがちである。食料安全保障を含めた3つの近似的概念の違

115

いを，FAOと国連人権高等弁務官事務所が簡潔に説明している。それによると，食料安全保障は「食への権利の完全な享受のための前提条件であるが，それ自体は法的概念ではなく，したがって関係主体に法的義務を課すことも法的権限を与えることも含んでいない」。他方，「食への権利」は「諸個人が適切な食料および食料安全保障の持続的享受に必要な資源にアクセスする権限を有していること」，「国家が国内外において飢餓と栄養不良を克服し，すべての人の食への権利を実現する法的義務を負っていること」を国際法の下に保障するものである。これに対して，食料主権は「食への権利」として保障されている内容を含みつつ，むしろそのために必要な「農業や貿易の政策・諸慣行のオルタナティブなモデル」を提示しそれを促進する点に特徴があるが，「現在は国際的なコンセンサスは存在しない」という。

　この説明からも示唆されるように，「食への権利」は食料主権論の構成部分であると同時に，食料主権を政治的スローガンから国際法体系に裏打ちされた法規範的概念へと発展させうるものである。「食への権利」はまた，生存及び健康への権利，水への権利，適切な住居への権利，教育への権利，雇用と社会保障への権利などを含む経済的・社会的・文化的な権利（社会権的権利）の一部，市民的・政治的な権利（自由権的権利）を合わせた基本的人権の一部を構成している。それらは「世界人権宣言」はもちろん，「子どもの権利」や「女性の権利」，「すべての移住者およびその家族の権利」，「先住民族の権利」など一連の国際人権法体系によって具体化されており，その普遍的尊重・遵守・保護を促進する義務をすべての国家が履行すべきことが確認されている。それ自体は，食料主権論のように，大国・多国籍企業主導の新自由主義的グローバリズムと社会的・環境的に非持続的な農業工業化モデルを具体的に非難し，そのオルタナティブとしてローカルな市場，ローカルな知識，アグロエコロジカルな生産などを具体的に提唱することはないものの，根底に流れる理念を大部分共有している。他方，食料主権は「権利」の一方的な宣言であり，その意味で政治的理念である。その主張には生産と生活の現場から突き上げられた重みがあるが，「食への権利」に含まれるよう

な法規範的な厳密性と普遍性に欠けている（Haugen 2009）。その結果，食料主権の考え方を国の法律等に組み入れた瞬間，様々な軋みを生じ，本来の生命力を失う事態も一部で生まれている（久野 2017）。むしろ，食料主権の運動と理念を国際的な法的手段を活用しながら強化し，それを実質化させていくことこそ，「食への権利」をはじめとする国際人権レジームがめざすものである（久野 2011a）。両者の相乗効果によってはじめて，食料安全保障は権利論的に再定義され，本来の規範性を取り戻し，食料安全保障ガバナンスの新自由主義的転回に対する対抗軸を形成することができるだろう。

4　ガバナンス改革——国連世界食料安全保障委員会

　FAO世界食料安全保障委員会（CFS）は1974年の世界食糧会議で提案され設立された政府間組織であるが，2009年10月の年次会合で「食料安全保障と栄養に関する広範な利害関係者のもっとも包括的なプラットフォームとして，グローバル・パートナーシップの中核を担うため」の改革が合意された。改革の柱は「広範な参加」であり，政府代表者だけでなく，①国連機関，②国際農業研究機関，③国際・地域金融機関，④民間部門，⑤市民社会・非政府組織の代表が参加する。委員長を含む13名の理事会は加盟国の代表で構成されるが，諮問グループは上記5カテゴリーから14名が選出され，民間部門2名枠に対して，市民社会・非政府組織（NGO）には4名枠が与えられている。さらに，国際NGOと異なりグローバル・ガバナンスから疎外されてきた「もっとも脆弱な社会グループ」を代表する市民社会組織・社会運動組織の対等な立場での参加を制度化するため，「食料安全保障と栄養に関する市民社会メカニズム（CSM）」が確立された。具体的には，小規模生産者，漁民，放牧民，土地なし農民，都市貧困者，農業食品産業労働者，女性，若者，消費者，少数民族，NGOの11分野，17の小区分地域から，ジェンダー・バランスにも配慮しながら代表を選出して構成される41名枠の調整委員会が，CFSの情報共有機能や意思決定過程で重要な役割を果たすことになっている。また，市民社会組織間の議論の円滑化と市民社会組織の多様な見解をCFSに

117

効果的に反映させる仕組みとして，土地保有や農業投資，価格変動，社会的保護，気候変動，バイオ燃料，栄養，ジェンダー，食品ロスなど14の政策課題ごとに国際作業部会を設けている。

2009年1月にマドリードで開催された「食料安全保障に関するハイレベル会合」と前後して，市民社会組織から「国連機関の役割を相対化して，ブレトンウッズ機関と多国籍企業の発言力を高めるための画策」だとして痛烈に批判され，開発途上国やFAOからも懸念の声が上げられる動きがあった。近年，FAOをはじめとする国連機関の会合に合わせて市民社会会合が開催され，情報共有と意見表明の機会が与えられることが定着していたが，それを形骸化し，世界銀行・IMF，WTO，多国籍企業等の代表者で協議プロセスが占められる状況が生まれていたのである。その意味で，CFSを「グローバル・パートナーシップの中核」に位置づけ，小農・市民社会組織の対等な立場での参加を制度化する試みは，こうした動きを牽制するとともに，各国・人民の食料主権を確立し，基本的人権として「食への権利」を保障するような農業・農村開発を実現するための大きな第一歩であった。

改革のもう一つの柱は，「食料安全保障と栄養に関する専門家ハイレベルパネル（HLPE）」の設立である。その目的は「政策の必要性に応じて，学識経験者が共同で，実証的かつ科学技術的な答申を，政策立案者に直接行うこと」にあり，その報告書は「意見の異なる利害関係者に対して，実証的な政策分析の出発点にならなければ」ならず，「たとえ立場が大きく違っていようと，あらゆるアプローチや見解を網羅しながら，包括的に評価する舞台を設定」し，「政策論議に関わる一人ひとりが多様な意見を理解し，合意形成に至ることをよりしやすく」するものであることが求められている。脱政治化を助長する傾向にある専門家の検討作業を，逆に政治化する試みと言えよう。これまでに14分野（①価格乱高下，②土地保有と国際農業投資，③気候変動，④社会的保護，⑤バイオ燃料，⑥小規模農業への投資，⑦持続可能な漁業・水産養殖，⑧食品ロス・廃棄，⑨水問題，⑩畜産と持続可能な農業発展，⑪持続可能な林業，⑫栄養と食料システム，⑬マルチステークホル

ダー，⑭アグロエコロジー）の報告書が提出されている。このうち「食料安全保障のための小規模農業への投資」（HLPE 2013）は日本語訳され，2014年に刊行されている。

こうしたCFS改革は食料安全保障に関わる国際的な政策形成過程で参加型あるいは討議的な民主主義を実現しようとする試み（政策過程の政治化）として高く評価されており，今後の成果に対する期待も大きいが，現場レベルでは試行錯誤が続いており，乗り越えるべき課題も少なくない。ここ数年，民間部門（PSM）の影響力が増大しており，米国等の政府代表者と歩調を合わせながら，市民社会（CSM）の比重低下や「もっとも脆弱な社会グループ」優先原則の形骸化，CFS自体の政策形成機能の骨抜きを図り，「客観性・科学的合理性」言説を持ち込むことでアグロエコロジー等の規範的・論争的なテーマの議題化に抵抗するなど，政策過程の政治化に成功したCFSのガバナンス改革を巻き戻して「脱政治化」しようとする圧力や策動も強まっている（Duncan & Claeys 2018）。

V　日本の食料安全保障政策への示唆

栄養不足人口の割合（2015〜17年）は世界全体で10.8％，10年前の14.3％より改善しているが，2030年までに飢餓をゼロにするという持続可能な開発目標（SDGs）にもかかわらず，ここ数年，絶対数では増加に転じている。とくに後発開発途上国では24.2％という深刻な状況が続いている。他方，貧困や低栄養に関連するデータのいずれを見ても日本は他の先進諸国と同等またはより低い数値を示している。先進諸国や一部の開発途上国で「食料不安のパラドクス」として問題視されている成人人口の肥満率の低さも際立っている。その日本でも，一方で「子どもの相対的貧困率」は13.9％（2015年）に達し，2012年の16.3％から低下したものの，世界的に見て高い水準にある。ひとり親世帯の貧困率が主要先進国で唯一50％を超え，とくに母子家庭の厳しい状況が世帯と個人の食料不安を高めている。他方で，肥満率も2005年の

119

2.7％から2016年の4.4％（欧米諸国は20〜30％）へと徐々に上昇傾向にある。それでも，FAO報告書で「世界の食料不安」として描かれる状況からは遠いところに位置しているように思われる。日本ではむしろ「潜在的な食料不安」，すなわち食料自給率の低さゆえの「不測時における食料安全保障」に対する不安が長年，重要な政策課題となってきたし，国民的関心事項となってきたことは各種の世論調査からも明らかである。食料自給率は通常，供給熱量ベース総合食料自給率と重量ベース品目別自給率で示される。日本の食料自給率は前者で37％（2018年），後者の穀物で28％（2013年）となっており，他の主要先進諸国と比べた時の低さが目立つ。裏返していえば，食料輸入への依存度の高さ，とりわけ一部の食料輸出大国への偏りが，日本の「潜在的な食料不安」を特徴づけている。食料・農業・農村基本法に基づき5年ごとに策定される食料・農業・農村基本計画では，2025年に食料自給率を45％に引き上げる目標を設定しているが，引き続き低落傾向を反転させる兆しは見えない。

　農林水産省は基本法第2条「食料の安定供給の確保」の第2項で「国内の農業生産の増大を図ることを基本とし，これと輸入および備蓄とを適切に組み合わせて行われなければならない」としている。2008年度の『食料・農業・農村白書』では，国内生産力（食料自給力），輸入力，備蓄の3つで構成される概念として「食料供給力」が用いられたが，あくまでも国内生産力の確保が基本であるとの「姿勢」は貫かれているように思われる。しかしながら，例えば政府備蓄米は生産調整政策と連動してきたが，生産調整に政府が責任を負わなくなった現在，どこまで適正に維持されるのか，政府備蓄米100万トン（20万トン×5年間）がどこまで適正なのかは意見の分かれるところであろう。さらに，政府の農産物貿易政策は「食料の安定供給」のために国内生産を補完するというより，日本の財界や米国政府・多国籍企業の利益や圧力によって輸入拡大に邁進してきたのが実態である。近年はTPP11，日豪EPA，日欧EPA，日米FTA（交渉中）等々，さらなる輸入拡大を推進しており，食料自給力を掘り崩す結果となっている。いわゆる「攻めの農業」を

120

標榜するアベノミクス農政では，「岩盤規制」の緩和・撤廃と技術革新・企業参入・輸出拡大が推進されているが，その内実は必ずしも国内生産基盤の維持・強化に繋がるものとはなっていない。実際，輸出の増加に伴って輸入も増加してきた。食料輸入大国として「いざというときに国民へのカロリー供給食料に回せる」とは限らない以上，輸出拡大政策は食料供給力の向上に資するものとは言いがたい。必要なのは，「国連家族農業の10年」でも強調されているように，食料生産の主要な形態であり，地域の社会経済や環境の保全，農村コミュニティの維持，雇用の創出などの面でも大きな役割を果たしている小規模・家族農業（やそれに立脚する集落営農等の協業組織）を守るために，適切な国境保護措置と再生産可能な価格所得政策を実施することである。また，輸出志向型・資本集約型の農業モデルとして「オランダ農業システム」の導入が一部の論客によって主張されているが，そうした農業モデルはオランダ国内でも評価が分かれており，市場環境や社会制度が大きく異なる日本で通用する可能性は低い。むしろ，日本でも持続可能な農業・農村の発展モデルとして多くの成果が各地で生まれている多面的機能を活かした地域食農システムの実践が，当のオランダでも広がりを見せていることにこそ注目すべきであろう（久野 2019）。

　食料価格危機を受けて，農林水産省に加えて外務省経済局も食料安全保障政策に深くコミットするようになったが，日本の食料安全保障のための「外交的取組」として外務省が重視するのが，①世界の食料生産の促進，②安定的な農産物市場・貿易システムの形成，③脆弱な人々に対する支援・セーフティネット，④緊急事態や食料危機に備えた体制づくりであり，それらが日本の食料安全保障に貢献するという考え方に立っている。このうち①と②については，第3節で詳しく論じたように，市場主義・生産力主義・技術的解決至上主義に基づく大規模農業開発プロジェクトとそれに必要な投資環境の整備を進める官民連携ガバナンス（例えばプロサバンナ事業）への参加が重視されている。さらに，世界各地で問題となった大規模農地争奪への批判を受けて世界銀行等の国際機関が策定した「責任ある農業投資原則（PRAI）」

の発案者（2009年）となったこと，日本政府が国連機関，世界銀行，アフリカ連合委員会とともにアフリカ開発会議（TICAD）を先駆的・継続的に開催してアフリカ開発の重要性を提起してきたこと，とくに2008年の第4回会議（TICAD Ⅳ）で設置が表明された，アフリカのコメ生産を2018年までに倍増する計画「アフリカ稲作振興のための共同体（CARD）」を主導してきたことなどが，政府資料等で強調されている。

　しかし，PRAIについては，法的拘束力もない自主規制にとどまり，むしろ「ルール化」の名の下に農地収奪の正当化につながることが懸念されているし，そもそも地域の食料供給と社会的・環境的な持続可能性に貢献してきた小規模生産者等への対応をなおざりにしたまま大規模・資本集約型農業を推進してきた農業開発モデルを前提にしているとして，市民社会・農民組織から批判されてきた。そのため，幅広い利害関係者の参加と透明性が確保された協議プロセスである世界食料安全保障委員会（CFS）に場所を移して議論が続けられたが，2014年の年次会合で採択された「農業及び食料システムにおける責任ある投資のための原則（CFS-rai）」は，市民社会組織が求めていた内容とはほど遠い，多くの欠陥を含んだものとなった（TNI 2015）。ネリカ米の開発・普及を中心とするアフリカの稲作に対する支援についても，小農の営農と暮らしの向上を目指すかぎりにおいては評価されるべきかもしれないが，実際には「途上国の農民は一方的に開発される対象であって，厳しい環境の中で生き抜いてきた彼らの技術や知恵の総体を支援に組み入れるという発想はない」，「新しい技術の普及が農村社会の構造に変容を起こす可能性があることが指摘されているにもかかわらず・・・農家の生業の中での稲作の位置づけや農村社会に対する支援の影響にまで配慮された内容になって（いない）」（山根・伊藤 2019）といった批判が少なくない。いずれの点についても，市民社会組織や農民組織から懸念や批判の声が出されている事実に対して，日本政府は無視を決め込んでいるかのようである。

　2015年のG7エルマウ・サミットで採択された「食料安全保障及び栄養に関する広範な開発アプローチ」と，それを具体化するために翌年のG7伊勢

第3章　世界食料安全保障の政治経済学

志摩サミットで採択された「食料安全保障と栄養に関するG7行動ビジョン」には，「女性のエンパワーメント」や「人間中心のアプローチ」，「持続可能性及び強靱性」，「小規模農家への支援」といった言葉がちりばめられているものの，第4節で紹介したような「食への権利」や「小農及び農村で働く人々の権利」といった基本的人権からの視点も，食料主権論でも重視されているアグロエコロジーへの視点もなく，女性や小規模農家も企業主導の食料価値連鎖に組み込まれる「開発客体」として言及されるにとどまっている。日本政府はこうした行動計画を自らの手柄として誇示しているように見受けられるが，他方で，日本政府が「国連家族農業の10年」の共同提案国になったにもかかわらず，より本質的な「小農及び農村で働く人々の権利」の国連総会での採択を棄権したことを想起しなければならない。

　日本は食料輸入大国として，投資国として，多国籍企業の母国として，そして食料安全保障に関わる国際機関への重要な出資者として，「食への権利」に対する国際的義務を負っている。日本では食料安全保障への関心や食料主権をめぐる議論が食料自給率の問題，それに関わる国内農業生産力の維持や農産物輸入をめぐる問題に終始しがちだが，食料自給力向上の意義は国民の食料安全保障を確保するにとどまらない。世界食料貿易の10％を世界人口比2％の日本が買いあさっていることは，とりわけ世界食料不安時代においては国際的責任にも関わる問題である。それでも，現実問題として食料輸入に依存せざるを得ない以上，日本の国際的責務は，経済的・社会的・環境的・文化的に持続可能なやり方で世界の農業生産と農村発展に貢献することである。それは脱政治化された文脈で「世界の食料生産の促進」や「安定的な農産物市場・貿易システムの形成」を政策課題として掲げることではない。とくにアジアやアフリカの開発途上国においては，小農及び農村で働くすべての人々が「発展主体」として食料安全保障及び栄養に関わる政策や事業の設計・決定・実施に参加することを保障し，食料主権に基づいて農業・食料政策や貿易・投資ルールを策定する権限を各国・地域に保障し，彼らの基本的人権を尊重・保護・充足する義務を自覚しなければならない。そのことが，

123

結果的に日本の，否，日本に暮らす人々の食料安全保障を確保することにつながるのである。

参照文献

African Centre for Biosafety（2014）The African Fertiliser and Agribusiness Partnership（AFAP）: The 'missing link' in Africa's Green Revolution? Johannesburg: ACB.

African Centre for Biosafety（2012）Alliance for a Green Revolution in Africa（AGRA）: Laying the groundwork for the commercialisation of African Agriculture, Johannesburg: ACB.

ASEED（2016）Climate Smart Fertiliser Addiction: Business as Usual. ASEED Climate Change Background, January 25, 2016.

Berguis, Mikael and Jill Tove Buseth（2019）"Towards a green modernization development discourse: the new green revolution in Africa". *Journal of Political Economy*, 26: 57-83.

Clapp, Jennifer, Peter Newell and Zoe W. Brent（2018）"The global political economy of climate change, agriculture and food systems". *The Journal of Peasant Studies*, 45（1）: 80-88.

Clapp, Jennifer and Sophia Murphy（2013）"The G20 and Food Security: a Mismatch in Global Governance?" *Global Policy*, 4（2）: 129-138.

De Schutter, Olivier（2011）"The World Trade Organization and the Post-Global Food Crisis Agenda: Putting Food Security First in the International Trade System". Briefing Note, No.4.

De Schutter, Olivier（2010）"Food Commodities Speculation and Food Price Crises: Regulation to reduce the risks of price volatility". Briefing Note, No.2.

Duncan, Jessica and Priscilla Claeys（2018）"Politicizing food security governance through participation: opportunities and opposition". *Food Security*, 10: 1411-1424.

Eide, Wenche Barth（2005）"From Food Security to the Right to Food" , pp.67-97 in W.B. Eide and U. Kracht eds., *Food and Human Rights in Development: Vol.1 Legal and Instrumental Dimensions and Selected Topics*. Antwerpen: Intersentia.

FAO（2013）*Success Stories on Climate-Smart Agriculture*. Rome: FAO.

FAO（2010）*"Climate-Smart" Agriculture: Policies, Practices and Financing for Food Security, Adaptation and Mitigation*. Rome: FAO.

Garsten, Christina and Adrienne Sörborm（2018）*Discreet Power: How the World Economic Forum Shapes Market Agendas*. Stanford, CA: Stanford

University Press.

Genugten, Willem van (2003) Tilburg Guiding Principles on World Bank, IMF and Human Rights, pp.247-255 in Willem van Genugten, Paul Hunt, and Susan Mathews, eds., *World Bank, IMF and Human Rights*. Nijmegen: Wolf Legal Publishers.

GRAIN (2015) The Exxons of Agriculture. Barcelona: GRAIN.

Haugen, Hans M. (2009) "Food Sovereignty: An Appropriate Approach to ensure the Right to Food?" *Nordic Journal of International Law*, 78 (3): 263-292.

Henriques, Gisele (2013) Whose Alliance? The G8 and the Emergence of a Global Corporate Regime for Agriculture. Brussels: CIDSE.

HLPE (2013) Investing in Smallholder Agriculture for Food Security. A report by the High-Level Panel of Experts on Food Security and Nutrition of the Committee on World Food Security, Rome: FAO. (家族農業研究会／農林中金総合研究所共訳『家族農業が世界の未来を拓く：食料保障のための小規模農業への投資』農文協，2014年)

Jarosz, Lucy (2011) "Defining World Hunger: Scale and Neoliberal Ideology in International Food Security Policy Discourse". *Food, Culture & Society: An International Journal of Multidisciplinary Research*, 14 (1): 117-139.

Lamy, Pascal (2010) "Global Governance: Getting Us Where We All Want to Go and Getting Us There Together". *Global Policy*, 1 (3): 312-314.

Lawrence, Geoffrey and Philip McMichael (2012) "The Question of Food Security". *International Journal of Sociology of Agriculture and Food*, 19 (2): 135-142.

Lee, Richard Philip (2013) "The politics of international agri-food policy: discourses of trade-oriented food security and food sovereignty". *Environmental Politics*, 22 (2): 216-234.

McKeon, Nora (2014) The New Alliance for Food Security and Nutrition: a coup for corporate capital? TNI Agrarian Justice Programme Policy Paper., Amsterdam: TNI.

McMichael, Philip (2013) "Value-chain Agriculture and Debt Relations: contradictory outcomes". *Third World Quarterly*, 34 (4): 671-690.

McMichael, Philip (2009) "A food regime analysis of the 'world food crisis". *Agriculture and Human Values*, 26 (4): 281-295.

Murphy, Sophia (2014) "Expanding the possibilities for a future free of hunger", *Dialogues in Human Geography*, 4 (2): 225-228.

Oenema, Stineke (2014) "From ICN1 to ICN2: The Need for Strong Partnerships with Civil Society". *Right to Food and Nutrition Watch 2014*, pp.41-45, Heidelberg: FIAN International.

Oshaug, Arne (2005) "Developing Voluntary Guidelines for Implementing the Right to Adequate Food: Anatomy of an Intergovernmental Process" , pp.259-282 in W.B. Eide and U. Kracht, eds., *Food and Human Rights in Development: Vol.1 Legal and Instrumental Dimensions and Selected Topics*. Antwerpen: Intersentia.

Oxfam International (2013) The New Alliance: A New Direction Needed. Oxfam Briefing Note, Oxford: Oxfam GB.

Paul, Helena, and Ricarda Steinbrecher (2013) African Agricultural Growth Corridors and the New Alliance for Food Security and Nutrition: Who benefits, who loses? Brighton: EcoNexus.

Prato, Stefano and Nicola Bullard (2014) "Editorial: Re-embedding Nutrition in Society, Nature and Politics". *Development*, 57 (2): 129-134.

Schuftan, Claudio and Radha Holla (2012) "Two Contemporary Challenges: Corporate Control over Food and Nutrition and the Absence of a Focus on the Social Determinants of Nutrition". *Right to Food and Nutrition Watch 2012*, pp.24-30, Heidelberg: FIAN International.

Scoones, Ian (2015) Sustainable Livelihoods and Rural Development, Rugby, UK: Practical Action Publishing. (イアン・スクーンズ著, 西川芳昭監訳, 西川小百合著『持続可能な暮らしと農村開発：アプローチの展開と新たな挑戦』明石書店, 2018年)

Taylor, Marcus (2018) "Climate-smart agriculture: what is it good for?" *The Journal of Peasant Studies*, 45 (1): 89-107.

Transnational Institute (2015) Political Brief on the Principles on Responsible Investment in Agriculture and Food Systems, TNI Briefing, Amsterdam: TNI.

Valente, Flavio L. S. (2015) "The Corporate Capture of Food and Nutrition Governance: A Threat to Human Rights and Peoples' Sovereignty". *Right to Food and Nutrition Watch 2015*, pp.15-20, Heidelberg: FIAN International.

Vorley, Bill, Lorenzo Cotula, and Man-Kwun Chan (2012) Tipping the Balance: Policies to shape agricultural investments and markets in favour of small-scale farmers. London: IIED and Oxford: Oxfam.

Wilkinson, Rorden (2011) "Global Governance, for Whom?" *Global Policy*, 2 (1): 119-120.

Wittman, Hannah, Annette A. Desmarais, and Nettie Wiebe (2010) *Food Sovereignty: Reconnecting Food, Nature and Community*. Halifax & Winnipeg.

World Bank (2013) *Growing Africa: Unlocking the Potential of Agribusiness*. Washington, DC: World Bank AFTFP/AFTAI.

World Economic Forum (2009) *The Next Billions: Business Strategies to*

Enhance Food Value Chains and Empower the Poor. Cologny & Geneva: WEF.

池上甲一（2019）「SGDs時代の農業・農村研究：開発客体から発展主体としての農民像へ」『国際開発研究』28巻1号，1-18頁.

北野収（2017）『国際協力の誕生：開発の脱政治化を超えて（改訂版）』創成社.

高瀬淳一（2001）「サミットにおけるナショナリズムとグローバリズムの併存」，中野実編『リージョナリズムの国際政治経済学』学陽書房.

田代洋一編（2016）『TPPと農林業・国民生活』筑波書房.

久野秀二（2019）「オランダ農業モデルの多様性：フードバレーの現実と多面的機能を活かした農業の可能性」『経済論叢』193巻2号，2019年4月，1-38頁.

久野秀二（2018）「種子をめぐる攻防：農業バイオテクノロジーの政治経済学」『京都大学大学院経済学研究科ディスカッションペーパーシリーズ』No.J-18-001，2018年6月，1-44頁.

久野秀二（2017）「食料主権から見る日本，日本から見る食料主権」，総合地球環境学研究所　FEAST Food Sovereignty Seminar報告資料，2017年2月28日.

久野秀二（2011a）「国連「食への権利」論と国際人権レジームの可能性」，村田武編『食料主権のグランドデザイン：自由貿易に抗する日本と世界の新たな潮流』農文協，161-206頁.

久野秀二（2011b）「食料安全保障と食料主権：国際社会は何を問われているのか」『農業と経済』77巻11号，2011年11月，48-61頁.

舩田クラーセンさやか（2014）「モザンビーク・プロサバンナ事業の批判的検討──日伯連携ODAの開発言説は何をもたらしたか？」，大林稔・西川潤・阪本公美子編『新生アフリカの内発的──住民自立と支援』昭和堂.

森下麻衣子（2013）「TICAD V：モザンビークの人々から安倍首相に手渡された驚くべき公開書簡」，アフリカ日本協議会『アフリカNOW』99号.

山根裕子・伊藤香純（2019）「脱近代化社会の実現へ向けた農学および農業技術支援のあり方」『国際開発研究』28巻1号，2019年6月，39-52頁.

第4章

平成期の構造政策の展開と帰結

安藤 光義

I　はじめに

　本章の目的は，平成期30年間に展開された構造政策を振り返るとともに，それが農業構造の変動にどのように反映されてきたかを明らかにすることにある。平成期における構造政策の歴史的な整理とセンサス分析に基づく批判的検討という2部構成となる。全体の概要は以下の通りとなる。

　IIでは構造政策の展開過程を整理する。前史としての昭和期は，農地法が規定する強固な耕作権の保護を見直し（1970年農地法改正），農地法とは別の法律（1980年農用地利用増進法）を制定して農地の賃貸借を進める一方，構造政策は農村政策と密接不可分のものとして農村の現場で取り組まれてきた（地域農政）。法定更新の適用除外の範囲の拡大という方向での農地制度改正，地域合意に基づく構造政策の推進の2つが昭和期の構造政策の特徴であり，後者は現在も農政の通奏低音として続いている。

　平成期の構造政策は選別政策の強化というのが基本的な方向であった。その皮切りが認定農業者制度の創設であり（1993年農業経営基盤強化促進法），低利融資など担い手への施策の集中が行われるようになる。同時に特定農業法人制度も創設され，担い手不足地域では集落営農の設立とその法人化に寄与することとなり，2000年から始まった中山間地域等直接支払制度がその動きを加速することになる。平成期の選別政策は水田農業政策として実施された点も特徴であった。米政策改革で規模要件導入の端緒がみられたが，2007

129

年の品目横断的経営安定対策がそれを前面に押し出すことになった。個別経営の場合，都府県は 4 ha以上，集落営農の場合は20ha以上という規模要件がそれである。その結果，この政策に対応するための集落営農が急増する。政権交代で戸別所得補償制度が実施されたが，再度の政権交代で廃止となり，政策変更リスクに大規模経営は晒されることになった。また，耕作放棄地の増加を背景に一般企業の農業参入，正確には農地の権利取得の開放が特区制度を活用して進められたのも平成期の特徴であった。しかし，それが農業構造の再編に与える影響は微々たるものにとどまっている。

Ⅲでは，Ⅱで行った政策の展開過程の整理を踏まえて，政策に内包された課題を指摘した後，農業構造の変動をセンサスの分析を通じて明らかにしていく。前者は，他産業従事者並みの生涯賃金に見合う農業所得を実現している専従者のいる農業経営の育成が必ずしも農地保全に貢献するとは限らないという問題であり，農業経営改善計画を積み上げての基本構想の検討が必要であること，食料・農業・農村基本法の政策体系が掲げる 4 つの目標の間に矛盾が生じる可能性があることである。後者は，2010年と2015年の 2 つのセンサスの分析である。2010年センサスは経営耕地面積の減少率の低下を検出し，構造再編の進展の期待を抱かせる結果となった。しかし，実際は品目横断的経営安定対策の影響を受けた集落営農の急増によるところが大きく，ある意味，将来の変化を先取りした結果だったと当初は考えていた。続く2015年センサスは，そうした前回の事情とその間に戸別所得補償制度が実施されているので農家数の減少は鈍化し，経営耕地面積の減少も少なくなるだろうと予想していたが，蓋を開けてみると全ての数値が大きく減少しており，日本農業は地域差を拡大させながら縮小再編過程に突入しているという結果となった。令和期の農業構造は縮小再編という軌道の上を走ることが確定したのである。

Ⅳでは，担い手が農地を受ける力が衰えていることを示すデータを概観し，令和期の構造問題の焦点は担い手への農地集積ではなく，担い手が農地を引き受ける力を維持・増強させることに移行していること，集落営農の衰退は

農村の体力低下を意味しており，事態は深刻であることを指摘した。農業構造の縮小再編から農村崩壊の進行というのが令和期の基本的な趨勢となることが予想される。

II　平成期における構造政策の展開と特徴

1　昭和期の構造政策の展開過程―平成期の前史の概観―

　1961年に制定された農業基本法に基づく農業政策は基本法農政と呼ばれ，高度経済成長がもたらした農工間所得格差を解消することを目的とするものであった。具体的な目標は農業所得だけで生計が成り立つ自立経営を育成することにある。そのための政策の1つの柱が構造政策であった。「経済成長のために良質かつ低廉な食糧供給を確保するとともに，他方で農業従事者と非農業の比較すべき職業群との所得均衡を市場メカニズムのみに委ねることなく政策的に農業の生産性向上と小農構造の改善によって，つまり構造政策によって実現しようというもの」[1]ということである。

　当初は自作地売買を通じた規模拡大を想定していたが，農地事業管理団構想が廃案となり，また，経済成長に伴い農地転用が全国的に進んだ結果，「農地価格の土地価格化」[2]という状況が都府県に広がったため，農地賃貸借を通じた規模拡大に政策の方向が転換されることになった。以降，現在に至るまで農地制度の改正が積み上げられてきた（**表4-1**）。具体的には，農地法が規定する強固な耕作権の保護を見直し，さらに農地法とは別の法律を制定して農地の賃貸借を進めてきたのである。

　1970年の農地法改正は自作地主義から借地主義への転換を打ち出し，契約期間が10年以上の賃貸借については法定更新の適用を除外することで，契約期間が終了すれば貸した農地は必ず所有者に返還されるようにした。しかし，

（1）今村奈良臣「国家と農業」（『現代農業経済学』東京大学出版会，1978年）49
　　ページ。
（2）梶井功『小企業農の存立条件』（東京大学出版会，1973年）。

表 4-1　農地制度の展開過程

1945	農地改革
1952	農地法
1962	農地法改正（農業生産法人制度の創設）
1970	農地法改正
	・10年以上の賃貸借契約は法定更新適用除外
	・農作業従事要件の設定
	・農業生産法人の要件緩和
1975	農用地利用増進事業
1980	農用地利用増進法
1989	農用地利用増進法の改正
	・規模拡大計画認定制度の創設
1993	農業経営基盤強化促進法（認定農業者制度の創設等）
	農地法改正
	・農業生産法人の事業要件と構成員要件の拡大
1995	農業経営基盤強化促進法改正
	・農用地の買入協議制度の創設
2000	農地法改正
	・農業生産法人制度の要件見直し（株式会社形態の導入）
2002	構造改革特別区域法の制定
	・農地リース方式による株式会社の農業参入
2003	農業経営基盤強化促進法改正
	・認定農業者である農業生産法人の構成員要件の特例措置
	・特定農業団体制度と特定遊休農地制度の創設
2005	農業経営基盤強化促進法改正
	・農地リース特区の全国展開
	・遊休農地対策の体系的整備
	農地法改正（会社法制定に伴う農業生産法人制度の改正等）
2009	農地制度改正（解除条件付き賃貸借の創設）
	・農地制度のダブルトラック化（賃貸借の門戸開放）
	・農作業従事要件と農業生産法人要件の緩和
	・農業生産法人への出資制限の緩和
2013	国家戦略特区（農業生産法人6次産業化推進のための要件緩和）
2014	農地中間管理機構の創設
	農地法改正
	・農業生産法人から農地所有適格法人へ呼称変更と要件緩和
2015	農地制度改正（農地所有適格法人・農業委員会法改正等）
	国家戦略特区での一般企業の農地所有の許可

農地法による賃貸借の実績は伸びることはなく，その一方で，農外労働市場の展開を背景に農家の兼業化，土地持ち非農家化によって農地供給層の形成は進み，農地法に基づかない，いわゆる相対小作が増加していった。

　こうした事態に対応するため1975年に開始されたのが農用地利用増進事業であり，1980年には農地法と並ぶ農用地利用増進法という新たな法律が制定

第4章　平成期の構造政策の展開と帰結

されることになる。農用地利用増進法では利用権設定という，法定更新が適用されない短期賃貸借制度が設けられた。また，この取り扱いは農業委員会ではなく市町村とされた。以降はこの利用権設定が農地法による賃借権の設定に代わって農地賃貸借の主流となる。同法は手続きも農地法に比べると容易であり，「農地法のバイパス法」とも呼ばれた。耕作権を弱め，所有者の権利を強化することで農地の貸し借りを容易にしたのである。

　農用地利用増進法は構造政策を推進するためのスキームとして農用地利用改善団体を用意した。農用地利用改善団体とは「農用地をその所有者等が自主的に管理する」団体であり，「農用地の有効利用と利用調整のために農用地利用規程を定めてその実施を推進する」[3] ものであり，「小地域の属地集団が法律に登場し，農地有効利用の集団的活動をするところが画期的」[4] であった。その背景にある理念は「農地の自主的管理」であり，地域での話し合いと合意に基づく「集団的自主的自己選別」[5] という構造政策の推進手法は，現在の「人・農地プラン」につながる内容を有している。このスキームは集落からのボトムアップということもでき，構造政策はいわば農村政策と密接不可分のものとして農村の現場で進められることになったのである[6]。昭和期の構造政策の展開過程を大きくまとめれば，法定更新の適用除外の範囲の拡大という方向での農地制度改正，地域合意に基づく構造政策の推進となるだろう。

　平成以降の構造政策の特徴は選別政策の導入にあるが，1989年，すなわち平成元年の農用地利用増進法の改正にその萌芽を認めることができる。規模

（3）関谷俊作『体系農地制度講座』（全国農業会議所，1994年）81ページ。
（4）関谷俊作『日本の農地制度』（農業振興地域調査会，1981年）229ページ。
（5）今村奈良臣『現代農政策論』（東京大学出版会，1983年）52ページ。
（6）この時期は地域農政期に該当する。「80年代農政の基本報告」（1980年）を検討すると「農業構造改善とオーバーラップするかたちで」農村政策が形成されたとみることができる。安藤光義「農村政策の展開過程」（高崎経済大学地域科学研究所編『自由貿易下における農業・農村の再生』日本経済評論社，2016年）192〜193ページ。

133

拡大を志向する農業者の意向の汲み上げるための「農業経営規模拡大計画の認定」がそれである。同法改正の背景を説明した「農業構造政策の推進方策の考え方」では，「意欲と能力のある農業者を，その自主性を尊重しながら明確にし，そのような農業者に農地利用の集積を優先して進めていく手法を制度的につくることが必要とされた」[7] と記されている。この点について農林水産省は否定しているが[8]，計画を認定するという仕組みは，この後にみる1993年の農業経営基盤強化促進法に引き継がれていると考えられる[9]。

2 平成期の構造政策の展開過程

(1) 認定農業者制度の創設―選別政策の開始―

これまでの農業基本法に代わって1999年に食料・農業・農村基本法が制定されたが，その原型となったのが1992年に出された「新しい食料・農業・農村政策」（以下，新政策とする）である。そのポイントは「効率的・安定的

---

(7) 農地制度資料編さん委員会『農地制度資料・第3巻　構造政策と農地制度（その2）（上）』（農政調査会，1999年）114ページ。

(8) 農林水産省が用意した「想定問答集」では，「経営規模拡大計画の認定は，担い手の登録制度と同じではないか。また，選別政策を強化するために行うのか。」という問に対する答は，「認定制度は，規模拡大の計画が適正であることを認定するものであり，人を選別するものではなく，また，農業委員会が土地利用調整を行うに当たり，農地の利用権の設定等を受ける者を明確化するために行うものであるので，申請農業者が一般的に農家として優れた者であることを認知する登録制度ではない。」「また，この認定制度は農業者の自主的な申請に基づいて行われるものであることから，選別政策を強化するためのものではない。」とされている。農地制度資料編さん委員会『農地制度資料・第3巻　構造政策と農地制度（その2）（上）』（農政調査会，1999年）463ページ。

(9) 例えば「農業経営基盤強化促進法の農業経営改善計画は，平成元年（1989年）の改正により設けられた農業経営規模拡大計画を農業経営全般の改善措置に拡充したものである」（関谷俊作『体系農地制度講座』全国農業会議所，1994年，68ページ）と記されている。

134

な経営体」の育成であり，「主たる従事者の年間労働時間は他産業並みの水準とし，また，主たる従事者1人当たりの生涯所得も地域の他産業従事者と遜色ない水準とすること」が目標とされた。他産業従事者との所得均衡を実現する自立経営の育成を目指した基本法農政に回帰したかのようだが，ここに選別政策的要素が加わった点が大きな変化であった。例えば，稲作の個別経営体は10〜20haが規模拡大目標として示され，そうした「育成すべき経営体の実現に向けて，生産基盤，近代化施設の整備などの施策を集中化・重点化する」，「規模拡大，資本装備の充実，労働力の確保，労働条件の改善など経営内容の改善を自主的かつ計画的に進めようとする経営体に対して金融・税制面での支援を重点化する」という方針が打ち出されたのである。

　この新政策を実現するため翌93年に農用地利用増進法は農業経営基盤強化促進法に改正され，認定農業者制度が創設されることになった。この政策の仕組みは市町村が前面に出ている点に特徴がある。市町村は，都道府県が定める「農業経営基盤の強化の促進に関する基本方針」（以下，基本方針とする）を踏まえ，「農業経営基盤の強化に関する基本構想」（以下，基本構想とする）を策定する。基本構想のポイントは，①農業専従者が，地域の他産業従事者並みの生涯賃金に見合う農業所得を実現できるような，目標とすべき効率的かつ安定的な農業経営のタイプと②そうした効率的かつ安定的な農業経営への農用地の利用集積目標を示した点にある。①を参考にしながら農業者は農業経営改善計画を作成し，それが市町村によって認定されると認定農業者となり，農業用固定資産についての割増減価償却の適用，買入協議制度を通じた農地の優先的な配分 (10)，農林漁業金融公庫（現日本政策金融公庫）からの低利融資（スーパーL資金など）を受けることができるようになった。

---

(10)農業経営基盤強化促進法に基づいて農地保有合理化法人に農地を買い取られる場合は1,500万円の特別控除が譲渡所得税に対して適用される。農地保有合理化法人が買い取った農地は認定農業者に優先的に売却されることになっている。

以下にみるように，平成期の構造政策の基本的な方向は選別政策の強化として捉えられるが，その本格的な開始が認定農業者制度の創設だったのである。

（2）集落営農政策の萌芽と展開―農村政策として機能―

　集落営農が法人化される場合，特定農業法人となるケースが非常に多いが，この特定農業法人制度も農業経営基盤強化促進法によって創設された。同制度は農地を受け手がいない地域で活用されてきた。地権者集団として農用地利用改善団体を組織し，そこで集積された農地を農作業受託組織ないしは農地を借りて経営を行う集落営農が担うという関係となる。特定農業法人には機械施設等の購入のための準備金を損金として算入できるという税制上の特典も与えられていた。

　長い引用となるが特定農業法人制度を説明すると次のようになる。「農用地利用改善団体は，農用地利用改善事業が円滑に実施されないと認めるときに，団体の地区内の農用地の相当部分について農業上の利用を行う効率的かつ安定的な農業経営を育成するという観点から，「特定農業法人」をその法人の同意を得て農用地利用規程に定めることができる。「特定農業法人」とは，農用地利用改善団体の構成員が所有する農用地について利用権の設定等または農作業の委託を受けて農用地の利用集積を行う農業生産法人である」[11]。このように効率的かつ安定的な農業経営となることが最終的な目標ではあるが，中山間地域では法人化していても他産業従事者並みの生涯賃金に見合う農業所得を実現できる農業専従者は確保されていない集落営農がほとんどであり，実際の現場では構造政策としてではなく農村政策として運用されてきたのである[12]。

　こうした動きを一気に広げたのが2000年から始まった中山間地域等直接支払制度であった。同制度は，中山間地域と平場の生産コストの差の８割を，農地の管理者に交付金として直接支払う，基本的に生産性の格差に対する補

---

(11)関谷俊作『体系農地制度講座』（全国農業会議所，1994年）84ページ。

償措置である。しかし，集落協定を締結し，農家が共同で取り組む活動（共同取組活動）に交付金の一定割合を使うことができ（集落重点主義），予算を単年度で使い切らずに複数年度にわたってプールすることができるようにした点（予算単年度主義からの脱却），さらに，共同取組活動の内容は協定参加者自らが決めることができる点（制度の自己デザイン性）が大きなポイントである。単なる農地保全のための活動にとどまらず，地元に裁量性を与え，内発的な発展にチャレンジするための基金を交付する性格も兼ね備えている[13]。そのため中山間地域では集落協定を締結すると同時に集落営農を設立するという動きが広がり，その法人化に特定農業法人制度が活用されることになったのである。

　平成期の前半の集落営農は選別政策と異なる論理で実施されてきたとみてよい。しかし，2007年の品目横断的経営安定対策によって状況は大きく変化していくことになる。

（3）水田農業政策の展開─構造政策・選別政策として作用─

　平成期における「農政の争点は次第に生産調整の要否に収斂してきた」[14]

---

(12)「特定農業法人については，法人化によって「地域を守るための規範の制度化」を実現しているとみるべき」であり，「それを徹底することによって構造政策を農村政策に読み替えるという「換骨奪胎」が可能」になっているというのが当時の集落営農の実態調査の印象である（安藤光義「農業構造改革と集落営農」『農業法研究』第41号，2006年，16～17ページ）。これは「個別には維持しがたくなった家族経営をみんなの力で維持していこうというのが集落営農の出発点」であり，「いわば1970年代までの「兼業農家の時代」から「定年農業の時代」への転換」であり，「前者が個別経営だったのに対して，今やそれが集落営農の形をとるところが新しい点である」ということではなかっただろうか（田代洋一『地域農業の担い手群像』農山漁村文化協会，2011年，30ページおよび315ページ）。

(13)こうした中山間地域等直接支払制度の特徴については，小田切徳美「直接支払制度の特徴と集落協定の実態」（『21世紀の日本を考える』第14号，農山漁村文化協会，2001年），橋口卓也『中山間直接支払制度と農山村再生』（筑波書房，2016年）などを参照されたい。

が，生産調整をはじめとする水田農業政策は構造政策的性格を帯び，選別政策としても作用することになった。その最初が2000年から始まった「麦・大豆の本作化」である。1999年に制定された食料・農業・農村基本法が掲げる食料自給率向上を背景としつつ，生産調整を立て直すため麦・大豆による転作の助成金単価が増額されるとともに，助成先もこれまでの転作水田の団地化に加えて一定規模以上の経営による転作水田の集積まで広げられることになった。その結果，転作水田の集積による規模拡大という動きがみられるようになり，生産調整政策は構造政策としても機能するようになる一方[15]，大規模水田経営ほど交付金への依存度を高めていくことになった[16]。

しかし，米価の低迷によって稲作経営安定対策の基金が底をつき，水田農業政策の予算の増大が問題視されたため[17]，2003年に米政策改革大綱が打ち出されることになる。米政策改革は生産調整のネガ配分からポジ配分への転換，産地づくり交付金が注目を集めたが，経営規模に基づく選別政策の開始をアナウンスするものでもあった。「一定規模以上の水田経営を行ってい

(14) 田代洋一『地域農業の担い手群像』（農山漁村文化協会，2011年）329ページ。
(15) 「麦・大豆作の本作化」によって転作水田の集積による担い手への農地集積という動きは地域差を伴いながらも定着しつつあった。そのため次の米政策改革が導入した産地づくり交付金は，地域の裁量性を高めるものとして評価できるものの，そうした流れに水を差しかねないという点で問題があったと考える。安藤光義「米政策改革による水田農業構造再編の可能性と限界」（『農業問題研究』第58号，2005年）を参照されたい。
(16) この点については，安藤光義「水田農業政策の展開過程」（『農業経済研究—価格支持から直接支払いへ—』第88巻第1号，2016年）を参照されたい。その結果，交付金への依存度を高めた大規模経営にとって政策変更リスクは大きなものとなってしまっている。
(17) 農林水産省は「予算分配上の問題」として「この2年間で農林水産予算が2,300億円減少する一方で，生産調整関連予算が700億円増加しており，結果としてその他の予算は3,000億円減少し，農林水産省の予算配分上の問題が生じている。このような状況下で，担い手の育成・支援，水田農業の構造改革や地域の特色ある農業の展開を重点的に推進しようとしても，対応できない状況になっている」と記していた（農林水産省「米をめぐる事情（米政策の再構築に当たっての基本的論点）」2002年）。

第4章　平成期の構造政策の展開と帰結

る担い手を対象に，すべての生産調整実施者を対象として講じられる産地づくり推進交付金の米価下落影響緩和対策に上乗せし，稲作収入の安定を図る対策として，担い手経営安定対策を講じる」，「集落営農のうち一元的に経理を行い，一定期間内に法人化する等の要件を満たす集落型経営体（仮称）を担い手として位置付ける」（下線は引用者による）などはそれに該当する。

　2007年の品目横断的経営安定対策は経営規模に基づく本格的な選別政策であり，個別経営は都府県4ha以上，北海道10ha以上，集落営農は20ha以上で経理の一元化と将来の法人化を施策対象に義務づけるものであった。これが「集落営農狂騒曲」と呼ぶべき状況をもたらすことになった。同対策に加入できなければ麦・大豆の生産条件不利補正対策の対象となることができず，水田転作は崩壊するという危機感を農村の現場は抱き，米の収入減少影響緩和対策の規模要件をクリアできない農家も含めて「枝番管理方式」，「政策対応型」と称される集落営農が急増したのである。それまでの集落営農は中山間地域等で地域を守るために内発的に設立されていたが，集落営農を必要としない地域でも設立が進められたのである[18]。これが後にみるように構造変動の進展となって2010年センサスに影響を与えることになる。

（4）戸別所得補償制度から農地中間管理機構へ―不安定化する経営環境―

　規模要件を課した品目横断的経営安定対策は，長引く米価の低迷も重なって評判は悪く，市町村特認制度の導入によって大幅に要件が緩和され，名称も水田・畑作所得経営安定対策に変更されたが，政権交代に一役買うことになった。2009年に政権に就いた民主党が実施したのが公約に掲げた戸別所得補償制度である。同制度は補助金の地代化をもたらし，農業構造を固定化してしまう可能性があるとして問題とされた。しかし，後でみる2015年センサスによれば，この時期の構造変動の趨勢は地域差を有しながらの縮小再編で

---

(18)当時の集落営農を巡る状況については，安藤光義「水田農業構造再編と集落営農―地域的多様性に注目して―」（『農業経済研究』第80巻第2号，2008年）を参照されたい。

139

あり，戸別所得補償制度は中小規模の農家の下支えとして機能することはできなかったという結果に終わることになる。もちろん，大規模経営にとって同制度は大きなメリットを与えたことは間違いないが，日本農業の縮小に歯止めをかけることはできなかったのである[19]。

　再度の政権交代によって戸別所得補償制度は廃止され，構造政策を強力に推進する政策装置として農地中間管理機構（以下，機構とする）が登場する。農業参入企業への農地貸付を射程に入れて，農地の貸し手と借り手の間を切り離し，両者の間に機構が介在することで担い手への農地の集積と面的な集約を一気に実現することが狙いである。だが，機構は都道府県段階に設置された組織であるため現場との距離は遠く，農地集積を実際に担うのは市町村やJAであり，彼らとの間の業務委託契約の締結なしには何も動かなかったのである[20]。ようやく平成の最後の年に遅まきながら制度改正が行われ，農村の現場に主導権が移されるとともに，農業委員会系統組織を活用した人・農地プランの実質化を進める体制に切り替えられたが，その間に失われた時間はあまりにも大きすぎると言わざるを得ない。

　平成期の後半の農業政策は政権交代もあったため振幅が激しく，担い手にとって経営環境は安定せず，また，現場の実情を無視した官邸主導の農政が混乱をもたらし[21]，1980年代の地域農政期以降，営々と農村に積み上げてきた資産を破壊する結果となったのである。

---

(19)2015年センサスの結果については，安藤光義編著『縮小再編過程の日本農業—2015年農業センサスと実態分析—』（日本の農業250・251）（農政調査委員会，2018年）を参照されたい。

(20)農地中間管理機構が抱えていた制度的な問題点や実情については，安藤光義・深谷成夫「農地中間管理機構の現状と展望」（『農業法研究』第51号，2016年）を参照されたい。

(21)農地中間管理機構を巡る政策策定過程の問題点については，安藤光義「農地中間管理機構にみる政策策定過程の軋轢の構造」（『農業と経済』2014年4月別冊号，2014年）を参照のこと。また，次の「3」でみる企業の農業参入も含めた官邸農政の批判的検討を行ったものとして，田代洋一『官邸農政の矛盾—TPP・農協・基本計画』（筑波書房，2015年）があるので参照されたい。

3 企業の農業参入の促進と帰結
―構造改革を目指す規制緩和路線―

　平成期を特徴づけるのは規制緩和であり，構造政策では農地の権利取得の規制緩和を通じた企業参入の促進である。この規制緩和は歴史的には1962年の農地法改正で創設された農業生産法人制度の度重なる改正を通じて進められてきた。特に2000年の農地法改正は，株式の譲渡制限がある株式会社形態の農業生産法人が認められ，法人が行う事業も農業とその関連事業であれば可とされ，業務執行役員の農作業従事および構成員要件が緩和されるなど一大転換点となった[22]。これは経団連や行政改革委員会からの要求を受けたものだが，まだこの段階では農業生産法人制度の枠内での決着であった。この後，特区制度を突破口として農地の権利取得規制は緩和され，農地を所有できる法人の名称も農地所有適格法人に改められ，議決権や役員に関する要件は一層緩和されていくことになる。

　2003年の構造改革特区制度は，農業生産法人以外の法人（「特定法人」と呼ぶ）の農地に関する権利取得を条件――遊休農地等が相当程度存在する地域であること，地方公共団体または農地保有合理化法人からの貸付であること，地方公共団体等と協定を締結すること，業務執行役員の1人以上が農業に常時従事すること――付きで認めた。2005年の農業経営基盤強化促進法の改正で特定法人への利用権設定が認められ，農地リース特区は全国展開されることになった。この背景には耕作放棄地の増大があった。担い手不足による耕作放棄地の拡大という状況下で企業の農業参入に抗することはできなかったのである。だが，この段階では企業参入は基本構想の要活用農地に遊休農地が相当程度存在する地域に限定され，協定締結を通じた市町村による統制の余地は残されていた。

---

(22)その一方で，農業に参入した法人が農業生産法人要件に適合しているかのチェック機能が農業委員会に与えられた。参入企業の適格性のチェックという重責を農業委員会に背負わせつつ規制緩和を進める手法は2009年の農地法改正でも踏襲されることになる。

しかし，2009年の農地制度改正は農業生産法人以外の法人の農地の賃貸借を一般的に認める一大改革となった。①地域の他の農業者との適切な役割分担の下に継続的かつ安定的に農業経営を行うと見込まれ，②法人の場合は業務執行役員のうち1人以上がその法人の行う耕作または養畜の事業に常時従事するならば，農地を適正に利用していない場合は契約が解除されるという条件付きで農地の賃貸借が認められたのである[23]。実質的に農地の賃借権については自由化されたのである。さらに2015年の農地制度改正では農地を所有できる法人の名称が農業生産法人から農地所有適格法人に変更され，役員の農作業従事要件は「農業に常時従事する役員又は重要な使用人のうち1人以上の者が農作業に従事」に，議決権要件も「農業者以外の者の議決権が総議決権の2分の1未満」に緩和された。農場に農場長が1人いれば可というところまで規制が緩和されることになった。

　特区制度を突破口とする規制緩和は農地所有にまで及ぼうとしている。2012年から始まった国家戦略特区の指定を受けた兵庫県養父市では一般企業の農地所有が5年間という制約付きで認められた。構造改革特区の時と同じく，現時点では担い手が不足する地方公共団体に限定されているが，将来的には全国展開に移行することが予想される。

　問われるべきは，こうした規制緩和によって農業の構造改革がどこまで進んだかである。参入企業の数は確かに急速に増加したが，その数は僅かで構造再編にインパクトを与えるようなものとはなっていない。また，構造再編の遅れが問題となっている水田農業に参入する企業は少なく，その経営規模も小さいことから[24]，構造改革のためではなく，単に農地の権利取得を資本に開放するためであったというのが平成期の規制緩和なのである。

---

(23)こうした事態は「権利移動統制の二元化（ダブルトラック化）」と呼ばれている。農地の権利移動統制について総合的な検討を行ったものとして，関谷俊作「総括・農地の権利移動統制とその運用について」（『農地の権利移動統制制度とその運用をめぐって』農政調査委員会，2004年）を挙げることができる。

第4章　平成期の構造政策の展開と帰結

Ⅲ　平成期における構造問題の展開と特徴

1　認定農業者制度の意義と限界

（1）農業所得増大と農地保全との間の矛盾

認定農業者制度の目標は，他産業従事者並みの生涯賃金に見合う農業所得を実現している専従者を確保した効率的かつ安定的な農業経営を育成することだが，そのことと，基本構想が掲げる農用地の集積目標が実現されるかどうか，さらに地域の農地が保全されるかどうかとの間には矛盾が生じる可能性がある。経営面積の拡大ではなく，経営の複合化や施設化等資本集約的な方向が目指されると，農業所得の高い経営が数多く形成されたとしても農地の集積は進まず，遊休農地や耕作放棄地が広がってしまいかねないからである。特に土地利用型経営の展開条件に乏しい中山間地域でこうした事態が発現する可能性は高い。

最初に，この問題を食料・農業・農村政策基本法の政策体系と関連づけて——農村政策と農業政策の間に存在する緊張関係として——検討したい。**図4-1**に示すように，農村政策の目標は「④農村の振興」だが，これは「③農業の持続的な発展」を媒介項として「①食料の安定供給の確保」と「②多面的機能の発揮」に繋がる関係となっている。④から②への繋がりを単純化すれば，「農村の振興・活性化」→「農村地域の維持」→「農林地の維持・確保」→「多面的・公益的機能の維持・発揮」となる。問題は「→」で結ばれ

---

(24) 2017年12月末現在，農地を利用して農業経営を行う一般法人は3,030法人，このうち営農作物が「米麦等」に区分されるものは558法人と約2割（18％）にとどまり，借入農地面積が「20ha以上」のものは僅か81法人，割合にするとたったの3％にすぎない（農林水産省経営局調べ）。1992年の新政策の段階で，土地利用型の組織経営体の目標規模は20ha以上だったことを考えると，現在，求められる経営規模はこれよりも大きくなっていることは間違いなく，企業の農業参入の構造改革に与える影響はほぼゼロだったというのが平成期の規制緩和の結論となるだろう。

143

図4-1　食料・農業・農村基本法の政策体系

た両者の間に必要十分条件と言えるような関係があるかどうかである。確かに「農村の振興・活性化」と「農村地域の維持」「農林地の維持・確保」と「多面的・公益的機能の維持・発揮」とは繋がるが,「農村地域の維持」と「農林地の維持・確保」との関係は弱くなり,「農村の振興・活性化」と「農林地の維持・確保」との関係になるとかなり怪しい。

　食料・農業・農村基本法における農村政策の柱は「中山間地域等の振興」にあり, 1992年の新政策で本格的に政策対象とされ, その対策について議論が積み重ねられてきたが, 基本的な方向は「稲作からの脱却」と「農業からの脱却」という「2つの政策的ベクトルの合成」によるものであった[25]。新基本法を受けて策定された最初の「食料・農業・農村基本計画」(以下, 基本計画とする)でも「中山間地域等の振興」については,「…その地域特性に応じて, 新規の作物の導入, 地域特産物の生産及び販売等を通じた農業その他の産業の振興による就業機会の増大」につながる施策を実施するとし, 具体的には「…新規作物の導入による高付加価値型農業等の地域の特性に応じた農業の展開を図」り,「…農産物等の付加価値の向上と販路の拡大を図るための加工流通施設等の整備の促進, 地域資源を活用した内発型の地場産業の育成, 地域の観光資源の活用と地場産業の一体的振興, 立地自由度の高い産業の導入等により, 就業機会の増大を図る」としていた。農産加工等が入ったため「農業からの脱却」路線は薄まったが, 基本的にはそれまでの路線の踏襲と考えてよいだろう。

　しかしながら「稲作からの脱却」は, 論理的には「農地(水田)余り現

象」，すなわち，1990年代から問題とされてきた「耕作放棄地の増大」に帰
結し，「農村の振興・活性化」と「農林地の維持・確保」の乖離という矛盾
を発生させてしまうことになる。事実，大分県では「「農林業の活性化」と
「農林地保全」は必ずしも併進しない，という点に今日的な特徴がある。山
間地域になる程，土地条件に依存しない「超」集約的な施設型作物によって
しか農林家の再生産が困難だという構造」[26]にあり，高付加価値型農業に
よる地域振興と農地保全の乖離という問題が生じていた[27]。県土の大半を
中山間地域が占める同県は「1村1品運動」と呼ばれる特産品振興，高付加
価値型農業振興にいち早く取り組み，中山間地域振興のモデルとされてきた
だけに事態は深刻である。このトレードオフ関係は現在も引き続いているの
である[28]。

---

(25) 小田切は「今後の中山間地域対策の方向」（農政審議会，1993年1月）の検討
　　を通じて「今後，中山間地域の農業については，…花きや特産品等労働集約
　　型作物を中心に，高付加価値型・高収益型農業への多様な展開を目指してい
　　くことが必要である」という「稲作からの脱却」と「中山間地域は農地，地
　　形条件等の制約があることから農林業の振興とその従事者の周年就業の確保
　　のみで定住人口の確保を期待することは限界があり，兼業所得の増大，すな
　　わち，他産業部門での安定的な就業・所得機会の拡充を図る必要がある」と
　　いう「農業からの脱却」の2つの政策的ベクトルを検出し，「稲作からの脱却
　　に始まり，農業自体からの脱却に至る線が，近年の中山間地域対策の太い軸
　　として浮び上ってくる」と結論づけている。小田切徳美「中山間地域農業
　　の担い手問題」（『月刊JA』第478号，1994年）を参照されたい。
(26) 佐藤宣子「中山間地域における農林業構造の変化と農林地の保全問題─大分
　　県での集落調査から─」（『農業問題研究』第39号，1994年）22～23ページ。
(27) 当時の大分県におけるこの問題の発現状況については，安藤光義『中山間地
　　域農業の担い手と農地問題』（日本の農業201）（農政調査委員会，1997年）を
　　参照されたい。
(28) 「農業で儲けていくためには高収益な園芸品目への転換が必要だが，園芸品目
　　は農家1人で10aもあれば十分であり，大農法と比べても農地は必要ないので，
　　大規模な農地集積にはつながらない」という意見が大分県農地中間管理事業
　　の評価委員会委員長から出されている（2017年度）。高付加価値農業の振興は
　　農地集積を通じた農地保全には必ずしも繋がっていないのである。

145

（2）認定農業者制度の市町村レベルでの運用を巡る限界

　次に認定農業者制度の実際の運用を巡る問題点をみることにしたい。

　基本構想は，①育成すべき経営体の営農類型と②そうした経営体への農地集積シェアを示すものであり，本来であれば，当該市町村の農業の将来像を描いたものでなければならない。問題は①と②が関連を有するものとして認識されているか，鉛筆を舐めただけの根拠のない数字になっていないかどうかにある。しかし，残念なことに，育成すべき経営体の営農類型を示してはいるものの，そうしたタイプの経営体をいくつ育成し，そこにどれだけの農用地の利用集積を図るのかという数字まで示している市町村はほとんどない。各営農類型の経営体数と，その目標規模がどうなっているかを把握して整理しなければ，現実的な農地集積目標を立てることはおよそ覚束ない。また，基本構想は5年おきに見直すことになっているが，その時の検討作業の際にも必要となる数字のはずだが，そうした問題意識を持っている市町村は稀である。認定農業者制度は選別政策ではあったが，当該市町村の農業構造を改善するための政策として運用されることはなかったのである。これでは構造政策としては機能しない。

　そのなかで新潟県新潟市は育成すべき経営体数に関する目標を，各営農類型別，さらに市内の地区ごとに示している（表4-2）。地区によっていくつかの営農類型の経営体が存在していないところがあるが，これは現地の実態を反映した結果である。こうした経営体に市内の農地の90%程度，30,600ha程度を集積する目標を立てている。営農類型ごとに現時点の集積面積と将来の目標集積面積までは示していないが，認定農業者が提出した農業経営改善計画を新潟市は把握しており，それに基づいて将来の地域農業の姿を描いているのである。

　その新潟市に依頼して農業経営改善計画を集計してもらって作成したのが表4-3と表4-4である。表4-3は年齢別認定農業者数と経営耕地面積を一覧したものだが，ここから次のようなことを読み取ることができるだろう。

1）50代・60代が認定農業者の4分の3を占めるとともに経営耕地面積の4

第 4 章　平成期の構造政策の展開と帰結

表 4-2　新潟市の基本構想における育成すべき経営体数に関する目標（目標年次平成 35 年度）

経営形態	営農類型	育成経営体数の目標								
		北区	東区	中央区	江南区	秋葉区	南区	西区	西蒲区	合計
個別経営体	稲作＋雑穀・いも類・豆類	130		6	100	50	161	96	617	1,160
	稲作＋工芸作物	7		1	1			39	3	51
	稲作＋露地野菜	73	37	18	28	177	70	330	36	769
	稲作＋施設野菜	85	11	9	52	28	41	13	10	249
	稲作＋果樹	14		1	42	30	89	4	53	233
	稲作＋露地花き花木		1		5	13	4	6		29
	稲作＋施設花き花木	10	13		12	41	32	6	12	126
	稲作＋その他作物	1		1	1	9	1	1		14
	稲作＋酪農	3		3	8	1		12		27
	稲作＋肉用牛	0							5	5
	稲作＋繁殖牛	2							3	5
	稲作＋養豚	1				1	8			10
	稲作＋養鶏	1							1	2
	複合経営	2	6	2	30	27	75	1	52	195
組織経営体	稲作＋雑穀・いも類・豆類	4			10	8	33	5	30	90
	稲作＋施設野菜	3			7	2	13	5	10	40
	複合経営	6			1	3	6		6	22
	6 次産業化	1			1	1	1	1	3	8
合計		343	68	37	293	390	543	507	854	3,035

表 4-3　年齢別認定農業者数と経営耕地面積（新潟市）

単位：a

年齢	経営体数	経営耕地面積		1 経営体あたり経営耕地面積		経営耕地面積増加率	経営耕地面積シェア		経営体数シェア
		現状	目標	現状	目標		現状	目標	
20 代	11	5,469	16,189	497	1,472	196%	0%	1%	0%
30 代	119	82,887	136,299	697	1,145	64%	4%	5%	3%
40 代	394	198,432	263,063	504	668	33%	10%	10%	11%
50 代	1,079	601,015	814,183	557	755	35%	30%	30%	29%
60 代	1,644	890,260	1,183,073	542	720	33%	45%	44%	45%
70 代	367	157,896	222,847	430	607	41%	8%	8%	10%
80 代	37	11,574	17,659	313	477	53%	1%	1%	1%
不明	42	29,560	44,756	704	1,066	51%	1%	2%	1%
計	3,693	1,977,093	2,698,070	535	731	36%	100%	100%	100%

資料：新潟市内部資料より作成。

　　分の 3 を占めている。彼らの経営耕地面積は平均 5 ha台で規模拡大して平均 7 ha台になるという計画だが，経営耕地面積の増加率は30％台にとどまっている。この年齢層に規模拡大を期待するのは難しいこと。

2）20代・30代の認定農業者の数は僅かだが，経営耕地面積の拡大に積極的であり平均で10～15ha規模を目指しており，若手を優先した農地集積を進める必要があること。

147

表 4-4　農業後継者の有無別経営耕地面積（新潟市）

| | 農業後継者 | | | | |
	あ り	な し	未 定	無回答	計
50代	178,864	167,305	105,606	149,240	601,015
60代	352,307	238,538	66,201	233,215	890,260
70代	62,532	46,739	13,532	35,093	157,896
80代	5,971	684	538	4,381	11,574
計	599,674	453,266	185,877	421,929	1,660,745
50代	30%	28%	18%	25%	100%
60代	40%	27%	7%	26%	100%
70代	40%	30%	9%	22%	100%
80代	52%	6%	5%	38%	100%
計	36%	27%	11%	25%	100%

資料：新潟市内部資料より作成。

3）全体として新潟市の農地を支えているのは40〜60代の認定農業者で，彼らの経営耕地面積シェアは85％にのぼっており，この年齢層に引き続き頑張ってもらわないと新潟市の農地は守れないこと。

4）70代以上の認定農業者も経営耕地面積の１割を占めており，彼らがリタイアした農地を円滑に引き継ぐことができるかどうかが課題となること。70代の経営耕地面積は157,896aもあり，これだけの農地が一気に貸付に回ることは考えられないが，30代の認定農業者が目標を達成するために必要な経営耕地面積53,412a（＝目標面積136,299a－現状面積82,887a）の３倍にもなることに注意しておく必要があること。

5）80代の経営耕地面積は11,574aあるが，これは20代の認定農業者が目標を達成するために必要な経営耕地面積10,720a（＝目標面積16,189a－現状面積5,469a）とほぼ見合っていること。

　以上は今後の構造変動の進展を示唆するものだが，その鍵を握るのが農業後継者の存在状況である。表示は省略したが，50代以上の認定農業者のうち農業後継者がいない割合は34％と３分の１を超え，未定のものも含めると43％と４割を超える。そこで，農業後継者の有無別に，50代以上の認定農業者の現在の経営耕地面積を整理したのが表4-4である。ここから次のようなことが分かる。

6）50代以上の認定農業者のうち農業後継者がいないものの経営耕地面積は

第4章　平成期の構造政策の展開と帰結

453,266aにもなる。これは50代以上の認定農業者の経営耕地面積の3割近くにのぼっており，将来的にはこれだけの農地が貸付に回る可能性があること。

7）80代の認定農業者のうち農業後継者がいないものの経営耕地面積は684a，70代の認定農業者のうち農業後継者がいないものの経営耕地面積は46,739aで，合計47,423aは数年のうちに貸付にまわることが予想されること。

8）現時点では農地の出し手が不足しているようにみえるかもしれないが，近い将来，事態は逆転する可能性が高く，家族経営の農業後継者対策と雇用型法人経営の育成が求められること。

　これはほんの一例にすぎないが，将来の構造変動を予測し，農地集積をどのように進めていくか，担い手をどのように育てていくかを検討するための材料として認定農業者制度を活用することはできるのである。そのように活用されていれば状況は違っていたかもしれない。認定農業者の数に注目しているだけでは農業構造の改革には繋がらないのである[29]。

2　2010年センサスにみる構造変動の特徴
―集落営農設立に伴う一過的構造再編―

（1）平成期を貫く基本的な構図―農業衰退の深化と構造再編の進展―

　昭和一桁世代生まれが全員60歳以上となったのは1994年だが，その翌年の1995年センサスは「農業資源の減少が全地域・全部門を覆って進行する "資源減少の本格化現象"」を検出し，「農業衰退的変動が優位した世紀末構造変動」[30]と呼ばれるような状況が明らかにされた。平成期は強弱を伴いながら一貫してこの傾向が続くことになるが，担い手不足地域では，1993年の農

---

[29]農林水産省のHPで認定農業者に関連する情報をみても，そこに示されているのは専ら数であり，残念ながら農地集積との関連づけはされてはいない。

[30]宇佐美繁「農業構造の変貌」（宇佐美繁編著『日本農業―その構造変動―』農林統計協会，1997年）。

149

業経営基盤強化促進法による特定農業法人制度の創設，2000年からの中山間地域等直接支払制度の開始などを受けて集落営農の設立が進んだ結果，2005年センサスでは「集落営農ベルト地帯」の形成が確認されることになる⁽³¹⁾。農家数や経営耕地面積の減少などの農業衰退の深化と，それへの対抗・抵抗としての集落営農（農家以外の事業体）の設立とそれを反映した構造再編の進展が平成期を貫く基本的な構図である。

　2010年センサスも，農業経営体数の減少，販売農家数の減少，農業就業人口の減少と高齢化の進行という農業衰退の深化という動きと，農地流動化による規模拡大が進展，法人経営ならびに農産物販売金額1億円以上の農業経営体の増加，耕作放棄地面積の増加スピードの鈍化という構造再編の進展という相異なる動きを検出した。2005年センサスまでの傾向と比べると後者の動きが大きくなった点に特徴がある。しかしながら，これは2007年から始まった品目横断的経営安定対策が求める規模要件に対応するための集落営農の設立の影響が大きく，本当に構造再編が進んだかどうかは疑問が残る。ここでは平成期の一時期を彩る「集落営農狂騒曲」の影響を受けた2010年センサスの結果を概観することにしたい。

（2）農業衰退の深化―担い手の減少・質的劣化―

　2010年センサスでも農家数の減少は止まらなかった。**表4-5**から分かるように，20年前の1990年には383万5千戸いた農家は一貫して減少しており，2005年には300万戸を割り込み，2010年には252万8千戸にまで減少してしまった。2005年と比べると32万戸，率にして11.2％の減少となる。

　農家の構成内容も大きく変化した。自給的農家は2000年以降，増加を続け，2010年には89万7千戸となり，農家の3分の1以上（35.5％）を占めるに至った。そして，この外数として土地持ち非農家が137万4千戸も存在している。既に2005年の時点で両者の合計は販売農家を上回り，2005年から2010

---

(31)小田切徳美「日本農業の変貌」（小田切徳美編『日本の農業―2005年農業センサス分析―』農林統計協会，2008年）。

第4章　平成期の構造政策の展開と帰結

表4-5　農家数の推移（全国）

単位：千戸

	実数			増減率		
	総農家	販売農家	自給的農家	総農家	販売農家	自給的農家
1990年	3,835	2,971	864	―	―	―
1995年	3,444	2,651	792	-11.4%	-12.1%	-9.1%
2000年	3,120	2,337	783	-10.4%	-13.4%	-1.1%
2005年	2,848	1,963	885	-9.6%	-19.1%	11.5%
2010年	2,528	1,631	897	-12.7%	-20.4%	1.3%

資料：各年農業センサス

年にかけての自給的農家の増加は停滞したが，販売農家は20％以上の減少率となり，その差はますます拡大している。「頭数」の減少にとどまらず，構成内容でも農家の脆弱化が進んでいるのである。

　2005年から2010年にかけての販売農家の減少率は16.9％で総農家のそれを5ポイント以上上回っている。しかも，副業的農家はもちろん，準主業農家，主業農家のいずれもその数を大きく減らしており（減少率は順に19.1％，12.3％，16.2％となる），その結果，販売農家163万1千戸のうち，主業農家は36万戸（22.1％），準主業農家38万9千戸（23.8％），副業的農家88万3千戸（54.1％）となった。主業農家の占める割合は相変わらず2割強にとどまり，目指している主業農家を中心とした構成とは程遠い状況にある。

　他の数字をみてみよう。2005年から2010年にかけて専業農家は44万3千戸から45万1千戸に9千戸，1.9％の増加となったが，これは15～64歳の生産年齢人口の男子がいない高齢専業農家の増加によるものである（25万5千戸から26万8千戸へと1万3千戸，5.1％の増加）。2005年センサスから登場した農業経営体も200万9千経営体から167万9千経営体へと30万経営体以上も減少している（減少率は16.4％）。

　農業を支える働き手の減少と高齢化も進んでいる。販売農家の農業就業人口の推移をみてみよう。農業就業人口とは農業に熱心に取り組んでいる労働者数を示すものと考えてよい。この農業就業人口は，1990年は482万人だったが，1995年414万人，2000年389万人と400万人を切り，2005年335万人，2010年には261万人となり，とうとう300万人を割り込んでしまった。加えて農業就業人口の平均年齢も上昇を続けており，1995年は59.1歳であったが，

151

2000年61.1歳と60歳を超え，2005年63.2歳，2010年65.8歳と年金受給年齢を超えてしまう。農業就業人口の平均年齢が生産年齢（64歳）を超えるまで農業労働力の高齢化が進んだことは深刻な事態だと言わざるを得ない。

これを年齢構成別にみると事態の深刻さは一層はっきりとしたものとなる。農林水産省の解説にあるように「5年前と比べて，80歳未満の各層で減少しており，特に若年層の15〜29歳，高齢者層の65〜69歳，70〜74歳および75〜79歳の各層で大きく減少」[32]しており，高齢化の進行が進んでいるのである。

以上は，農家および農業経営体という農業を支える「経営」の減少，特に農業専業的な「経営」の減少，さらには農業就業人口という「頭数」の減少を示すものであり，日本農業を支える担い手の減少と質的劣化が進んでいるというのが2010年センサスの結果である。

（3）構造再編の進展―農地面積減少の鈍化，上層農への農地集積の進展―

2010年センサスで注目される変化は，経営耕地面積の減少ペースと耕作放棄地面積の増加ペースの双方が鈍化した点であった。

これまでの経営耕地面積の推移を示した**表4-6**をみると分かるように，経営耕地面積の減少率は1990年から1995年が5.2％，1995年から2000年が5.3％，2000年から2005年が5.8％と推移していたのが，2005年から2010年にかけては369万3千haから363万2千haと6万1千ha，僅か1.7％の減少にとどまった。これは農業経営体の数字であり，統計の連続性に問題は残るが，2005年を境に経営耕地面積の減少ペースが鈍化したことは間違いない。また，表示は省略したが，2010年の農業経営体の借入耕地面積も106万3千haと100万haを超え，経営耕地面積に占める割合もほぼ3割に達した点も農地流動化の進展を示すものとして注目される。

耕作放棄地の増加スピードも鈍化した。**表4-7**が示すように，自給的農家や土地持ち非農家が所有する耕作放棄地面積は増加傾向にあり，そうした農

---

(32)農林水産省大臣官房統計部「2010年世界農林業センサス結果の概要（確定値）（平成22年2月1日現在）」2011年3月24日公表，13ページ。

第4章　平成期の構造政策の展開と帰結

表4-6　経営耕地面積の推移（全国）

単位：千ha

	販売農家の経営耕地面積＋農家以外の事業体の経営耕地面積	減少率	農業経営体の経営耕地面積	減少率
1990年	4,281	—	—	—
1995年	4,058	5.2%	—	—
2000年	3,836	5.5%	—	—
2005年	3,615	5.8%	3,693	—
2010年	—	—	3,632	1.7%

資料：各年農業センサス
注：減少率は前回センサスとの比較である。

表4-7　耕作放棄地面積の推移（全国）

単位：千ha

	販売農家	自給的農家	土地持ち非農家	合計	増加率
1990年	113	38	66	217	—
1995年	120	41	83	244	12.4%
2000年	154	56	133	343	40.6%
2005年	144	79	162	386	12.5%
2010年	124	90	182	396	2.6%

資料：各年農業センサス
注：増加率は前回センサスとの比較である。

地を担い手農家につなぐことが引き続き大きな課題となっている一方，この間，販売農家の耕作放棄地は14万4千ha（2005年）から12万4千ha（2010年）へと2万haも減少している。販売農家の耕作放棄地面積が減少に転じた点は大きな変化である。その結果，「合計」面積は前回2005年センサスの38万6千haから39万6千haへと1万ha，率にして2.6％の増加にとどまった。耕作放棄地は，農家が「耕作放棄地」として認識していなければ「耕作放棄地」として把握されないなど問題の多い統計ではあるが，これまでの耕作放棄地面積の増加率は10％以上だったことを鑑みれば，2005年を画期に傾向は変わったとみられる。

　以上の数字は，農地面積の減少に歯止めがかかる兆しを感じさせ，日本農業の「土俵」の縮小に「待った」が掛かろうとしているようにみえる。問題は，これが大規模経営への農地集積と連動しているか否かである。

──────────────────

(33)大規模経営の増加は著しいが，その数は僅かでしかない。2010年の経営耕地面積規模別農業経営体をみると，5～10ha規模は52,188経営体，10～30ha規模は33,479経営体，30ha以上は16,063経営体となっており，全体に占める割合は，順に3.1％，2.0％，1.0％で，これらを合計しても6.1％と1割に満たない。

153

実際，大規模経営への農地集積は進んでいた[33]。北海道と都府県とでは農業構造が大きく異なるので両者を分けて上層経営（農業経営体）への経営耕地面積の集積状況をみると，北海道では20ha以上層に経営耕地面積の80.6％，30ha以上層に67.1％が，都府県では5ha以上層に経営耕地面積の32.1％，10ha以上層に20.2％，20ha以上層に12.8％が集積されている。「構造政策の優等生」の北海道では構造政策は既に終了し，問題の焦点は「これから発生する離農跡地を残っている農家でいかにしてカバーするか」，「大規模経営存続のための後継者の確保と円滑な経営継承」に移行している。都府県も全体で3割を上回る水準まで何とかこぎつけているが，地域差も大きい。

（4）構造再編の地域差の検証—集落営農の影響—

　そこで都府県について2つの図を作成した。構造再編の原動力は農地流動化の進展であることから，横軸に2005年の借入耕地面積率を，縦軸に経営耕地面積5ha以上の農業経営体の経営耕地面積の集積率をとったのが**図4-2**である。これをみると分かるように，借入耕地面積率が高い都府県ほど上層経営への農地集積が進んでいる。ここで，注意しておきたいのは東北（図中◇）の特殊性である。東北は自作地面積の大きな経営が分厚い層となって存在しているため，借入耕地面積率がそれほど高くなくても上層経営への農地

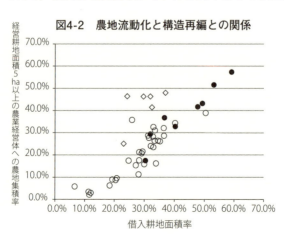

図4-2　農地流動化と構造再編との関係

集積率が高くなる。この◇で示した東北の諸県を除けば都府県は綺麗な相関関係を描いており，農地流動化が上層経営への農地集積につながっている。特に●で記した北陸と北九州はこの傾向が強く出ており，都府県の中でも構造再編が大きく進展している地域となっている（2つの●が下方に位置しているが，これは熊本と長崎である）。具体的な県名をあげれば，上層経営への農地集積水準は，佐賀，富山は5割を超えて東北を追い抜き，石川，福井もそれに次ぐ高さを達成しているということになる。

　農地流動化の起点は農家数の減少である。農家数の減少は「両刃の剣」で，離農した農地の受け手がいなければ農地面積は減少してしまうが，担い手につなぐことができれば構造再編が進むことになる。この点をみるために作成したのが図4-3である。横軸に2005年から2010年にかけての販売農家戸数の減少率，縦軸に5 ha以上の農業経営体への経営耕地面積の集積率をとったものである。先に述べたのと同じ理由から東北の諸県は◇，構造再編が著しい北陸と北九州は●で示した。図から分かるように農家戸数の減少率が高いところほど上層経営への農地集積が進展している結果となった。離農の進行は着実な農地供給層の形成となり，その農地が順調に担い手経営に集積されているというのが2005年から2010年にかけての構造変動なのである。

　しかし，これはあくまで統計の上での話である。5年間で2割以上の販売

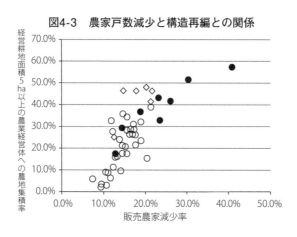

図4-3　農家戸数減少と構造再編との関係

農家が減少するというのは少し大きすぎるし，最も販売農家数が減った佐賀の減少率は4割を超えている。これはどうみても現場の実感と相容れない。それ以外に販売農家の減少率が高いのは，佐賀と同じ北九州の福岡，富山，福井，石川などの北陸諸県，秋田，山形，宮城などの東北諸県である。ほかは滋賀や香川などで減少率が高い。北陸や滋賀など兼業稲作地帯での減少率の高さは理解できるが，東北と北九州の高さは説明がつかない。出口の見えない米価の低迷で米どころの農家の離農が一気に進んだという解釈も成り立たなくはないが，それにしても減少率が高すぎる。唯一考えられるのが集落営農設立の影響である。品目横断的経営安定対策が選別政策として課した規模要件に対応するべく，また，水田転作体制の崩壊を防ぐため農協系統が動いたため，東北や北九州では「集落営農狂騒曲」とも呼ぶべき状況を迎えていたし，富山や滋賀ではかなり以前から集落営農の育成に努力してきた地域である。集落営農の設立が進めば農家はその構成員となってしまい，調査対象農家から外れてしまうため，集落営農が積極的に設立された地域で販売農家数の著しい減少という結果となった可能性が高いのである。この解釈が正しいとすれば，統計ほどには構造再編の進展を評価することはできない。そして，期待していたような構造再編は進展していないというのが東北や北九州の実態調査の示すところだったのである[34]。

3　2015年センサスにみる農業構造変動の特徴—縮小再編過程の進行—

（1）2015年センサスの概観—構造再編から縮小再編に転落—

　2010年センサスは政策に起因する集落営農急増の影響を色濃く受けており，将来的に生じる事態を先取りした結果だと理解していたため，引き続く高齢化と離農の影響は集落営農内部の問題となるので統計には反映されにくく，戸別所得補償制度の実施もあったため農業経営体の減少の度合いは小さくな

---

(34)この実態調査結果については，安藤光義編著『農業構造変動の地域分析—2010年センサス分析と地域の実態調査—』（農山漁村文化協会，2012年）を参照されたい。

り，構造再編の動きは鈍るのではないかというのが2015年センサスに対する
事前の予想であった。しかし，蓋を開けてみると，東日本大震災の影響が
あったとはいえ，予想とは異なる結果となった。農業経営体の減少は止まら
ないまま，経営耕地面積の減少のペースが再び高まったのである。これは日
本農業が本格的な縮小再編に突入したことを意味する。

　最初に2015年センサスの主な数字を，改めて2005年以降の趨勢とともに確
認したい。

　表4-8は農業経営体数の推移を示したものである。農業経営体数は減少傾
向が続いているだけでなく，2005年から2010年にかけてよりも2010年から
2015年にかけての減少率の方が大きくなっている点が注目される。当初の予
想はこの逆であった。品目横断的経営安定対策に対応するための集落営農の
急増という政策的な影響がなくても，それ以上に農業経営体が減少している
ことの持つ意味は深刻である。北海道の減少率はやや小さくなっているが，
都府県はそのペースが上がっており，両者の間には明確な違いがある。

　農業経営体が減少したとしても経営耕地面積が減っていなければ構造再編
は進んでいることになるが，残念ながら2015年センサスは2010年センサスと
同じような結果とはならなかった。**表4-9**をみると分かるように，全国で

表4-8　農業経営体

	2005 年	2010 年	2015 年	2005〜2010 年の減少率	2010〜2015 年の減少率
全国	2,009,380	1,679,084	1,377,266	16.4%	18.0%
北海道	54,616	46,549	40,714	14.8%	12.5%
都府県	1,954,764	1,632,535	1,336,552	16.5%	18.1%

資料：各年農業センサス

表4-9　経営耕地面積

	2005 年	2010 年	2015 年	2005〜2010 年の減少率	2010〜2015 年の減少率
全国	3,693,026	3,631,585	3,451,444	1.7%	5.0%
北海道	1,072,222	1,068,251	1,050,451	0.4%	1.7%
都府県	2,620,804	2,563,335	2,400,993	2.2%	6.3%

資料：各年農業センサス

157

表 4-10　農業就業人口

		2005 年	2010 年	2015 年	2005〜2010 年の減少率	2010〜2015 年の減少率
男	全国	1,564,398	1,306,218	1,087,617	16.5%	16.7%
	北海道	67,685	59,285	52,509	12.4%	11.4%
	都府県	1,496,713	1,246,933	1,035,108	16.7%	17.0%
女	全国	1,788,192	1,299,518	1,009,045	27.3%	22.4%
	北海道	63,806	52,039	44,048	18.4%	15.4%
	都府県	1,724,386	1,247,479	964,997	27.7%	22.6%

資料：各年農業センサス

表 4-11　基幹的農業従事者

		2005 年	2010 年	2015 年	2005〜2010 年の減少率	2010〜2015 年の減少率
男	全国	1,214,164	1,148,008	1,004,716	5.4%	12.5%
	北海道	62,247	56,507	50,454	9.2%	10.7%
	都府県	1,151,917	1,091,501	954,262	5.2%	12.6%
女	全国	1,026,508	903,429	749,048	12.0%	17.1%
	北海道	53,021	44,703	38,774	15.7%	13.3%
	都府県	973,487	858,726	710,274	11.8%	17.3%

資料：各年農業センサス

1.7％から5.0％へ，都府県だと2.2％から6.3％へ，北海道でも0.4％から1.7％といずれも減少幅が拡大している。全国や都府県の経営耕地面積の減少率は2010年以前のペースに戻りつつあり，農業経営体の減少が構造再編に必ずしも結実していないのである。確かに大規模経営への農地集積によって「再編」は進んでいるが，経営耕地面積という「土俵」に縮小のドライブが入ってしまったのである。

　農業労働力の減少と脆弱化も進行している。**表4-10**は農業就業人口の推移を示したものだが，男性については減少率にほとんど変化はなく，女性については減少率が縮小傾向にある。ただし，女性の減少率については全国，都府県とも20％を上回る状態が続いており，女性の農業離れの勢いは止まっていない。それ以上に問題なのは基幹的農業従事者である。その推移を示した**表4-11**をみると分かるように，北海道の女性を除けばいずれの減少率も2005年から2010年にかけてより2010年から2015年にかけての方が大きくなっている。男性については，全国は5.4％から12.5％，北海道でも9.2％から10.7％，都府県になると5.2％から12.6％と倍以上になった。都府県の女性の減少率も11.8％から17.3％へと拡大している。この基幹的農業従事者の減少

158

第4章　平成期の構造政策の展開と帰結

表 4-12　大規模経営への集積農地面積と農地集積率の推移

	経営耕地面積（ha）					経営耕地面積集積率			
	計	5ha 以上	10ha 以上	20ha 以上	30ha 以上	5ha 以上	10ha 以上	20ha 以上	30ha 以上
全国									
2005 年	3,693,026	1,600,694	1,260,536	964,022	764,508	43%	34%	26%	21%
2010 年	3,631,585	1,866,729	1,514,251	1,188,001	950,684	51%	42%	33%	26%
2015 年	3,451,444	1,997,637	1,642,805	1,293,045	1,043,542	58%	48%	37%	30%
北海道									
2005 年	1,072,222	1,040,101	970,957	813,496	662,731	97%	91%	76%	62%
2010 年	1,068,251	1,044,537	996,052	860,547	717,125	98%	93%	81%	67%
2015 年	1,050,451	1,031,604	993,418	878,111	744,582	98%	95%	84%	71%
都府県									
2005 年	2,620,804	560,592	289,579	150,526	101,777	21%	11%	6%	4%
2010 年	2,563,335	822,194	518,201	327,456	233,561	32%	20%	13%	9%
2015 年	2,400,993	966,033	649,387	414,935	298,961	40%	27%	17%	12%

資料：各年農業センサス

は文字通り農業を担う基幹的な労働力の減少を意味しており，状況の深刻さを示している。

　高齢化に伴う離農だけでなく，2014年産米価格の暴落が離農に拍車をかけ，それが2015年センサスの結果に反映された可能性もある。経営転換協力金の実績等も考慮に入れ，稲作地帯に的を絞った分析を行う必要があるが，これについては他日を期したい。

　このように日本農業は縮小傾向にあるが，一方で大規模経営への農地集積は進んでいる。表4-12は大規模経営に集積されている経営耕地面積と，それが経営耕地面積全体に占める割合の推移を示したものである。経営耕地面積集積率は順調に伸びており，全国では5ha以上層に58％，10ha以上層でも48％という結果となっているが，これは北海道を含んだ数字である点を割り引かなければならない。北海道だけを取り出してみれば5ha以上層に98％，10ha以上層に95％の経営耕地が集積されているからである。北海道では，経営耕地規模別農業経営体数の増減分岐層が100haまで上昇する一方で，5ha以上層および10ha以上層に集積されている経営耕地面積は2010年から2015年にかけて減少に転じており，縮小再編となっている。

　都府県に限定すると農地集積率は，5ha以上層は40％だが，10ha以上層になると27％と4分の1を超えた程度となり，20ha以上層や30ha以上層に

159

なると２割にも満たない。さらに，2005年から2010年にかけての増加ポイントよりも2010年から2015年にかけてのそれの方が軒並み小さくなっている。５ha以上層は11ポイントから８ポイント，10ha以上層は９ポイントから７ポイント，20ha以上層は７ポイントから４ポイント，30ha以上層は５ポイントから３ポイントと縮小している。2015年センサスが把握したトレンドを前提とすれば，その延長線上に農水省がKPI（Key Performance Indicator：重要業績評価指標）としている担い手への８割の農地集積の達成は極めて難しいだろう。

（２）都府県別分析—拡大する地域差—

　農業経営体，基幹的農業従事者，経営耕地面積という主要３指標がいずれも前回のセンサス時よりも減少幅を拡大させるだけでなく，大規模経営への農地集積の速度も鈍化したというのが2015年センサスの全体的な姿である。しかし，これは大きな地域差を伴いながら進んでいる。ここではその点を確認しながら，全体としてのトレンドを検討する。

　図4-4は農業経営体の減少率を都道府県に示したものである。2005年から2010年にかけての減少率が2010年から2015年にかけてのそれよりも大きな地域と小さな地域とに分かれているが，前者は品目横断的経営安定対策の影響を強く受けた地域である。その典型が東から富山，福井，福岡，佐賀である。特に佐賀の落ち込み方は著しい。ただし，富山と福井の2010年から2015年にかけての農業経営体の減少率は依然として都府県平均（18.1％）を上回り，大量の農地供給層の形成が続いており，政策的な要因だけで農業経営体が減少したわけではない。後者は品目横断的経営安定対策による影響以上に2010年以降に進んだ高齢化，離農を強く反映した結果である。

　続いて都府県別に大規模経営への農地集積率を示した**図4-5**をみていただきたい。先の図と同様，地域によって大きな差が存在していることは一目瞭然で，政策が期待するような構造再編が進んでいる地域は限られている。５ha以上層に農地の過半が集積されているのは福島を除く東北の各県，新潟

図4-4 都道府県別にみた農業経営体の減少率

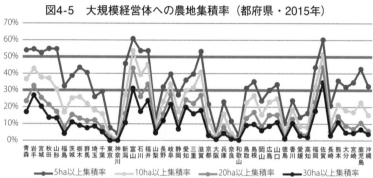

図4-5 大規模経営体への農地集積率（都府県・2015年）

を除く北陸の各県，滋賀，佐賀でしかない。20ha以上層に3割以上集積されているところとなると東北は岩手を除いて姿を消し，富山，福井，佐賀だけとなってしまう。5ha以上層への農地集積が3割に満たないのは17都府県，4割に満たないのは29都府県と46都府県の半分以上にのぼる。こうした地域で担い手への農地集積率の8割を実現することは果たして現実的な目標なのだろうか。

また，大規模経営への農地集積率の地域間格差は拡大する傾向にある。**図4-6**は20ha以上層への2010年時点の農地集積率を横軸に，2010年から2015年にかけての20ha以上層への農地集積率の増加ポイントを縦軸にとったものだが，佐賀と山形を除くと，農地集積が進んでいた都府県ほど農地集積率の増加ポイントが大きくなる傾向にある。これからもセンサスの度に農地集積

161

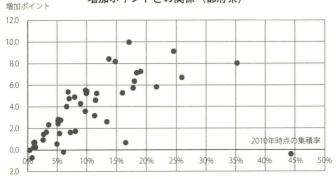

図4-6 20ha以上層への2010年の農地集積率と2010年から2015年にかけての増加ポイントとの関係（都府県）

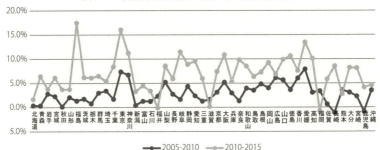

図4-7 経営耕地面積の減少率（都道府県）

率の差は拡大していき，農地集積が進まない都府県はそのまま取り残される状態が続くことが予想されるのである。

　最後に経営耕地面積の減少率を都道府県別に示した図4-7をみてみよう。2005年から2010年にかけての減少率を2010年から2015年にかけての減少率が上回っているところがほとんどであり，日本農業は再び縮小傾向を強めている。全体として2010年は九州を除くと西高東低の傾向にあり，2015年もそれに大きな変化はないが，東日本大震災の影響で福島の経営耕地面積の減少率が全国トップとなっている。また，福井，滋賀の経営耕地面積はほとんど減

---

(35)県レベルで経営耕地面積が増加していることは通常考えにくいが，統計の値はそのようになっていた。

第４章　平成期の構造政策の展開と帰結

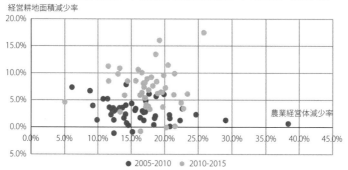

図4-8　農業経営体減少率と経営耕地面積減少率の関係（都府県）

少しておらず，福岡は増加に転じており(35)，この３県では構造再編が大きく進んでいると推測される。事実，2010年から2015年にかけての20ha以上層への農地集積率の増加ポイントは滋賀10.0ポイント（全国１位），福井9.1ポイント（同２位），福岡8.2ポイント（同４位）と突出した実績となっている。

　農業経営体の減少が農地集積に必ずしも繋がらなくなってきているという点も2015年センサスの示す結果である。

　最初に都府県の農業経営体減少率と経営耕地面積減少率との関係を示した図4-8をみていただきたい。農業経営体の減少している都府県ほど経営耕地面積の減少率が小さいという関係があれば，農業経営体の減少を起点に構造再編が進展していることになる。2005年から2010年にかけては明確ではないが，そのような関係を読み取ることもできなくはなかったが，2010年から2015年にかけてはそのような関係は全くなく，逆に農業経営体の減少率が高い都府県ほど経営耕地面積の減少率が高くなっているようにみえる。それ以上に目を引くのが色の薄い丸が色の濃い丸の上方に位置している点である。都府県単位でみても2010年から2015年にかけての経営耕地面積減少率は2005年から2010年にかけてのそれを上回っていることを示している。農業経営体の減少が経営耕地面積の減少に向かう傾向が強まっているのである。

　図4-9は横軸に農業経営体の減少率を，縦軸に借入耕地面積の増加率（以下，「増加借地面積率」とする）を示したものである。2005年から2010年に

図4-9　農業経営体減少率と増加借地面積率（経営耕地面積計）との関係

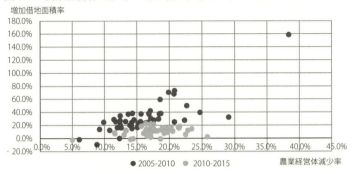

図4-10　増加借耕面積率と経営耕地（計）面積減少率との関係

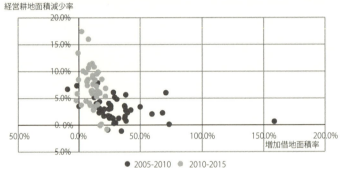

かけては，佐賀のような特殊な事例もあるが，全体として弱いながらも農業経営体の減少率が高い都府県ほど増加借地面積率も高くなる傾向を確認することができ，農業経営体の減少が農地流動化に繋がっていた。しかし，2010年から2015年にかけては両者の間の相関関係は全く消失してしまう。農業経営体が減少しても借入耕地面積は増えなくなっているのである。増加借地面積率も前回センサス時と比べて全体的に低下しており，構造再編に向けての勢いは明らかに落ちている。

　これは農家が経営を廃止しても，そこから供給される農地を受け切ることができていない可能性があることを示している。そこで横軸に増加借地面積率を，縦軸に経営耕地面積減少率をとった**図4-10**を作成した。両者の間に

第4章　平成期の構造政策の展開と帰結

は一般的にトレードオフの関係があるとされる。増加借地面積率が高く，経営耕地面積の減少率が小さければ，農業経営体の減少によって供給された農地が担い手層に集積されて経営耕地面積の減少を抑えることに繋がっているのに対し，増加借地面積率が小さく，経営耕地面積の減少率が大きい場合は農業経営体の減少が経営耕地面積の減少に直結していると考えられるからである。このことを頭に入れて図をみると，2005年から2010年にかけては両者の間にトレードオフの関係があったが，2010年から2015年にかけてはそうした関係はなくなり，薄い丸は垂直に近い分布となってしまった。先に確認したように，農業経営体の減少は借入耕地面積の増加をもたらすことなく，経営耕地面積の減少に直結しているのである。

（3）高齢化という趨勢の中での若年層の新たな動き

　ここでは基幹的農業従事者に焦点を当てて農業労働力の動向をみることにしたい。

　基幹的農業従事者の高齢化がさらに進行している。**表4-13**は基幹的農業従事者の年齢別割合を男女別に示したものである。男女とも75歳以上の割合が増加している。男性は2005年時点では23.1％だったが2010年には30.2％と３割を超えて2015年には31.5％に，女性は17.7％だったのが26.9％，30.4％となり，男女とも75歳以上が３割以上を占めるようになった。これを70歳以上に幅を広げると，男性は43.1％（2005年）→47.4％（2010年）→46.8％（2015年），女性は36.2％（2005年）→45.0％（2010年）→47.6％（2015年）と推移しており，2005年から2010年にかけて女性の数値が大きく上昇したのを除け

表4-13　基幹的農業従事者の年齢別割合

		15〜29歳	30〜34	35〜39	40〜44	45〜49	50〜54	55〜59	60〜64	65〜69	70〜74	75歳以上
男性	2005	2.4%	1.7%	2.0%	3.1%	4.5%	7.0%	8.2%	11.1%	16.8%	20.0%	23.1%
	2010	2.2%	1.9%	2.1%	2.4%	3.5%	5.2%	8.5%	13.0%	14.0%	17.2%	30.2%
	2015	2.0%	2.0%	2.4%	2.6%	2.9%	4.2%	6.3%	13.1%	17.6%	15.3%	31.5%
女性	2005	0.7%	1.0%	1.7%	3.2%	5.5%	8.8%	10.5%	14.1%	18.3%	18.5%	17.7%
	2010	0.7%	0.8%	1.4%	2.2%	3.7%	6.4%	10.6%	13.6%	15.7%	18.1%	26.9%
	2015	0.7%	0.9%	1.3%	2.0%	2.8%	4.7%	8.2%	14.7%	17.1%	17.2%	30.4%

資料：各年農業センサス

165

ば，2010年以降，40％台後半で推移している。さらに年齢を60歳以上とすると，2010年時点で男性74.4％，女性74.3％と4分の3を占めていたが，2015年になると男性77.5％，女性79.4％と8割近くを占めるに至る。高齢化を伴いつつ70歳以上が半分弱，60歳以上が8割近くを占めているというのが最近の農業労働力の年齢別構成である。

その一方で，2010年から2015年にかけて男性の30～34歳，35～39歳，40～44歳の各年齢層と女性の30～34歳の年齢層の占める割合が僅かながら増加に転じているのは少しだけだが，明るい兆しである。

次に基幹的農業従事者の実数を年齢別にみてみよう。図4-11が男性，図4-12が女性のそれを示したものである。2005年の数値は75歳以上が一括りとされているため表示していない。男女とも2010年と比べて2015年は「山」

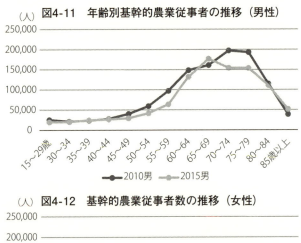

166

が低くなっており，農業労働力の減少が進んでいる。特に70〜74歳，75〜79歳の年齢層での減少が大きくなっている点が特徴的である。また，男性では65〜69歳の年齢層が2010年よりも2015年の方が多くなっている点も注目される。これは女性にはみられない動きであり，定年延長による再雇用で65歳まで雇用が伸びていることの反映だと考えられる。これは本格的な定年帰農を遅らせる可能性があり，今後の農業構造変動にどのような影響となってあらわれるか注意する必要がある。

　最後に基幹的農業従事者の減少率を年齢別に一覧した**表4-14**をみてみよう。2005年から2010年にかけて男女とも75歳以上が大きく増加したが（減少率なのでマイナスとなっている），2010年から2015年にかけては減少に転じている。70〜74歳の年齢層も減少率を高めている。男性は2005年から2010年にかけては60〜64歳，2010年から2015年にかけては65〜69歳のいわゆる団塊の世代にあたる年齢層で基幹的農業従事者が増加している点が注目されるが，この下の年齢層にはそうした動きはみられない。それどころか55〜59歳の年齢層は2010年から2015年にかけて減少率が男女とも急増している。こうした状況が続くと現在のような高齢者層のところが膨らむ形の「山」は崩れ，なだらかな「丘」になっていくことが予想される。この時，左側の裾野（若年層）をどれだけ高く維持し，「丘」を「高原」とすることができるかが基幹的農業従事者の減少の抑制にとってのポイントとなる。実際，男性については40〜44歳の年齢層の減少率が26.6％から3.7％に激減し，35〜39歳の年齢層

表4-14　年齢別にみた基幹的農業従事者の減少率

		15〜29歳	30〜34	35〜39	40〜44	45〜49	50〜54	55〜59	60〜64	65〜69	70〜74	75歳以上
男性	2005-2010	14.5%	-1.7%	4.0%	26.6%	26.4%	30.4%	2.6%	-10.2%	21.0%	18.8%	-23.7%
	2010-2015	22.3%	4.7%	-2.8%	3.7%	26.8%	29.6%	34.4%	11.5%	-9.9%	21.8%	8.8%
女性	2005-2010	19.6%	27.7%	29.8%	41.2%	40.3%	35.9%	10.9%	15.3%	24.5%	13.9%	-33.9%
	2010-2015	19.9%	10.1%	19.7%	23.2%	37.8%	39.4%	35.5%	10.1%	10.0%	21.1%	6.2%

資料：各年農業センサス

は2.8％の増加に転じており，女性についても40〜44歳，35〜39歳，30〜34
歳の各年齢層で減少率が縮小している。ただし，実数自体が大きく増えてい
るわけではないし，15〜29歳の年齢層については男女とも減少率は拡大して
いるので，「高原」を形成する可能性は現状では乏しいと言わざるを得ない
だろう。

（4）平成期の農業構造変動―集落営農設立を経て縮小再編へ―
　最後に2010年センサスと2015年センサスが示す農業構造の変動をまとめて
おきたい。
　2010年センサスは経営耕地面積の減少が下げ止まり，大規模経営への農地
集積の進展がみられ，農業構造の再編という期待を抱かせる結果となった。
この背景には，①昭和一桁生まれ世代が75歳以上となって農業労働からの離
脱が決定的となり，農地供給層の形成が進んだこと，②2007年の品目横断的
経営安定対策が経営規模による選別政策を導入したため，それに対応する，
かたちだけの集落営農が急増したことの2つがあった。
　前者については，農地の受け手がいれば構造再編は進むが，いない場合は
農業の崩壊・解体を意味する。両者の間には紙一重の違いしかない。例えば
山間農業地域では，主業農家も集落営農もいない農業集落が全体の半分を占
めている[36]。担い手の存在状況は地域差があり，その差は拡大する傾向に
ある。
　後者は，それまで個別経営による農地集積が大半を占めてきた東北，北九
州などで「政策対応型」，「枝番管理型」と呼ばれる集落営農のにわかづくり
の反映である。その典型が佐賀であった。統計上は2005年から2010年にかけ

---

[36]この分析結果については，橋口卓也「農業集落の構造と動向」安藤光義編『日
　　本農業の構造変動―2010年農業センサス分析』（農林統計協会，2013年）218
　　〜220ページ，橋口卓也「農村地域・集落の構造と動向」農林水産省編（『2015
　　年農林業センサス総合分析報告書』農林統計協会，2018年）241〜246ページ
　　を参照されたい。

て販売農家が４割減少しているが，実際は品目横断的経営安定対策の規模要件に対応するため集落営農が設立されただけで，経理が一元化されていても農作業は個別経営というケースが多い。こうした動きが農業経営体の減少と大規模経営および組織経営体への農地集積をもたらす結果となったのである。

　ある意味，選別政策への農村の現場の対応が構造再編の進展という上振れを2010年センサスにもたらしたわけだが，2015年センサスは，戸別所得補償制度が実施された期間であったが，農業経営体の減少率，経営耕地面積の減少率，農業労働力の減少率と高齢化という３つの主要な指標がいずれも悪化しており，日本農業が本格的な縮小再編過程に突入したことを示す結果となった。令和期の農業構造は完全な縮小再編の軌道の上を走ることになるだろう。

　構造変動という点では，農業経営体の減少が農地流動化に繋がらず，経営耕地面積の減少に直結していることが決定的に重要である。農地集積が進んでいる地域と停滞している地域との差が一層拡大していることも看過できない。確かに担い手層への農地集積率は高まってきてはいるものの，それは実績があがりやすい地域の数字を反映した結果であり，さらに積み上げを図ろうとしても残されているのは容易ではない地域ばかりだからである。これは「おわりに」でみる農地中間管理機構の実績についても同様である。

　センサスの数字を率直に解釈すれば担い手への農地集積率８割という農水省が自らに課したKPIは実現不可能だろう[37]。相続未登記農地の存在は農地集積の阻害要因の１つであることは間違いないが，それによって立ち遅れている地域の農地集積が進むとは考えられない。所詮はその場凌ぎの言い訳と時間稼ぎにすぎない。構造再編を目指すことのできる地域はその方向で全く問題はないが，それが難しい地域では政策目標を再考すべきではないだろ

---

(37) 2015年センサスが明らかにしたような状況の下でも担い手への農地集積率８割というKPIの達成にこだわるのであれば，①担い手の基準を大幅に切り下げて分子の数字を嵩上げする，②立ち遅れている地域を切り捨てて分母の面積を減らす，のどちらかしか方法はないだろう。

うか。そして，後者に該当する地域が拡大していくのに従い，令和期の農政の枠組みも，選別政策を中核とした構造政策からの転換が求められていくことになるだろう。

Ⅳ　おわりに—縮小再編から農村崩壊へ—

令和期の構造変動は間違いなく新しいステージに突入することになる。そこでは担い手への農地集積が進む地域がある一方，集落営農を設立することもままならず耕境外に押し出されていく地域が増えていくだろう。今後予想される新たな1つの変化は，担い手が集積した農地が，後継者不在のためそのまま別の担い手に引き継がれていくような動きの拡大である。こうした事態はかなり以前から中山間地域では検証されていたが[38]，平地農業地域でも広がる可能性が出てきたように思う。構造問題の焦点は，いかにして担い手に農地を集積するかではなく，担い手に農地を引き受ける力がどれだけあるかに移行しており[39]，令和期農政の課題はそちらにシフトすることが予想される。

担い手への農地集積を強力に推進するために創設された農地中間管理機構

---

(38) 中山間地域での農地流動化の問題は「借り手側に「返せなくなる不安」すら生まれていることであり，本町の中核農家＝借地型上層農家がこのような「耕作権」理解を示すところに，深刻な問題があるといわなければならない」状況が報告されていた（野田公夫『限界地における高借地率現象—島根県邑智郡桜江町の事例—』（東畑四郎記念奨励事業報告4）農政調査委員会，1985年，79ページ）。中山間地域では「消極的な借地」が増加しているということであり，借入地の内容を詳細に分析した小田切は「借地農家が現在借り入れている農地が，以前に他の農家に借入されていたもの（ここでは「引継農地」と呼ぶ）か否か」を検証した結果，「その3割以上が「引継農地」であり，別の借地農家から借地を引き継ぐ割合がかなり高い」ことを明らかにし，「農地の流動化と同時に，借地農家自体が「流動化」」する事態を「流動的農地貸借」と呼んで問題としていた（小田切徳美『中山間地帯農業の構造』（日本の農業187）農政調査委員会，1993年，68ページ）。

だが，それに関連する令和元年（2019年）現在の公表されている主だった数字をみると⁽⁴⁰⁾，そうした政策転換の予兆を感じさせてくれる。例えば全耕地面積に占める担い手の利用面積のシェアの推移を示すと，2013年48.7％，2014年50.3％，2015年52.3％，2016年54.0％，2017年55.2％，2018年56.2％となっており，着実に上昇してはいるが，その伸び率は，2013-2014年1.6ポイント，2014-2015年2.0ポイント，2015-2016年1.7ポイント，2016-2017年1.2ポイント，2017-2018年1.0ポイントと2ポイント前後だったのが1ポイントまで下がっている。担い手の利用面積の増加も2016-2017年の4.1万haから2017-2018年には3.1万haと1万ha減っている。これは担い手が農地を受ける力を失っている結果としてみるべきだろう⁽⁴¹⁾。

農地中間管理機構の取扱実績（累計転貸面積）をみても，2014年2.4万ha，2015年10.0万ha，2016年14.2万ha，2017年18.5万ha，2018年22.2万haと着実に積み上がっているが，増加面積は2015-2016年4.2万ha，2016-2017年4.3万ha，2017-2018年3.7万haと伸び悩んでいる。重点地区やモデル地区を設定して実績をあげ，その横展開を図るという推進方法がとられているが，その結果，実績の上がりやすい地区は出尽くしてしまい，あとは難しいところが残され

---

(39) 農地の出し手に交付金を支給するのではなく，受け手に交付金を支給すべきだということである。規模拡大加算の廃止はこれに逆行するものであり，選別政策の深化という平成期の構造政策の趨勢からしても筋の悪い「手」であった。また，機構集積交付金は使いにくいため，2019年度の機構の寄与度に基づく順位4位の香川県では，機構を通じた新規の利用権設定が行われた場合，農地の受け手に対して10aあたり2万円を支給する「農地集積補助金交付事業」を2014年度から実施しており，2018年度までに1,232haの新規集積の実績に貢献している。

(40) 以下で用いた数字はいずれも農林水産省のホームページに公開されている統計による。

(41) 認定農業者が提出している農業経営改善計画には現在の経営面積と目標としている経営面積が記載されているはずなので，後者の目標面積を合計すれば，認定農業者に農地の引き受け余力がどれくらいあるかを把握することができるはずであり，その数字と農地集積目標面積とを一度突き合わせてみてはどうだろうか。

た結果である。今後，実績が加速的に増加する可能性は非常に小さいと言わざるを得ない。都道府県別の担い手への農地集積率もばらつきが大きく，集積率の低い府県を底上げしない限り，担い手への農地集積率は上がらないが，それは容易なことではない。これは本稿の2015年センサスの分析結果でも指摘した通りである。

ショッキングなのは集落営農の力が衰えてきていることである。集落営農実態調査によると，その数は2016年の15,314組織をピークに漸減しており，2019年には14,949組織となった。これまで集落営農の設立で実績をあげてきた農地中間管理機構が多かっただけに，集落営農の減少傾向は辛いものがある。集落営農への農地の集積面積も2016年49.2万ha，2017年49.1万ha，2018年48.1万ha，2019年47.4万haと推移しており，2017年以降，完全な減少傾向に転じた。構造政策と農村政策の融和を実現してきた集落営農の衰退は，政策の「土俵」である農村そのものの崩壊を意味しており，深刻である。縮小再編から農村崩壊というのが令和期に予想される道筋なのである。

また，担い手への農地集積が進めば進むほど，その少数の担い手が病気や事故等で営農ができなくなった場合，その農地の引き受け手がいないという問題が縮小再編過程の進行によってより強められたかたちで発現することになる。集積している面積が非常に大きいため，それを幾つかに分けたとしても，受け手を確保することは難しいからである。また，構造再編が進んだところでは，地域の農地を一手に引き受けている担い手に後継者がいない場合，将来的にその農地を誰が引き受けるかという問題が必ず発生することになる。集落営農に後継者がいない場合も同様である。集落営農が法人化していたとしてもその永続性は保証されないのである。こうなってくると，担い手への農地集積を進めても穴の開いたバケツに水を注ぎ込んでいるような事態となってしまう。令和期にはこうした問題が随所で発現することが予想されるのである。

第5章

農村問題の理論と政策
―再生への展望―

小田切 徳美

I 農村問題の視点―課題の設定―

1 農村問題の原点―課題地域問題―

　農村をめぐる地域問題の原点は，都市と農村の「地域格差問題」であった。日本では，経済成長が始まった頃には，格差は政治的な問題となっていた。それをいち早く問題視して，政策課題化したのは，他ならぬ農政であった。政府の農林漁業基本問題調査会は，当時の農工間所得格差を「農業の基本問題」と把握し，「民主主義的思潮と相容れ難い社会的政治的問題」と認識した。そのため，「農業の向こうべき新たなみちを明らかにし，農業に関する政策の目標を示すため」に制定された農業基本法（1961年）は「他産業従事者と農業従事者の所得・生活水準格差」と「他産業と農業の生産性格差」という2つの格差の是正を目的としていた。

　この農工間格差を地理的平面に置き換えたのが，基本法の翌年（1962年）に閣議決定された全国総合開発計画（一全総）であった。そこでは，「既成大工業地帯以外の地域は，相対的に生産性の低い産業部門をうけもつ結果となり，高生産性地域の経済活動が活ぱつになればなるほど低生産性地域との間の生産性の開きが大きくなり，いわゆる地域格差の主因を作り出した」という実態認識から，「地域間の均衡ある発展」を目標とした。この「相対的に生産性の低い産業部門」の典型が農林漁業であった。

　これ以降，「全総」を名乗る4次にわたる国土計画は，比重を変えながら

173

もこの「国土の均衡ある発展」を追求した。「拠点開発」（一全総）から「交流ネットワーク」（4全総）まで，開発方式は異なるが，基本的に公共投資による地域格差是正が目指されていた。

　つまり，農村をはじめとする地方は，経済成長の過程における，「相対的に生産性の低い産業部門をうけもつ地域」として位置づけられ，「課題（がある）地域としての農村問題」と認識されていたのである。そこでは都市的生活様式へのキャッチアップが目標となり，その改善が目指され（農村の都市化），その対策は必然的に「財政（投資）による格差是正」となる。

　そのことを意識した最近の『国土交通白書』（2018年度）は，**図5-1**を掲げ，「戦後，我が国は社会資本整備を急速に進めることにより，国土のすがたを変化させてきた。1953年度時点で約30兆円であった社会資本ストック（純資本ストック）は，近年，横ばい傾向にあるものの，2014年度時点で約638兆円と大きく増加している。さらに，このように社会資本ストックが増加していく過程において，一人当たり県民所得の格差は総じて縮小している」と，全総やそれに基づく社会資本投資による格差是正を誇っている（図中には，全総や国土形成計画の閣議決定時期がわざわざ記されている）。

　確かに，図中の1人当たり県民所得のジニ係数が示しているように，高度成長期の大きな地域格差は，1973年の石油危機を契機とする低成長への基調変化後，急速に縮小している。また，それ以降は，景気変動に応じて格差が開くことはあっても，高度成長期の状態にまで戻ることはない。それは，「農村の都市化」の成果といえるであろう。

2　新しい農村問題─価値地域問題─

　このように問題がある程度，緩和するにともない，新しいアプローチが生まれた。それは，「課題地域としての農村問題」に対して，「価値地域としての農村問題」と言える。それまでとは異なり，農村空間が持つ多様な個性に価値を認め，その維持や発展を目標とし，その価値の低下や衰退を問題とする認識である。

第5章　農村問題の理論と政策

図5-1　国土における地域間格差と社会資本ストック

備考：純資本ストックとは，供用年数の経過に応じた減価（物理的減耗，陳腐化等による価値の減少）を控除した値（2011年暦年価格基準の実質値）を示す。
　　62全総：全国総合開発計画（1962年）
　　69新全総：新全国総合開発計画（1969年）
　　77三全総：第三次全国総合開発計画（1977年）
　　87四全総：第四次全国総合開発計画（1987年）
　　98 21GD：21世紀の国土のグランドデザイン（2001年）
　　08国土形成計画：国土形成計画（2008年）
　　15第二次国土形成計画：第二次国土形成計画（2015年）
資料：社会資本ストック：内閣府「日本の社会資本2017」より国土交通省作成
　　　一人当たり県民所得のジニ係数：内閣府「県民経済計算」，総務省「国勢調査報告」，「人口推計年報」及び「日本の長期統計系列」より国土交通省作成。
資料＝国土交通省『国土交通白書』（2018年度）より引用（一部改変）。

　その「価値」にかかわる議論の代表例として，欧州農政に早くから取り入れられている農業・農村の多面的機能論がある。日本の農政においてもその淵源は古く，『農業白書』では1971年度まで遡ることが可能である[1]。その後，1999年に制定された食料・農業・農村基本法の理念のひとつとしても位置づけられている。

　このように国民的な価値意識の変化は既に70年代，特に石油危機以来始まっていたことは予想される。しかし，政府が地域問題として，積極的にそれを位置づけたのはだいぶ後のこととなり，「五全総」[2]に相当する「21世

(1) 拙著『日本農業の中山間地域問題』（農林統計協会，1994年），第7章を参照のこと。
(2) 「五全総」に相当する「21世紀の国土のグランドデザイン」は，あえて「全総」を名乗っていない。この点の経緯や詳細については，川上征雄『国土計画の変遷―効率と衡平の計画思想』（鹿島出版社，2008年）を参照のこと。

紀の国土のグランドデザイン」(1998年)の「多自然居住地域」論や2000年の過疎地域自立促進特別措置法（2000年過疎法）だろう。

　前者は，計画本文において，「中小都市と中山間地域等を含む農山漁村等の豊かな自然環境に恵まれた地域を，21世紀の新たな生活様式を可能とする国土のフロンティアとして位置付けるとともに，地域内外の連携を進め，都市的なサービスとゆとりある居住環境，豊かな自然を併せて享受できる誇りの持てる自立的な圏域として，『多自然居住地域』を創造する」とされ，農山村を「国土のフロンティア」とする，地域の新しい可能性を論じている。ところが，この頃から顕在化した全総それ自体の影響力の低下もあり，明確な新しい政策に収斂することなく終わった。

　他方で，後者の2000年過疎法は，政策に直結した。この過疎法では，第1条の目的が，「この法律は，人口の著しい減少に伴って地域社会における活力が低下し，生産機能及び生活環境の整備等が他の地域に比較して低位にある地域について，総合的かつ計画的な対策を実施するために必要な特別措置を講ずることにより，これらの地域の自立促進を図り，もって住民福祉の向上，雇用の増大，地域格差の是正及び美しく風格ある国土の形成に寄与することを目的とする」と規定されており，このなかで「美しく風格ある国土の形成」という文言が旧法（過疎地域活性化特別措置法，1990年度〜1999年度）の目的規定に付加されている。それにともない，第3条の「対策の目標」に，「起業の促進」（第1項），「情報化を図り」（第2項），「地域間交流を促進すること」（同），「美しい景観の整備，地域文化の振興等を図ることにより，個性豊かな地域社会を形成すること」（第4項）が新たに書き込まれている。

　議員立法である同法の提案者はこの部分については，「……これからの過疎地域は，豊かな自然環境や広い空間を活用した新たな生活様式を実現する場として整備されるとともに，美しい景観や地域文化に恵まれた個性豊かな地域として都市地域と相互に補完し合いながら，懐深い風格ある国土を形成する地域となっていくことが求められております」[3]と論じており，従来とは異なる，積極的な過疎地域の役割の期待が表明されている。こうしたこ

176

とを，学界サイドから早くから主張し，この2000年過疎法の議論にかかわった宮口侗廸氏（地理学）は，「従来の過疎法に比べて現行の過疎法は，よりオリジナルに地域をつくっていくことを支えるものになっていることがわかる」[4]と指摘している。

過疎地域と農村は完全に重なるものではないが，「価値地域としての農村問題」の典型的な問題認識をここに見ることができる。先の「課題地域としての農村問題」への対応が「農村の都市化」であるとすれば，これは「農村の個性的農村化（または地域化）」と言えよう。

3　グローバリゼーション下の農村問題─本稿の課題─

これまで見たように，戦後日本における農村問題は，「課題地域問題」と「価値地域問題」というふたつの問題領域が存在して，経済成長の進展や公共投資の累積によるある程度の地域格差の縮小により，前者から後者への移行が進んでいる。

この点は，先に「21世紀の国土のグランドデザイン」を後者の考えを代表する文書として位置づけたように，国土計画の流れにも，強く反映している。表5-1は7回の国土計画（全総，国土形成計画）について，2つの農村問題

表5-1　「国土計画」におけるキーワードの登場頻度

用　語	全国総合開発計画					国土形成計画	
	第1次	第2次	第3次	第4次	GD	第1次	第2次
	1962年	1969年	1977年	1987年	1998年	2008年	2015年
格　差	**12**	**12**	**13**	8	10	15	5
均　衡	**20**	**7**	**43**	**22**	8	3	3
個　性	0	2	10	**40**	**61**	25	**91**
自　立	1	3	1	8	**58**	**46**	39
競　争	0	1	1	11	40	**73**	**80**

資料：1）各計画書より作成。
　　　2）「GD」は「21世紀国土のグランドデザイン」。
　　　3）用語頻度には各計画書の「目次」を含む。
　　　4）ゴチックは各計画書で1位，2位の用語を示す。

（3）衆議院地方行政委員会（2000年3月14日）における斎藤斗志氏による提案理由（同委員会，議事録による）。
（4）宮口侗廸『新・地域を活かす』（原書房，2007年）101ページ。

を象徴する言葉の登場頻度まとめたものである。それぞれの文書のボリュームが異なる点に注意が必要であるが，三全総までは「格差」「均衡」という「課題地域」にかかわる用語が多出するが，「21世紀国土のグランドデザイン」以降になるとその頻度が低下し，「個性」「自立」という「価値地域問題」を象徴する言葉の比重が増える。特に，第2次国土形成計画では「個性」が91回も登場するのに対して，「格差」はわずかに5回という状況であり，2つの問題の位置を象徴する。

　しかし，この表は別の変化も示唆している。「グランドデザイン」以降，「競争」という言葉の頻度が増え，国土形成計画では最頻出用語のひとつとなっている点である。いうまでもなく，90年代以降本格化するグローバリゼーションを反映した変化であろう。

　グローバル規模の大競争下では，格差の拡大や貧困の増大がしばしば指摘されている。ところが，地域格差については，冒頭の**図5-1**の1人当たり県民所得ジニ係数の変化をみれば，先にも指摘したように，低成長期以降は景気変動を反映しながらも，低位の水準を維持しており，少なくも高度成長期のような状況に戻ってはいない。この点については，橋本健二氏（社会学）は「すでに産業化と都市化が全国のすみずみまで進行し，産業構造の均質化が進んでいるから，多少の格差拡大は生じるとしても，極端に高い水準にまで拡大することはない」[5]としている。また，同氏は，同時に1992年から2012年の都道府県内格差の拡大を指摘しており，地域をめぐる格差は都道府県間というよりも同一県内で発生しているのであろう。

　そして，興味深いことに，このような地域格差について，グローバリゼーションをめぐり立場が異なる論者が，実は認識を共有化している。ひとりは，冨山和彦氏（元産業再生機構COC，経営コンサルタント）である。氏はグローバリゼーションの当事者でもあり，2014年にスタートした地方創生の議論にも深く関わっている。冨山氏は，現在の国内経済をローカル経済とグ

（5）橋本健二『格差の戦後史（増補版）』（河出書房新社，2013年）226ページ。

ローバル経済に別け，「この時代［かつて加工貿易立国だった時代—引用者］，ローカル企業の多くがこうした下請けメーカーだった。このようにグローバル経済圏とローカル経済圏が直結している時代であれば，トリクルダウンは起こる」が，現在では両者が分離しており，「グローバル経済圏が好調でも，そう簡単にローカル経済圏が潤わない」[6]とする。これは，むしろ安倍政権の「アベノミクス」が協調するトリクルダウンの否定である。

　他方で，グローバリゼーションの諸問題を批判する田代洋一氏は，それを地理的に表現して，「……日本の国土は〈首都圏—太平洋ベルト地帯—その他地域〉に三層化した。このような構造ができあがってしまった下では，経済成長はものづくり的なものであれ（太平洋ベルト地帯），カネころがし的なものであれ（首都圏），〈首都圏—太平洋ベルト地帯〉の外には出ない」[7]として，同様にグローバリゼーション下での地域間のトリクルダウンを否定している。

　このような共通する認識は，国内の地方，特に農村地域がグローバリゼーションの影響から遮断，隔絶されていることを意味しており，新たな地域問題の発生を示唆している。いわば，「（グローバリゼーションによる）隔絶地域としての農村問題」と言えよう。

　つまり，現下の農村地域には，①課題地域としての農村問題，②価値地域としての農村問題，③隔絶地域としての農村問題の３者が重層的に存在していると理解できる。本章では，こうした新旧３つの地域問題を意識して，グローバリゼーション時代の農村の動態とそれに対する対抗軸づくり，そしてその政策のあり方を論じたい。対象とする期間は，グローバル資本主義が本格化する1990年前後から現在までであり，これは「平成」の時代とほぼ重なる。その点で本稿は，「平成期」の農村問題と農村政策の総括をも意識して

（6）冨山和彦『なぜローカル経済から日本は甦るのか』（PHP研究所，2014年）52
　　〜53ページ。
（7）田代洋一「地域格差と協同の破壊に抗して」農文協編『規制改革会議の『農業改革』』（農山漁村文化協会，2014年）25ページ。

いる。なお，本稿における農村や農山村（農村の中の過疎地域等の条件不利地域）には，漁村を含んでいる。

II　農村地域の実態—経済とコミュニティの危機—

1　経済とコミュニティの危機

　筆者は，農村の動態として，以前より「3つの空洞化」を論じていた。それは条件不利な農山村で典型的にみられ，「人の空洞化」（人口減少），「土地（利用）の空洞化」（農林地の荒廃），「むらの空洞化」（集落機能の脆弱化）と段階的に起こる空洞化現象を指している。

　この中で「むらの空洞化」は，「限界集落」という用語を象徴としており，それが，1991年（平成3年）に高知県農山村の実態から，大野晃氏（社会学）により提起されたことはよく知られている。つまり，本稿が対象とする「平成期」はこの「むらの空洞化」からスタートした。

　しかし，大野氏は，このような集落を例外的なものとすることなく，多くが限界化のプロセスを経て，集落消滅に向けて移動すると考えた。既に各方面で言及されているように，この議論は性急に将来を描きすぎている（この点，後述）。しかし過疎化・高齢化の問題は，ある段階に至ると，農村コミュニティ自体の揺らぎとして現れるという問題提起は正しかった。

　このような過疎化・高齢化に伴う集落問題は，西日本の農山村を起点として「東進」し，東日本にも拡大する。また，過疎化は平地に「里下り」し，西日本では平地農村でも同様の現象が始まる。このようなプロセスで，問題は日本列島の多くの農村に広がることとなる。農村における「コミュニティの危機」の時代の始まりである。

　しかし，この90年代は同時に農村に「経済の危機」が覆い始めていた時期でもある。図5-2は農業総産出額と政府建設投資額（土木）の推移をみたものである。農業総産出額は1980年代中頃にピークとなり，その後停滞し1990年代中頃から本格的に縮小を始める。そして，あたかもそれを補完するよう

180

**図5-2　農業総算出額と政府建設業投資額（土木事業）の推移
（全国，1960年〜2015年）**

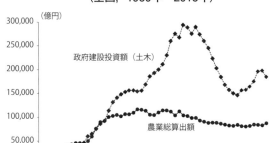

注：資料は農業総算出額は農林水産省「生産所得統計」，政府建設投資額は
国土交通省「建設投資見通し」。建設投資額の2015年度は「見込み」。

表5-2　農家の形態別に見た所得構成およびその変化（全国，1998〜2003年）
（単位：千円，%）

		農家計		主業農家		準主業農家		副業的農家	
2003年	農業所得	1,103	14.3	4,744	62.6	852	21.9	332	4.40
	農外所得	4,323	56.1	851	11.2	5,568	65.8	4,773	63.50
	年金等	2,286	29.6	2,061	27.2	2,042	24.1	2,408	32.10
	農家総所得	7,712	100.0	7,576	100.0	8,462	100.0	7,513	100.0
1998年〜 2003年の増減率	農業所得	-11.5		-12.1		-25.9		32.0	
	農外所得	-18.6		-16.2		-10.5		-21.1	
	年金等	7.7		16.9		2.0		6.7	
	農家総所得	-12.1		-6.3		-9.7		-12.2	

資料：農林水産省「農業経営動向調査」（各年版）より作成。

に土木事業への建設投資が急増する。ところが，それも90年代末をピークとして，逆に急減が始まる。したがって，90年代末からは両者がともに減少する局面となっている。2010年代には，「国土強靱化」のかけ声により，建設投資額が反転するが，それでもピーク時の2/3の水準である。

　その影響を，住民レベルでみるために，表5-2は，この時期の農家の類型別所得の動向をまとめたものである。各農家類型とも5年間で10%前後の所得減少が見られるが，全体の減少をリードするのが，副業的農家である。しかも，その要因は，20%を超える農外所得の縮小である。表示は略すが，2003年には，副業農家の農外所得による家計費充足率は100%を切る状態となる（96.7%）。かつて，梶井功氏は同じ指標を用いて，小規模農家の農外

所得が家計費を充足し始めたことから,「土地持ち労働者の形成」[8]を論じたのであるが,その表現を借りれば,農外所得の減少による,「土地持ち労働者の崩壊」が生じている。

このように1990年代以降は,農村では「コミュニティ」と「経済」のふたつの危機が併進している。日本経済・社会の「失われた20年」は農村にとっては,このような問題として現れたことを確認しておきたい。

2 集落の実態

以上のことを集落レベルで観察しよう。条件不利地域市町村(過疎地域指定市町村に加えて,振興山村,離島地域,半島地域,特別豪雪地帯を有する市町村)を対象とするアンケート調査(国土交通省『過疎地域等条件不利地域における集落の現況把握調査報告書(2015年度)』)で確認したのが**表5-3**である。ここでは,質問票(回答者は市町村担当者)に示された40項目の問題点のなかで,「多くの集落で発生している問題や現象」に該当する「すべての問題等(複数回答)」及び「特に深刻な問題等(3つまで)」をまとめている。

様々な問題が指摘されているが,第10位までを見ると,①空き家の増加,②耕作放棄地の増大,③働き口の減少,④商店・スーパー等の閉鎖,⑤住宅の荒廃(老朽家屋の増加),⑥獣害・病虫害の発生,⑦公共交通の利便性の低下,⑧森林の荒廃,⑨伝統的祭事の衰退,⑩運動会や収穫祭など集落・地区で行ってきた行事の減少であり,現代農山村の問題状況が浮かび上がってくる。これらは概ね4割以上の集落で「問題」と認識されており,集落に現れた問題の実相といえよう。

これらを分類すれば,その多くが直接に人口や担い手の減少に伴う問題であるが,「③働き口の減少」は,やや質が異なる問題であろう。それは,むしろ人口減少の要因である。また,「⑨伝統的祭事の衰退」,「⑩運動会や収

---

(8)梶井功『小企業農の存立条件』(東大出版会,1973年),第1章。

第5章　農村問題の理論と政策

表 5-3　集落で生じている諸問題（過疎地域等条件不利地域）

(単位：%)

順位		集落で発生している問題（複数回答） ⓐ	特に深刻な問題（3つまで選択可） ⓑ	ⓑ／ⓐ
1	空き家の増加	82.9	40.1	48.4
2	耕作放棄地の増大	71.6	28.5	39.8
3	働き口の減少	68.6	30.5	44.5
4	商店・スーパー等の閉鎖	64.0	14.3	22.3
5	住宅の荒廃（老朽家屋の増加）	62.3	12.6	20.2
6	獣害・病虫害の発生	61.9	26.9	43.5
7	公共交通の利便性の低下	51.3	12.1	23.6
8	森林の荒廃	45.3	6.7	14.8
9	伝統的祭事の衰退	43.2	2.1	4.9
10	運動会や収穫祭など集落・地区で行ってきた行事の減少	38.8	1.3	3.4
11	小学校等の維持が困難	36.1	8.6	23.8
12	伝統芸能の衰退	35.4	1.1	3.1
13	集会所・公民館等の維持が困難	33.4	2.8	8.4
14	住民による地域づくり活動の停滞・減少	33.3	4.6	13.8
15	地域の伝統的生活文化の衰退	32.8	1.8	5.5
16	集落としての一体感や連帯意識の低下	32.7	5.4	16.5
17	医療提供体制の弱体化	32.1	9.2	28.7
18	不在村者有林の増大	31.5	1.0	3.2
19	道路・農道・橋梁の維持が困難	27.6	5.1	18.5
20	土砂災害の発生	26.6	2.8	10.5
21	ごみの不法投棄の増加	26.1	1.3	5.0
22	棚田や段々畑等の農山村景観の荒廃	23.5	0.4	1.7
23	冠婚葬祭等の日常生活扶助機能の低下	21.3	0.9	4.2

注：1）資料＝国土交通省「過疎地域等条件不利地域における集落の現況把握調査報告書」（2015年）
　　　より作成。
　　2）「過疎地域等条件不利地域」とは過疎法，山村振興法等の地域振興5法で指定された地域を
　　　指し，対象市町村は1042団体（一部指定を含む）。ⓐ，ⓑは1042団体に対する割合。
　　3）「問題」には40選択肢が示されており，その中でⓐの値が20％を超えるものを表示した。

穫祭など集落・地区で行ってきた行事の減少」は，地域の基盤となる力の低
下を問題としているのであろう。つまり，人口減少に伴う諸現象とは別に，
より本質的な問題として，③，⑨，⑩という「経済とコミュニティの危機」
が地域からも問題提起されているのである。

　加えて，注目されるのは，表で指標として示した「ⓑ／ⓐ」である。これ
は発生している問題に対する，特に深刻な問題の割合を示しており，問題の
「深刻さ」という質的側面の指標と考えられる。この値は，大雑把には，ⓐ
の大きさが高い問題群で高く，問題の量的な拡がりと質的な深刻さが重なっ
ている。しかし，注目されるのは，ⓐの値が小さくとも「ⓑ／ⓐ」が高い項
目として「⑪小学校等の維持が困難」，「⑰医療提供体制の弱体化」がみられ

183

表 5-4　過疎地域等の条件不利地域集落の消滅可能性（アンケート調査，2015 年）

| | | 存続 | 消滅可能性あり | | | 無回答 | 合計 | （分布） |
			小計	10 年以内	いずれ			
世帯数規模	10 世帯未満	62.8	30.6	6.7	23.9	6.7	100.0	9.6
	10〜19	84.7	5.8	0.3	5.5	9.5	100.0	16.9
	20〜29	89.1	2.2	0.0	2.2	8.6	100.0	13.8
	30〜49	90.9	0.9	0.0	0.9	8.2	100.0	18.2
	50〜99	91.3	0.8	0.0	0.8	7.9	100.0	19.6
	100 世帯以上	93.1	0.3	0.0	0.3	6.5	100.0	19.4
	無回答	83.5	6.3	1.9	4.4	10.2	100.0	2.5
地域区分	山間地	80.7	11.9	2.1	9.8	7.5	100.0	29.5
	中間地	89.3	2.9	0.3	2.6	7.8	100.0	28.9
	平地	90.8	1.2	0.1	1.0	8.1	100.0	31.1
	都市的地域	93.1	0.5	0.1	0.4	6.4	100.0	8.8
	無回答	70.3	0.6	0.0	0.6	29.2	100.0	1.6
高齢化率	50%未満	90.7	1.7	0.1	1.5	7.6	100.0	75.3
	50〜75%	80.5	10.3	1.0	9.3	9.2	100.0	17.2
	75〜100%	55.2	37.5	5.1	32.4	7.3	100.0	2.3
	100%	35.0	61.2	28.1	33.1	3.9	100.0	1.1
	（再掲・50%以上計）	75.3	16.0	2.8	13.2	8.7	100.0	20.6
	無回答	83.5	5.7	1.5	4.2	10.8	100.0	4.1
転入者の有無	あり	88.7	2.9	0.3	2.6	8.5	100.0	40.0
	なし	67.8	22.8	5.7	17.1	9.3	100.0	5.9
	わからない	92.1	0.9	0.6	0.4	6.7	100.0	49.8
	無回答	72.7	4.0	1.1	2.9	23.4	100.0	2.5
合　計		87.2	4.8	0.8	4.0	8.0	100.0	100.0

注：資料＝表 5-3 と同じ報告書より作成。

る点である。これらは，問題としての広がりはそれほど大きくはないが，深刻度においては高い問題領域と言えよう。教育と医療にかかわる地域サービスの欠落は，将来の地域の再生産にかかわる問題点として，条件不利地域の現場からも認識されている。

　それでは，このような問題に直面している集落は，将来的には，どのようになっていくのであろうか。**表5-4**は集落の世帯規模，高齢化率等のいくつかの指標で区分した集落の予想動態（市町村担当者による判断）をまとめたものである（対象地域は**表5-3**と同じ）。

　世帯規模や高齢化率は，地域の過疎化傾向を反映したものであり，それにともなう集落の将来動態が注目される。確かに世帯規模が小さくなるほど「存続」の割合は小さくなり，「10世帯未満」の小規模集落になるとその割合は63％まで低下する。ただし，この区分の集落は条件不利地域全体の10％に満たない。同様に，高齢化率も高くなる程，「存続」の割合は低下し，高齢

184

第5章　農村問題の理論と政策

化率100％の集落では35％まで低下する。しかし，この区分も全体の中で
１％に過ぎない。さらに言えば，しばしば「限界集落」の定量的定義として
利用されている「高齢化率50％以上」[9]（表中に再掲）では「存続」は75％
を示し，「こうした限界集落の動きは消滅集落への"一里塚"を示すにほか
ならず，ここに集落崩壊の危機的状況をみることができる」[10]（大野晃氏）
という傾向は表面的には見えてこない。

　その結果，条件不利地域集落全体（総数で75,662集落）で，「10年以内で
消滅」（0.8％），「いずれ消滅」（4.0％）をあわせても消滅可能性集落は５％
にも満たないのである。これは，「限界集落論」のみならず，「地方消滅論」
と言われる「増田レポート」[11]が描くイメージともギャップは大きい。

　それは，なぜか。同じアンケートにひとつの示唆がある。それは「転入者
の有無」による集計である。ここで，「転入者」（質問票では「平成22年以
降」と限定）とは，純粋に「移住者」に限定されたものではなく，幅広く捉

（9）前掲・大野『山村環境社会学序説』によれば，限界集落は「65歳以上の高齢
　　者が集落人口の50％を超え，独居老人世帯が増加し，このため集落の共同活
　　動の機能が低下し，社会的共同生活の維持が困難な状態にある集落」（同書，
　　22〜23ページ）と定義されており，前半の定量的規定（集落の高齢化率）に
　　加え，後半の質的規定の両者から成り立っている。しかし，同書において，
　　大野氏自身も，「限界集落」の特定はもっぱら前半の高齢化比率によって行っ
　　ている。
（10）大野『前掲書』，107ページ。
（11）「増田レポート」（日本創成会議人口減少問題分科会レポート（2014年５月）
　　からはじまる増田氏を中心に作成された一連の文書・レポート等）については，
　　拙稿「農山村の歴史的位置」（小田切徳美・尾原浩子『農山村からの地方創生』
　　筑波書房，2018年）を参照。なお，次の点は重ねて強調したい。「増田レポー
　　ト」の指摘する事実や議論の領域は，必ずしも目新しいものではないが，こ
　　のレポートは次の２点においては十分に衝撃的であった。第１に，特定の自
　　治体を「消滅可能性都市」「消滅する市町村」として名指しした点である。そ
　　れにより，名指しされた地域の住民をはじめとする国民的関心を集めること
　　に成功した。そして第２に，この「消滅可能性」の宣告とセットで，「選択と
　　集中」が語られたことである。これにより，従来の抽象的な「切り捨て論」
　　とは異なり，個々の地域に対する「消滅するから撤退すべき」という呼びか
　　けになった。これらの点で，このレポートの政治性は際立っている。

185

えている概念であり，また特に広域合併市などの回答者（市町村職員）と現場の遠さを反映して「わからない」が50％も占めている点も注意が必要である。しかし，この転入の有無で「存続」の割合は20ポイント以上の差がある（「あり」89％，「なし」68％）。もちろん，立地条件等を反映していることも予想されるが，このような人の動きが，集落の持続性に影響を与えていることは間違いないであろう。つまり，市町村単位で人口を扱う「地方消滅論」には，集落レベルで起こる，こうした動きは反映されていないのではないだろうか。さらに言えば，「経済とコミュニティの危機」に抗する地域での動きや政策の効果を捨象している。そこで，次節でその体系的把握を試みたい。

Ⅲ　「平成期」農村の動態

1　時期区分──「平成期」の位置──

　約30年間続いた「平成期」は，農村問題にとっては，ほぼ10年単位で3つの時期区分が可能である。これ以降の議論を一部先取りすることになるが，予めその位置づけをしておこう。

①平成前期（概ね1990年代）──むらの空洞化の発現とリゾートブームの発生・崩壊
②平成中期（概ね2000年代）──地域づくりの本格スタートと市町村合併・「構造改革」による攪乱
③平成後期（概ね2010年代）──田園回帰と「地方消滅論」を契機とする地方創生のスタート

　「前期」は，先にも見たように，「限界集落」という言葉が生まれた時期（1991年）と重なる。「むらの空洞化」の時期であり，先に見たようにコミュニティの危機が顕在化した時期である。農政的には，1992年のいわゆる「新政策」（「新しい食料・農業・農村政策の方向」）が後の食料・農業・農村基

第5章　農村問題の理論と政策

本法（1999年）を先取りし，農村政策を公式に農政に位置づけたことも注目
された時期である。しかし，日本全体ではバブル経済の発生とその崩壊期と
いう，激しい変動期であった。農村現場でも，リゾート開発ブームが生まれ，
農政的な動きより，そのインパクトが，現場的には上回っていた時期と言える。

　「中期」は，その混乱からの再生の時期と言える。現場や学界で「地域づ
くり」が認識され始めたのがこの頃である。ところが，この動きも順調では
なく，1999年から本格化する市町村合併の動きは，始動し始めたばかりの
「地域づくり」に強い負のインパクトを与えた。また，小泉内閣における
「構造改革路線」では都市重視の傾向が生じ，国全体として農山村を疲弊さ
せる力となる。先の図5-1でも，1人当たり県民所得のジニ係数は拡大期に
あり，様々な「格差」をめぐる議論が活発化した。「前期」に登場した「限
界集落」という学術用語がマスコミを通じて急速に一般化するのもこの時期
である。他方では，農政では1999年に食料・農業・農村基本法が制定され，
それに基づき2000年より中山間地域等直接支払いが始まり，農村問題にある
程度の影響力を発揮する。

　それに続く「後期」を特徴付けるのは，都市の若者を中心とした田園回帰
の動きである。それは，それ以前から始まっていたが，2011年に発生した東
日本大震災により，加速化された。この大きなインパクトにより，自らのラ
イフスタイルを変えた若者も多かったからである。この田園回帰に呼応する
ように，市町村合併等により，一時的に停滞していた地域づくりの動きも再
度活発化する。その背景となったのは，2008年頃からはじまる「地域再生」
の諸政策であり，地域おこし協力隊をはじめとする制度がこの時期から一斉
に登場する。この背景には2007年の参議院選挙における政権与党の地方部に
おける敗北があり，前の時期の「構造改革路線」への反作用が起こっている
といえる。また，その後のこととなるが，2014年「地方消滅論」は農山村の
集落現場に対して，強いインパクト（一部には「諦め」を含む—注11を参
照）をもたらすが，逆にそれを引き金として，「地方創生」が始まり，現在
に至る。

187

このように「平成期」を位置づけると，見えてくることがある。それは，第1に，農村全体の人口減少の持続的傾向から，しばしば，この時期を一面的な「農村衰退期」とする理解がなされるが，それは必ずしも実態を反映していないことである。人口減少の中でも，地域づくりや田園回帰傾向，正負両面に影響を及ぼす政治や政策の動きもあり，その動向は単純ではない。

第2に，本章・冒頭で論じた，グローバリゼーション下の農村問題（隔絶地域問題）に対して，「平成期」の「中期」「後期」における農村の取り組みは，そのまま実践的挑戦の時期に他ならない。トリクルダウンがもはや期待されない中で，農村の内発的な動きも一部ではあるが生まれ，それをめぐる様々な政策的な対応を見ることができる。「隔絶地域問題」への地域としての対応や政策はこの時期の総括から導かれることが期待される。

以下では，そのような文脈で，各期の農村の動きをより詳細に整理してみたい。

2　リゾートブームとその頓挫──平成前期──

1987年に閣議決定された第4次総合開発計画（四全総）は，「今後予想される自由時間の大幅な増加に対応し，都市住民の自然とのふれあいのニーズを充足するとともに，交流を生かした農山漁村の活性化を図るため，海洋・沿岸域，森林，農村等でその特性を生かした多目的，長期滞在型の大規模なリゾート地域などの整備を行う」と，農山漁村活性化のために，リゾート開発が提起されている。そして，この政策文書の公表とほぼ同時にリゾート法（総合保養地域整備法）が制定された。

その背景には，日米貿易不均衡下にあり，アメリカからの強い圧力により，日本経済の構造を外需（輸出）依存から内需主導への転換を図ろうとする当時の政権（中曽根内閣）の戦略があった。折からの大都市におけるバブル経済もあり，農山漁村には，投機を目的とする開発の風が吹き荒れることとなった。そこでは，ホテル，ゴルフ場，スキー場（またはマリーナ）の「3点セット」と言われる民間資本による大規模リゾート施設の誘致が，地域活

性化のあたかも「切り札」として議論されていた。

　農山漁村の背景には，70年代の農村工業導入政策により立地した電気機械工業を代表とする工場が，80年代のグローバリゼーションの初発期にあたり，急速に海外移転していくという現実があった。したがって，リゾートは，それがいかなるものであっても，農山村に再び来た企業誘致のチャンスであり，しかもリゾート施設の特性から，今までとは異なり山深い地域にもその可能性があると考えられた。さらに，先述のように「限界集落」という言葉が生まれる程の「コミュニティの危機」が始まっていたこともあり，このリゾートブームに乗れるか否かが，地域の将来のクロスロード（分かれ道）と考えられていたのである。そのため，地元の首長を先頭に，リゾート法上の重点整備地域の地域指定やリゾート開発会社への陳情が華々しく行われた。

　ところが，このブームは，バブル経済の崩壊とともに一気にしぼみ，リゾート構想の多くが頓挫した。その状況は，政府内からさえ，「本政策の実施による効果等の把握結果からは，本政策をこれまでと同じように実施することは妥当でなく，社会経済情勢の変化も踏まえ，政策の抜本的な見直しを行う必要がある」[12]と指摘されている。しかし，リゾート法により国立公園や森林，農地における土地利用転換の規制緩和が図られたため，開発予定地が未利用地として荒廃化し，それが国土の大きな爪痕として，いまも残されている。

3　地域づくりの発生とその普及─平成中期─

　こうした平成最初の約10年間の混乱の中から，「平成中期」に農山村で登場したのが「地域づくり」運動である。とりわけその体系化を意識したのが，1997年からはじまる鳥取県智頭町の「ゼロ分のイチ村おこし運動」であった。地域の内発力により，①主体形成，②コミュニティ再生，③経済（構造）再生を一体に実現しようとした運動であり，行政による集落への手上げ方式に

---

(12)総務省「リゾート地域の開発・整備に関する政策評価書」（2003年）90ページ。

189

よる一括交付金の複数年支払いなどの支援もあり，全国から注目された。そのため，地域づくりは農山村で広がり，①から③を一体的に進めようとする取り組みは，特に「コミュニティと経済の危機」が先発していた西日本中心に各地で見られるようになった。

　これらの地域づくりの特徴をまとめれば3点が指摘できる。第1に，地域振興の「内発性」の強調である。その直前の時期に，農山村で進んだ大規模リゾート開発は，典型的な外来型開発であった。外部資本により，カネも意思も外部から注入され，地域の住民は土地や労働力の提供者に過ぎなかった。そうではなく，自らの意思で地域住民が立ち上がるというプロセスを持つ実践であることが特に意識されている。

　第2に，多様性である。リゾートブームの下では，都市で発生したバブル経済がそのまま持ち込まれ，経済面に著しく傾斜した地域活性化が意識された。また，どこでも同じような開発計画がならぶ，「金太郎アメ」型の地域振興もこの時期の特徴であった。そのような単品型・画一的な地域活性化から，福祉や環境等を含めた総合型，そして地域の実情を踏まえた多様性に富んだ取り組みへの転換が求められた。地域づくりでは，基盤となる地域資源や地域を構成する人に応じて，多様な発展パターンがある。

　そして，第3に，「革新性（イノベーティブ）」も重要である。地域における困難性を地域の内発的エネルギーにより対応していくとなれば，必然的に従来とは異なる新たな仕組みが必要であろう。農山村では人口が多かった時代の仕組みに寄りかかり，それが機能しないことを嘆くことがしばしば見られた。しかし，人口は減少することを前提として，人口がより少ない状況を想定し，地域運営の仕組みを地域自らが再編し，新しいシステムを創造する「革新性」が求められる。

　こうした特徴を持つ地域づくりの進展が，リゾートブームの崩壊以降の時期と重なり合うのは偶然ではない。この間に，農村のリーダーの一部に「地域は内発的にしか発展しない」という覚悟が生まれ，それが原動力となっているからである。

190

第5章　農村問題の理論と政策

　また，この地域づくりでは，多くのケースで，都市農村交流活動に積極的
に取り組まれている。ここで，「交流活動」とは，農村で行われる小さなイ
ベントから農家民泊まで，幅広く，多様な取り組みであるが，それらは地域
づくりとの強い親和性を持つことも，実践から明らかになった。

　その要因は，ひとつには，交流活動は，意識的に仕組めば，地元の人々が
地域の価値を，都市住民の目を通じて見つめ直す効果を持っているからであ
る。それを，筆者は，都市住民が「鏡」となり，農村の「宝」を写し出すこ
とから，「都市農村交流の鏡効果」と呼んだ(13)。都市住民（ゲスト）の農
村空間や農村生活，農林業生産における新たな発見や感動が，逆に農村サイ
ド（ホスト）の再評価につながる。

　ふたつには，このようにゲストとホストが学び合うことができるのが交流
であることから，都市農村交流を産業として考えた場合，一般的な観光業と
は異なり，この学び合いが「付加価値」となり，多くのリピーターを獲得し
ているからである。その点で，交流は，「交流産業」として成長する条件を
持つ。

4　田園回帰と関係人口の顕在化―平成後期―

　「平成後期」には，そこに「援軍」が生まれた。若者を中心とした都市の
人々の移住である。この動きを先駆的に明らかにしたのが藤山浩氏（地域経
済論）である。氏は独自の計数整理を行い，島根県内中山間地域の基礎的な
218の生活圏単位（公民館や小学校区等）の人口動向（住民基本台帳ベー
ス）を解析した。その結果，2008〜2013年の5年間に，全生活圏単位の3分
の1を超える73のエリアで，4歳以下の子供数の数が増えていることが明ら
かにされている。幼少人口の増加は，当然のことながら，その親世代の増加
に伴うものであり，そこに若者と中心とした農山村移住の増大を確認するこ
とができる(14)。

---

(13)拙著『農山村再生―限界集落問題を超えて―』（岩波書店，2009年）。
(14)藤山浩「田園回帰時代が始まった」（『季刊地域』No.19，2014年）。

191

こうした実態が「田園回帰」である。その傾向を，世代別に見れば，20〜30歳代の移住者が目立っている。たとえば，鳥取県のデータ[15]によれば，2018年度に移住した1,536世帯のうち，世帯主年齢が39歳以下の世帯が全体の68.5％を占めている。他方で，60歳代以上は10.8％に過ぎない。したがって，この間の動きは，期待されていた「団塊の世代」の退職にともなう地方移住が主導した傾向とは言えず，若い世代の移住が特徴となっている。

　また，性別では，女性比率が確実に増えている。この点のデータはないが，実態調査によれば，単身の女性の移住ケースが目立つことに加え，夫婦や家族での移住も増大しているという認識を得ることができる。従来の若者移住者は圧倒的に単身の男性であったことを考えると，大きな変化であろう。移住にもつながる地域おこし協力隊の性別構成を見ると，女子比率は38.4％（2017年12月末―総務省調査）となっており，移住者全体でも概ねこのような割合になっていることが推測される。

　これは次の点で重要である。先にも触れた「増田レポート」は，20〜39歳女性の大幅な減少という推計結果から，個別の市町村単位の「地方消滅」を論じた。ところが，実はこの階層にこそ変化が見られる。「増田レポート」における推計は2010年の統計数値をベースとするものであるが，それ以降，とくに活発化した動きを見逃していたのである。

　より詳しい調査結果を紹介しておこう（**表5-5**）。その調査研究（総務省「『田園回帰』に関する調査研究会報告書」，2018年3月）では，国勢調査の個票を使い，過疎地域に居住するが5年前には都市部であった者を「移住者」と捉え，その数や地域分布，属性などを調べている。このような定義であるために，転勤などによる転入人口も含まれており，逆に5年前以前の移住はカウントされていない点に注意する必要がある。しかし，「移住」の概ねの傾向は反映されていると思われる。

---

(15)鳥取県交流人口拡大本部ふるさと人口政策課資料（2019年7月公表）による。なお，このデータは，県外から県内市町村への移住を対象としており，県内移住者は含まない。

表5-5　移住者数が増加した区域数（過疎地域）

	区域数	移住者総数				30歳代女性の移住者			
		移住者増加区域数		増加区域の割合(%)		移住者増加区域数		増加区域の割合(%)	
		2000年→2010年	2010年→2015年	2000年→2010年	2010年→2015年	2000年→2010年	2010年→2015年	2000年→2010年	2010年→2015年
北海道	176	15	52	8.5	29.5	43	63	24.4	35.8
東　北	305	26	82	8.5	26.9	49	117	16.1	38.4
関　東	136	9	32	6.6	23.5	31	47	22.8	34.6
東　海	76	2	11	2.6	14.5	11	17	14.5	22.4
北　陸	39	1	10	2.6	25.6	10	17	25.6	43.6
近　畿	107	6	20	5.6	18.7	11	35	10.3	32.7
中　国	205	12	66	5.9	32.2	63	77	30.7	37.6
四　国	133	10	51	7.5	38.3	32	57	24.1	42.9
九　州	323	23	62	7.1	19.2	72	96	22.3	29.7
沖　縄	23	4	11	17.4	47.8	9	10	39.1	43.5
全　国	1,523	108	397	7.1	26.1	331	536	21.7	35.2

注：1）資料＝総務省「『田園回帰』に関する調査研究報告書 」（2018年）の記載データより作成。原資料は国勢調査の組み替え集計。
　　2）「区域」は1999年4月時点の市町村。

　表にあるように5年前と比べて，移住者を増やした区域（「区域」は平成大合併前の1999年4月時点の市町村）の数は，2000～2010年の108区域に対して，2010～2015年には3.7倍の397区域に増加している。これは過疎地域の全区域の26％に相当する。また，地域別に見れば，沖縄（48％），四国（38％），中国（32％）が高い。これらの地域では，従来から田園回帰の事例がしばしば紹介されていたが，データにもはっきりと現れている。

　さらに，これを30歳代の女性に限定してみれば（表中の右欄），2010～2015年に移住者が増大しているのは536区域となり，全体の35％にも及ぶ。全年齢階層の中で，やはりこの世代の女性に動きが強く出ていることがわかる。

　資料の提示は省略するが，移住者を増やした区域を，地図上で見れば，沖縄では離島部に多く，中国，四国では，特に山地の脊梁部である県境付近でこの傾向が見られる。また，それは他の地域でも確認される（例えば紀伊半島や中部地方）。

　このような移住をめぐる地域的分布は，「平成中期」から始まる地域づくり運動と田園回帰が無縁でないことを示唆している。移住の要因は多様であ

るが，しかし，先にも触れたような，内発性・多様性・革新性を特徴とする地域づくりの実践が若者を中心とする移住者を惹きつけている。また，こうした人々が，地域づくりに，いわゆる「よそ者」として参加して，さらに農山村を輝かしている事例も少なくない。つまり，「地域づくりと田園回帰の好循環」である。

　この田園回帰傾向にかかわり，「関係人口」という概念がこの時期に生まれている。この提唱者のひとりである指出一正氏（『ソトコト』編集長）は，「関係人口とは，言葉のとおり『地域に関わってくれる人口』のこと。自分のお気に入りの地域に週末ごとに通ってくれたり，頻繁に通わなくても何らかの形でその地域を応援してくれるような人たちである」[16]とし，農山村などに関心を持ち，何らかの関わりを持つ人々を「関係人口」と呼んだ。そして，若者を中心に，このような人々が増えていることを指摘しながら，そこに地方部，とくに農山村の展望があるとしている。

　人々の地域に対する行動のこのような幅広い捉え方は，今まで見えなかったことを可視化する。第1に，頻繁に地域に通う人もいれば，地域にはアクセスはしないものの，思いを深める者もいるように，人々の地域へのかかわり方には大きな多様性があることが明らかになる。移住だけでない，地域への多彩なかかわりが，「平成後期」に顕在化した特徴なのであろう。

　第2は，その多様性な関わり方の中に，あたかも階段のように，農山村への関わりを深めるプロセスが見られる（これを「関わりの階段」と呼ぶ）。例えば，何気なく訪れた農山村に対して，①地域の特産品購入，②地域への寄付（ふるさと納税等），③頻繁な訪問（リピーター），④地域でのボランティア活動，⑤準定住（年間のうち一定期間住む，二地域居住）という流れがある。このようにプロセス化してみると，今までの移住論議や政策は，必ずしもこうした過程を意識していないことがわかる。そして，あるべき移住促進政策とは，それぞれの段階からステップアップを丁寧にサポートするこ

---

(16)指出一正『ぼくらは地方で幸せを見つける』（ポプラ社，2016年）219ページ。

ととと認識できよう。

　以上のことから，田園回帰はこの関係人口の厚みと拡がりの上に生まれた現象であると理解することが可能である。つまり，若者をはじめとする多彩な農山村への関わりが存在し，そのひとつの形として移住者が生まれている。逆に言えば，この裾野の広がりがなければ，地方移住は今ほど活発化していなかったであろう。

IV　農村政策の展開

1　先発する地方レベルの政策

　前節でみた農村現場の動きへの政策の対応をまとめてみよう。

　「平成中期」に始まった地域づくりへの対応は，中央省庁ではなく，地方自治体の対応が先発した。このフレームワークを認識し，それへの支援をいち早く体系化したのは，先にも論じた鳥取県智頭町「ゼロ分のイチ村おこし運動」とそれへの支援策である。1997年より始まるこの運動は，住民の自主的組織（活性化プロジェクト集団）から提案されたものであるが，町はそれをただちに政策化した[17]。

　具体的には，集落の全住民で組織された「集落振興協議会」が，地域の10年後のあるべき姿を設定し，その目標を実現するために，3項目の柱（住民自治，地域経営，交流・情報）について，具体的な計画を作り上げる。そして，町はそのような協議会を認定し，事業実施の1〜2年目は50万円，3年以降10年目まで25万円，10年間の合計で300万円のソフト事業への支援を行う。また，行政は専門家や町職員等のアドバイザーの招聘や派遣も支援し，さらに熟度の高い取り組みの要請があった時には，ハード施設の整備の支援も個別に対応している。

　集落からの内発性（自主的な計画作り）を基盤に，地域づくりの3要素

───────────────────

(17)その詳細は，寺谷篤志・澤田廉路・平塚伸治（小田切解題）『創発的営み―地方創生へのしるべ』（今井出版，2019年）参照のこと。

（先述の①主体形成，②コミュニティ再生，③経済（構造）再生）の組み立てを促進しようとする支援策である。また，使途の自由度が高い交付金が使われており，さらに支援期間が10年間と長期にわたる点も，従来の単年度補助金が当たり前であった点からみれば，特徴的である。まさに，「コミュニティと経済の危機」を意識した自治体レベルにおける革新的な政策といえよう。

　その成果をみると，町内89集落中16の集落がこの運動に取り組み，「集落まるごとNPO法人化」により地域の伝統文化である人形浄瑠璃を活かした交流活動等を展開して著名な新田集落をはじめ，多様な地域づくりが実践されている。

　智頭町で先発したこの動きは，各地の自治体に広がっていったが，他の地域では，必ずしも集落にこだわらず，むしろ旧小学校区や大字，あるいは旧村（昭和合併時）等の複数集落を地域づくりの単位とする事例が多かった。しかし，地域からのボトムアップの動きを複数年度，一括交付金により支援する点ではほぼ共通していた。また，同様の事業は，都道府県レベルにも広がり，そのひとつの到達点として鳥取県の中山間地域活性化推進交付金（2001〜2004年度）がある。独自の採択方法や３年間の事業継続を担保するための債務負担行為設定等で話題となった[18]。

2　立ち後れた国レベル（農林水産省）の対応

　こうした地方自治体の先駆的な対応と比べて，国の対応は立ち後れた。例えば，グリーンツーリズムなどの個別的な支援政策は早くから見られるが，その受け皿としてコミュニティ自体を位置づけた政策，あるいはそれを含めて地域づくりを意識した取り組みを支援する政策が動き出すのは，2000年以降であり，より明確な体系化が行われるのは，さらにその後である（2015年，

---

[18]その紹介と分析として，拙稿「新政権の農山村対策」（『農業と経済』2010年
　　１・２月合併号）および拙稿『農山村は消滅しない』（岩波書店，2014年）第
　　Ⅳ章を参照。

第 5 章　農村問題の理論と政策

後述）。そこには，次の諸要因があったと考えられる。

　第 1 に，農政全般における地域コミュニティの位置づけの希薄さである。戦後農政において，集落等の地域コミュニティを最も強く意識したのが，1977 年からはじまる「地域農政」であった[19]。しかし，それが 1986 年からの国際化農政（1986 年農政審議会報告「21 世紀における農政の基本方向」が画期）に転換するなかで，農政の中で集落等の位置づけは急速に薄れ，1990 年代もその延長線上にある。「『農村政策』というかたちで地域政策が農政上の重要課題としてはじめて明言されたと言って良いであろう」[20] と農林水産省自ら（大臣官房企画室）が位置づける 1992 年の「新政策」でも，農村政策という領域は確かに登場するものの，地域コミュニティやそれをベースとする地域づくりはほとんど意識されていない。

　第 2 に，その「新政策」後，ガット・ウルグアイ・ラウンド農業合意の受入にともない，農村政策は国境調整の「アフターケア」としての公共事業を中心とする UR 対策に傾斜することになる。しばしば指摘されるようにこの対策は，6 兆 100 億円の過半（52.8 ％）が公共事業に充てられており，後に農林水産省自身が「施策手法としてはハード事業を中心に実施」，「UR 関連対策以後，農林水産関係予算では公共から非公共へのシフトが大きく進んでおり，（中略）多様な施策手法が導入されている」と，その手法を消極的に評価[21] するものである。こうした中で，ソフト事業を中心し，しかも地域コミュニティを意識した取り組みは農村政策の主要な位置に納まることはなかったのである。

　そして，第 3 に，地方分権改革の影響もある。1995 年に発足した地方分権

─────────────────────────

(19)拙稿「地域農業の『組織化』と地域農政の課題」（『農林業問題研究』第 40 巻 4 号，2005 年）および同「農政とむら」（坪井伸広・大内雅利・小田切徳美編『現代のむら』農山漁村文化協会，2009 年）を参照のこと。

(20)農林水産省大臣官房企画室「地域政策の動向」（鈴木信毅・木田滋樹監修『新農業経営ハンドブック』全国農業改良普及協会，1998 年）40 ページ。

(21)農林水産省「ウルグァイ・ラウンド関連対策の検証」（農政改革特命チーム第 4 回会合資料，2009 年 3 月 3 日）。

197

推進委員会は，すでに1997年の第一次答申の段階から「「地域づくり（「土地利用，産業，交通，港湾，空港，道路，自然環境等」のより広い領域を指す—引用者）とは，地域で暮らすさまざまな人々の多様な活動を囲む空間そのものを創造するものであり，総合的な行政主体である地方公共団体こそが主体的に取り組まなければならない行政分野である」としていた。農村の地域づくり支援を地方自治体でなく，国が行う論理が問われ，それが政策展開の制約になり始めていた。

3 食料・農業・農村基本法—中山間地域等直接支払制度と都市農村交流—

1999年には食料・農業・農村基本法（新基本法）が制定され，「農村の振興」を法律に明示する新しい農政がスタートする。従来は，地域としての「農村」は農林水産省（農林省）単独の担当ではなく，以前の国土庁や建設省とともに共同して対応していた（いわゆる「共管」）。ところが，新基本法が生まれ，さらに2001年の中央省庁改革により，「農山漁村及び中山間地域等の振興」（農林水産省設置法—1999年）という新たな役割が，農林水産省の所管に付け加えられた。そこで，歴史上はじめて，農林水産省内に「農村」という単語を含む部局が「農村振興局」として立ち上がったのである。農政関係者にとっては，それは「悲願」の達成であったとしても大げさではない。

新基本法の条文でも，「国は，地域の農業の健全な発展を図るとともに，景観が優れ，豊かで住みよい農村とするため，地域の特性に応じた農業生産の基盤の整備と交通，情報通信，衛生，教育，文化等の生活環境の整備その他の福祉の向上とを総合的に推進するよう，必要な施策を講ずるものとする」（34条第2項）として「農村の総合的な振興」（同条のタイトル）が特に意識されている。

しかし，実はその制定経緯を見ると，新法の生みの親となった食料・農業・農村基本問題調査会（農村部会）における検討においても，また法律上の構成においても，その総合的な振興の対象となるべき農村コミュニティは

第5章 農村問題の理論と政策

ほぼ意識されていない[22]。

　その点で，新基本法（35条第2項）で規定された中山間地域等直接支払制度（2000年度から開始）が，集落協定という仕組みを導入し，集落・農村コミュニティを強く意識している点（集落重点主義）は，実は農村政策の流れからすると，「突然変異」とさえいえる。

　その集落協定の締結や協定におけるビジョン策定と交付金の活用という仕組みは，各地で始まった地域づくりとの連携が可能なものであった。実際に，制度運用後の第3者委員会による政策評価では，「集落における若者や女性も含めた話合いの活発化，集落としての一体感の強まり等が確保され，自分達の集落は自分達で守ろうとの意識が高まり，集落機能の回復・向上が見られる」[23]と認識されている。また，直前に指摘した，地方分権化による制約も，本事業は，条件不利性を是正し，ナショナル・ミニマムを実現する政策として，クリアしている点で安定性も認められる。

　とはいうものの，この制度のみで，農村の新たな地域づくりが実現できるものではない。この点で，「中山間地域農業に対する直接支払いは，必要とされる総合的施策のうち，一部を分担しているに過ぎないのである。このまま総合的な施策が明確に打ち出されない状況が続くならば，画期的ともいえる中山間地域の直接支払制度は，いわば孤立した政策として，地域社会の後退とともに舞台から退場することになりかねない」[24]という生源寺眞一氏の提起は重要であろう。

　なお，新基本法をめぐっては，都市農村交流についても触れておきたい。農政が都市農村交流に取り組んだのは比較的古い。既に1981年代には，農業白書に「都市農村交流」の項目が設置されている。しかし，基本法に「国は，

---

(22)象徴的なこととして，新基本法を生み出した食料・農業・農村基本問題調査会答申（1998年）には，「集落」や「（農村）コミュニティ」という用語が，長文の答申にもかかわらず，ほとんど出現しない。

(23)農林水産省・中山間地域等総合対策検討会「中山間地域等直接支払制度の検証と課題の整理」，2004年。

(24)生源寺眞一『農業再建』（岩波書店，2008年）240ページ。

国民の農業及び農村に対する理解と関心を深めるとともに，健康的でゆとりのある生活に資するため，都市と農村との間の交流の促進，市民農園の整備の推進その他必要な施策を講ずるものとする」（第36条第1項）と交流事業が位置づけられたことの意義は大きい。その後の「経済財政運営と構造改革に関する基本方針2002」（いわゆる「骨太方針」，2002年6月25日閣議決定）において，「都市と農山漁村の共生・対流の推進」が書き込まれ，農村政策の中で，安定した位置を占めている。先に指摘した，地域づくりにおける交流活動の重要性を考えると，この点は高く評価されて良い。

4　農政における「車の両輪」論―農政の農村政策離れ―

新基本法下の農政では，「産業政策と地域政策の車の両輪」という表現がしばしば使われている。それが，登場するのは，2005年に作成された「経営所得安定対策大綱」からである。具体的には「経営所得安定対策」と「農地・水・環境保全向上対策」の導入を意識した表現であり，それぞれが産業政策と地域政策を代表する政策であり，それらを車の両輪として農政が運営することが意識されている。

これは，「産業政策と地域振興政策を区分して農業施策を体系化する観点」（同大綱）からの政策形成であり，その根源は，2005年の食料・農業・農村基本計画において「これまでの政策展開においては，農業を産業として振興する産業政策と農村地域を振興・保全する地域振興政策について，その関係が十分に整理されないまま実施されてきた面があり，両者の関係を整理した上で，効果的・効率的で国民に分かりやすい政策体系を構築していく」という点にある。

ここで設立された，農地・水・環境保全向上対策（「農地・水」の部分は後に「多面的機能支払い」（後述）に再編される）は，「農業生産にとって最も基礎的な資源である農地・農業用水等の保全向上」（大綱）のための施策であり，農業者や地域住民による地域資源維持管理活動の維持と高度化を支援するものである。いうまでもなく，地域資源維持管理は集落機能のひとつ

200

であり，その点で「コミュニティの危機」を正しく意識した政策だと言える。

とはいうものの，それは，農業内の地域政策（面的政策）であり，強いて言えば，狭義の「農村政策」[25]（これを便宜的に「農業（の）地域政策」とする）である。基本法でも位置づけられた「総合的な農村振興」（「農村（の）地域政策」とする）の一部であろう。つまり，農村政策には，狭義の「農業地域政策」とそれを含む広義の「農村地域政策」があり，おそらくは多くの人々は後者を「農村政策」と意識しているのではないだろうか。

このことが，やや複雑な問題を生み出すことになる。第1に，「農村政策」として論じられるイメージが「農業地域政策」と「農村地域政策」に分裂し，農政当局が「農村政策」という場合には，狭義の「農業地域政策」であることが多くなる。その点で，新基本法に定められた「農村の総合的な振興」が，このころから既におざなりにされる傾向が生まれている。「車の両輪」という表現自体が，その意図とは別に，農村政策の間口を狭める効果を持っていたのである。

第2に，両輪を〈産業政策─農業地域政策〉として理解しても，その性格は次第に変化している。2015年の食料・農業・農村基本計画では，「農業の構造改革や新たな需要の取り込み等を通じて農業や食品産業の成長産業化を促進するための産業政策と，構造改革を後押ししつつ農業・農村の有する多面的機能の維持・発揮を促進するための地域政策を車の両輪として進めるとの観点」（傍点は筆者）とあるように，むしろ産業政策を補完する位置づけに変わっていく。その具体的政策が，2014年度から実現した多面的機能支払いであり，そのパンフレット等では，一層明確に「担い手に集中する水路・農道等の管理を地域で支え，農地集積を後押し（する）」と表現されている。

───────────────

[25]安藤光義氏は，「（日本の農村政策は）コミュニティ政策としての性格を帯びながらも，基本的に地域資源管理への傾斜を強める方向に向かっていった」（「農村政策の展開と現実─農村の変貌と今後─」『2019年度日本農業経済学会大会報告要旨』，2019年）と指摘するが，これは広義・農村政策から狭義・農村政策へのシフトに他ならない。

201

それは，もはや担い手育成・安定化という産業政策に従属する政策であり，筆者は「車の両輪」から「農村政策の産業政策の補助輪化」と表現している[26]。

このように見ると，「車の両輪」論の登場により，広義の農村政策は農政の対象から外れ，また「補助輪化」により，狭義の農村政策も自立した存在でなくなっている。この二つの動きの結果として，生まれたのが「農政の農村政策離れ」である。

5　農村をめぐる総合的政策化の試み─「農村政策のプロジェクト化」─

しかし，広義の農村政策は，「コミュニティと経済の危機」の深まりの中で，その必要度を高めていた。加えて，平成後期には，東日本大震災による被災，田園回帰傾向や関係人口の形成の強まりもそれを求めていた。「農政の農村政策離れ」と農村現場との距離は大きい。

そうした状況の中で，2015年に，作成されたのが，農林水産省・活力ある農山漁村づくり検討会「魅力ある農山漁村づくりに向けて─都市と農山漁村を人々が行き交う「田園回帰」の実現─」（2015年）である[27]。同報告は，2015年に改訂された食料・農業・農村基本計画の「参考資料」であり，今後の農村政策のあり方を示す位置にもある。その内容は，3つの柱からなり，報告書では次のようにまとめられている。

「①農山漁村に住む人々がやりがいをもって働き，家族を養っていけるだけの収入が確保されなければならない。②今後更に人口減少・高齢化が進む集落においても，人々が安心して暮らし，国土が保全され，多面的機能が発揮されるよう，地域間の結び付きを強化しなければならない。③魅力ある農

---

(26)拙稿「『活力プラン農政』と地域政策」（田代洋一・小田切徳美・池上甲一『ポストTPP農政』農山漁村文化協会，2014年）67ページ。

(27)それ以前の「総合的施策」としての農村政策の検討として，農林水産省・農山村振興研究会「研究会報告」（2002年），農林水産省・農村政策推進の基本方向研究会「中間とりまとめ」（2007年）があるが，いずれも農林水産省発の総合的政策化には結びつかなかった。

第5章　農村問題の理論と政策

山漁村は国民の共通財産である。農山漁村の直面する課題を農山漁村だけの問題として捉えるのではなく，都市住民も含め，国民全体の問題として考えなければならない。」

つまり，①経済（しごとづくり），②コミュニティ（集落間連携），③都市と農村の共生が，新しい局面における農村政策の構成要素とされ，その組み立てにより，さらに「都市と農山漁村を人々が行き交う『田園回帰』の対流型社会を実現し，若者も高齢者も全ての住民が安心して生き生きと暮らしていける環境を作り出（す）」（同報告書）ことを農村政策の目的としたのである。

より詳細な内容や構成を**表5-6**に示した。順序やその細部は異なるが，同表に示した「2015年基本計画」にほぼ反映されている。その点で，本稿で強調する「コミュニティと経済の危機」の深まりや新しい要素としての田園回帰などを意識した農村政策は，2015年の段階では，少なくとも計画レベルにおいては大きく前進したと言える。

しかしながら，現実には農林水産省の農村政策はこの通りには動かなかった[28]。それは，同じ表に「参考」と示した「農林水産業・地域の活力創造プラン（2018年改訂版）」で確認することができよう。この「プラン」は，第2次安倍政権がスタートしたときに設置された「農林水産業・地域の活力創造本部」により，毎年作成されるものであり，それは「今後の農政のグランドデザイン」（農林水産大臣談話，2013年12月10日）と位置づけられている。表では，最新改訂バージョン（2018年）の農村政策の部分を示している。これを見ると，農村政策としての体系化はほとんど意識されはいない。例えば③の「優良事例の横展開・ネットワーク化」は政策上の手法であるが，そ

---

[28] 具体的な施策を見れば，先の報告書「魅力ある農山漁村づくりに向けて」により，農林水産省は，2015年度に，「地域住民が主体となった将来ビジョンづくりや集落営農組織等を活用した集落間のネットワーク化を支援する」（事業要綱）ことを目的として，最大5年間のソフト事業・ハード事業の両面にわたる「農村集落活性化支援事業」を新たに事業化した。しかし，翌年度（2016年度）には，整理・統合され「農村振興交付金」のメニューのひとつになり，ソフト事業として利用できる予算は減少している。

203

表 5-6 「平成後期」の政策文書に見る農村政策の構成

	農林水産省「魅力ある農山漁村づくりに向けて」	食料・農業・農村基本計画（2015 年改訂） （農村の振興に関する施策）
作成時期	2015 年 3 月	2015 年 3 月
内容	1．農山漁村にしごとをつくる－むら業・山業・海業の創生－ (1)地域資源を活かした雇用の創出と所得の向上 (2)多様な人材の活躍の場づくり 2．集落間の結び付きを強める－集落間ネットワークの創生－ (1)地域コミュニティ機能の維持・強化 (2)地域資源の維持・管理 3．都市住民とのつながりを強める－都市・農山漁村共生社会の創生－ (1)都市と農山漁村の結び付きの強化 (2)多様なライフスタイルの選択肢の拡大	1．多面的機能支払制度の着実な推進，地域コミュニティ機能の発揮等による地域資源の維持・継承等 (1)多面的機能の発揮を促進するための取組 (2)「集約とネットワーク化」による集落機能の維持等 (3)深刻化，広域化する鳥獣被害への対応 2．多様な地域資源の積極的活用による雇用と所得の創出 (1)地域の農産物等を活かした新たな価値の創出 (2)バイオマスを基軸とする新たな産業の振興 (3)農村における地域が主体となった再生可能エネルギーの生産・利用 (4)農村への農業関連産業の導入等による雇用と所得の創出 3．多様な分野との連携による都市農村交流や農村への移住・定住等 (1)観光，教育，福祉等と連携した都市農村交流 (2)多様な人材の都市から農村への移住・定住 (3)多様な役割を果たす都市農業の振興

[参　考]

	農林水産業・地域の活力創造プラン （2018 年改訂） （「人口減少社会における農山漁村の活性化」）	食料・農業・農村白書（2018 年度） （「地域資源を活かした農村の振興・活性化」）
作成時期	2018 年 11 月	2019 年 5 月
内容	①農山漁村の人口減少等の社会的変化に対応した地域コミュニティ活性化の推進 ②福祉，教育，観光，まちづくりと連携した都市と農山漁村の交流 等の推進による魅力ある農山漁村づくり ③優良事例の横展開・ネットワーク化 ④消費者や住民のニーズを踏まえた都市農業の振興 ⑤歴史的景観，伝統，自然等の保全・活用を契機とした農山漁村活性化 ⑥持続的なビジネスとしての「農泊」によるインバウンド需要の取り込み ⑦鳥獣被害対策とジビエ利活用の推進	1．社会的変化に対応した取組 (1)農村の人口，仕事，暮らしの現状と課題 (2)「田園回帰」と「関係人口」を通じた交流・移住・定住の動き (3)農村の地域資源を活用した雇用と所得の創出（農村の仕事） (4)住み続けられる地域への挑戦(農村の暮らし) 2．中山間地域の農業の振興 3．農泊の推進 4．農業・農村の有する多面的機能の維持・発揮 5．鳥獣被害への対応 (1)鳥獣被害の現状と対策 (2)消費が広がるジビエ 6．再生可能エネルギーの活用 7．都市農業の振興

第5章　農村問題の理論と政策

れが政策上の項目として掲げられているのは珍しい。また，「農泊」「ジビエ利活用」も重要な要素であるが，いずれも農村における「しごとづくり」の一要素であろう。

　推察するに，このプラン作成者の判断は，体系性を追求するよりも，必要といわれている個別プロジェクトをリストアップし，そこに力注ぐことが重要だとしているのであろう。それは「農村の総合振興」というよりも，「農村政策のプロジェクト化」とも言えるものであり，「コミュニティと経済の危機」の時代に必要な体系性はむしろ犠牲にされている。

　また，このことは，「食料・農業・農村白書」の農村振興の記述にも反映している（同表）。「白書」という場にもかかわらず，「プラン」と同様に，「農泊」「鳥獣被害」に加えて「再生可能エネルギー」も並び，「プロジェクト」色が全面に出ていることは否めない。

　以上の動きの根源には，先の「農林水産業・地域の活力創造本部」がある。この本部は，本部長を内閣総理大臣，副本部長を内閣官房長官及び農林水産大臣が務め，総理官邸で開催される。経済財政諮問会議等の他の会議体を含めて，官邸主導で決まる農政は「官邸農政」[29]と言われるが，農村政策にもそれが及んでいる。そして，ここで取り上げた農林水産省・活力ある農山漁村づくり検討会報告による農村政策の新しい体系化（別の言葉で言えば「正常化」）の試みもその力を乗り越えることができず，今に至っているのであろう。

　なお，「農村政策のプロジェクト化」の代表的である「農泊」「ジビエ」，それに加えて「農福連携」は，総理官邸において，「連絡会議」「タスクフォース」「推進会議」が設置されており，その議長はいずれも内閣官房長であり，首相官邸がこれらの「プロジェクト」を重たく位置づけていることやその「力」の源泉を知ることができる。

---

(29)その成り立ちと性格については田代洋一「半世紀の農政はどう動いたか」（小池恒男編『グローバル資本主義と農業・農政の未来像』昭和堂，2019年）及び本書・第7章（田代洋一稿）を参照のこと。

6 農村政策の他省庁への拡がり―「農村政策の非農林水産省化」―

　このような「農村政策のプロジェクト化」が進行することとともに，農村政策はむしろ他省庁にも拡がり，そこで本格的な展開や新しいチャレンジがなされる事態も生まれている。こうした動きは，既に2000年代後半からも見られるが，「平成後期」に本格化している。

　表5-7に，農林水産省サイドの体系化の項目（前述の「魅力ある農山漁村づくりに向けて」の目次）に対応する，内閣官房・地方創生本部（まち・ひと・しごと創生本部），総務省，国土交通省の特徴的な地域振興政策（対象は農村のみではない）をあてはめてみた。いうまでもなく，各省庁内のすべての政策を網羅的に把握することは困難であり，その分類も容易ではなく，暫定的な資料にすぎない。それでも，これにより，農村政策の他省庁への拡がりは確認できる。

　例えば，「1―（2）多様な人材の活躍の場づくり」では，「多様な人材が，地元の人が意識していない埋もれた未利用資源を発見したり，途絶えつつある伝統技能・文化を再生することによって，地域全体で新たな6次産業化やグリーンツーリズムへの取組に発展させていくことも期待される」として，その「人材」には「地域おこし協力隊」（総務省による特別交付税措置）や「田舎で働き隊」（農林水産省交付金）が挙げられている。

　しかし，その後，「田舎で働き隊」は「地域おこし協力隊」に名称を統合されたのみでなく，その活動は，「農泊」等の調整業務が中心であり，農村の地域課題全般に対応するような広がりがない。それに対して，総務省では「地域おこし協力隊」（都市からの移住するサポート人）のみならず，「集落支援員」（地元在住サポート人），「地域再生マネージャー」（プロのサポート人―コンサルタント），「地域おこし企業人」（民間企業勤務のサポート人）等の多様なメニューをそろえ，農村のみではないが地域に必要な外部サポートを拡大させている。

　これは，一例に過ぎないが，コミュニティ振興，地域経済振興，都市農村

206

第5章　農村問題の理論と政策

表5-7　農林水産省の農村政策と他省庁の取り組みとの関係

農林水産省（「魅力ある農山漁村づくりに向けて」(2015年)の項目）			内閣官房（地方創生本部）	総務省（地域力創造グループ）	国土交通省（国土政策局）
1. 農山漁村にしごとをつくる ── むら業・山業・海業の創生	(1)地域資源を活かした雇用の創出と所得の向上	①「地域内経済循環」のネットワーク構築 ②社会的企業が活躍できる環境整備		・地域経済好循環推進プロジェクト	
	(2)多様な人材の活躍の場づくり	①女性の担い手が活躍できる環境整備 ②社会経験を積んだ者が活躍できる環境整備		・地域おこし協力隊 ・集落支援員 ・地域おこし企業人	
2. 集落間の結び付きを強める ── 集落間ネットワークの創生	(1)地域コミュニティ機能の維持・強化	①拠点への機能集約とネットワークの強化 ②住民主体で進める土地利用の実現	・小さな拠点/地域運営組織 ・地域再生土地利用計画	・地域運営組織 ・集落間ネットワーク	・小さな拠点
	(2)地域資源の維持・管理	①地域全体で多面的機能を維持・発揮させる取組の促進 ②地域の暮らしを支える取組の促進	・地域再生法人	・認可地縁法人の活性化（検討中）	
3. 都市住民とのつながりを強める ── 都市・農山漁村共生社会の創生	(1)都市と農山漁村の結び付きの強化	①国民の理解の増進 ②都市と農山漁村の交流の戦略的な推進	・関係人口/副業支援	・関係人口 ・ふるさとワーキングホリデー	・関係人口
	(2)多様なライフスタイルの選択肢の拡大	①農山漁村への移住の促進 ②「田舎で働き隊」等の更なる活動の促進	・移住（起業）	・移住コーディネーター	・二地域居住

※「地方創生関係交付金」は内閣官房欄にまたがる。「過疎債（ソフト事業）」は総務省欄にまたがる。

資料：各省庁の資料等より作成。

交流のすべての分野において，先の「農村政策のプロジェクト化」が進む一方で，このような「農村政策の非農林水産省化」が進んでいる。また，過疎地域では，2010年より過疎債のソフト事業が導入されたことにより，農村の地域課題に対しては，ほとんどの政策に過疎債を適用することが可能となっていることから[30]，この傾向はさらに強まっている。さらに，2015年からの地方創生の各種交付金も同じ役割を果たしている。

　このように，真に農村政策が必要な局面（コミュニティと経済の危機）で，しかも制度的（農林水産省設置法の改正）にも「悲願」の農村政策が可能となった段階において，逆に「農村政策の非農林水産省化」が進行しているのである。もちろん，総合的な農村振興（基本法34条第2項が根拠）のすべて

---

(30)過疎債のソフト事業については，拙稿「改正過疎法の意義と課題」（『ガバナンス』2010年6月号）を参照のこと。

207

を農林水産省が担えるものではない。しかし，農村を対象とする政策における総合調整を実質的に農林水産省が行えていないとすれば，それは基本法にも同省の設置法にも背くものであろう。

V　グローバリゼーション下の農村再生の論点

1　新しい地域経済のあり方──新たな論点①

　冒頭で見た，「隔絶地域としての農村問題」が進行し，それに対する農村現場での対応や農政には限らないものの農村政策も展開している。そうした中で，理論・実践を問わず，様々な論点が浮上している。

　その点にかかわり，田代洋一氏は，グローバリゼーションの中で，「地域は，経済成長や公共事業，トリクルダウン効果に頼らない経済を自ら創っていくしかない。それが今日の地域経済論のメインテーマである」[31]とする。

　実は，この点は地域でも共有化されている。農林水産省「農村における就業機会の拡大に関する研究会」（2015年3月設置）による市町村アンケートの結果がそれを示している（**表5-8**）。そこでは，地域における「就業機会を創出する産業のタイプ」が尋ねられているが，過半の市町村が「地域の資源を活用した内発的な産業」（「どちらかというと」を含む）と回答している。しかも，自治体の人口が少ないほどその傾向は強く，特に過疎地域ではその値は7割以上にも及んでいる。それは，「地域外からの誘致」が過半を占める三大都市圏の自治体とは対照的である。

　つまり，農村では，行政自体も，従来のように，企業誘致やリゾート開発ではなく，地域内発的な産業が経済振興の主なターゲットとして意識している。農林水産省のこの研究会は，元々は農村工業等導入促進法の改正（おもに業種の拡大等）を意識したものであったが，このような自治体の意向が明らかになる中で，「今後は，こうした地域外からの企業誘致との視点に加え，

---

(31)田代・前掲「地域格差と協同の破壊に抗して」28ページ。

208

第5章　農村問題の理論と政策

表5-8　就業機会を創出するための産業のタイプ（市町村アンケート結果）

(単位：%)

		回答市町村	内発的産業育成 ①	どちらかというと内発的 ②	どちらかというと地域外 ③	地域外からの誘致 ④	合計	指標 内発志向 ①+②	指標 外来志向 ③+④
人口別	5万人未満	1,011	16.8	41.7	35.5	5.4	100.0	58.5	40.9
	5万～10万人	238	15.9	40.0	37.5	6.0	100.0	55.9	43.5
	10万人以上	216	9.7	39.4	41.2	5.1	100.0	49.1	46.3
合計		1,465	14.9	39.9	38.0	5.9	100.0	54.8	43.9
うち過疎地域		553	21.0	49.2	26.0	3.4	100.0	70.2	29.4
うち三大都市圏		190	13.7	25.8	47.9	8.9	100.0	39.5	56.8

注：1）資料＝農林水産省「就業機会の拡大に関する検討会」のアンケート結果より加工作成。
　　2）アンケートは全国の全市町村を対象をしている（回収率＝85.2%，2015年実施）
　　3）アンケートの選択肢は以下の通り（「無回答」の表示は略した）。
　　①地域の資源を活用した内発的な産業の育成　②どちらかというと地域の資源を活用した内発的な産業の育成　③どちらかというと地域外からの工場等の誘致　④地域外からの工場等の誘致

　農村の豊かな地域資源を活用して，地域づくりを絡めた取組やこれまで農村の地域外に流出していた経済的な価値を域内で循環させる地域内経済循環型産業を進めることも重要である」とその方向性をまとめている（同研究会「中間報告」2016年3月）。

　そして，ここで言われた「地域内経済循環型産業」のあり方については，研究面での前進も見られる。藤山浩氏（先述）は農山村における独自の家計調査の分析を通じて，生活資材が予想以上に地域外からの供給に依存していることを明らかにし，このことから，逆に「現在の外部への異存や流出がはなはだしいほど，これから地域内へ取り戻していく可能性が大きく広がっている」[32]とした。同氏が具体的に分析した島根県益田圏域では，「商業」「食料品」「電気機械」「石油」が取り戻しの重点分野と分析され，そのために実践が提起されている。

　このような議論には，自治体レベルからの共感が広がっている。たとえば，長野県では，県版の地方創生の戦略である「人口定着確かな暮らし実現総合戦略」において，食，木材，エネルギーの分野における「地消地産」の推進

(32)藤山浩『田園回帰1％戦略』（農文協，2015年）の第4章を参照のこと。

209

が位置付けられている。これは，地域の消費実態に応じて，地域内の生産を変えていくことを意味しており，藤山氏の言う「取り戻し」に他ならない。具体的な，食の地消地産の取組としては，宿泊施設や飲食店，学校給食，加工食品等で活用する農畜産物について，県外産から信州産オリジナル食材等への「置き換え」が推進されている。同県では食料の他，木材や工業製品についても同様の施策が始まっており，地域経済の方向性が戦略的に明示された点で画期的だと言えよう。

　ただし，こうした議論には批判もある。冨山和彦氏（先述）は「『域外経済への富の流出を防ぐために生産性の高低にもかかわらず域内の生産物を買おう』なんていう話は，それこそ重商主義か原始共産主義みたいなナンセンスな議論。これではかえって地域経済は貧しくなります」[33]と指摘する。これは，「域内完結」の政策的な推進が生産性の低い企業を温存する可能性があることから，この路線の機械的な適用を批判しているのであろう。

　しかし，「取り戻し」，「地消地産」は，それを担う生産者（企業）のイノベーションのチャンスとなることに注意したい。確かに，指摘されるような状況はあり得るが，具体的な消費傾向を認識し，現状からの「置き換え」を意識すること自体が域内供給者（生産者）の刺激となる。身近な消費者との連携が力となる新しい経済への移行が期待されるのである。長野県の戦略が「地産地消」ではなく，「地消地産」としているのは，それを多分に意識しているものであろう。その点で，地域内循環型産業には地元消費との近接性を意識した絶えざる革新が求められる。

　つまり，新しい地域経済は，古色蒼然とした自給経済のイメージではなく，新しい要素を伴うものである。

2　新しい内発的発展論──新たな論点②

　この経済循環を含めた農村部における「内発的発展論」も，「隔絶地域問

---

(33)増田寛也・冨山和彦著『地方消滅・創生戦略編』（中央公論社，2015年）における，冨山氏の発言（21ページ）。

210

題」下ではさらなるアップデートが要請されている。

　その点に関して，改めて振り返って見れば，平成中期に発生し，農村から定式化された地域づくりの動きは，日本における新しい内発的発展論の展開を意味している。それは，人口減少という要素に加えて，グローバリゼーションが本格化した時期に相当し，「隔絶地域問題」への地域からの対抗の意義を持っていた。

　そして，その特徴は，既に指摘したように，都市農村交流活動が積極的に取り組まれていたことである。例えば，地域づくりの先駆けとなり，本章Ⅲでも触れた鳥取県智頭町「ゼロ分のイチ村おこし運動」では，「交流」を重視し，その理由として「村の誇りをつくるために，意図的に，外の社会と交流を行う」（同運動企画書，1997年）ということを，既にこの段階で論じている。これは，先にも論じた「交流の『鏡』効果（機能）」であり，この活動は，戦略的に仕組めば，都市住民が「鏡」となり，地元の人々が地域の価値を都市住民の目を通じて見つめ直す効果を持つ。最近では，グリーンツーリズム活動のなかで，農村空間や農村生活，農林業生産に対する都市住民の発見や感動が，逆に彼らをゲストとして受け入れる農村住民（ホスト）の自らの地域再評価につながっていることが，具体的に指摘されている。

　そして，この交流活動は，さらに「協業の段階」へと変化した[34]。体験・飲食・宿泊を通じた交流だけではなく，ボランティアやインターン，短期定住等をともなう労働提供やさらに本格的な企画提案への参加の形での「交流」も進み始めている。そのさきがけとなったのが，2000年より始まった，旧国土庁の「地域づくりインターン事業」（学生を数週間農山村に派遣し，地域づくりにかかわる事業）[35]であるが，その後，新潟県中越地震被災地の復興支援員の設置を経て，「平成後期」には，先述の集落支援員，地域お

---

(34)図司直也『地域サポート人材による農山村再生』（筑波書房，2014年）。
(35)その詳細は宮口侗廸・木下勇・佐久間康富・筒井一伸編著『若者と地をつくる』（原書房，2010年）を参照のこと。

こし協力隊等の国レベルの多様な「地域サポート人」への支援が本格化している。

　以上で見たように，農山村において，地域づくりという形を取る内発的発展は，様々な形での交流活動が重要なポイントとなっていた。つまり，そこにおける内発的発展の道筋は，「内発的」といえども，人的な要素をはじめとする外部アクターの存在が強調されることとなる。

　もちろん，従来からも，内発的発展は「閉ざされた」ものでないことは，多くの論者により強調されている。たとえば，保母武彦氏は，「内発的発展論は，地域内の資源，技術，産業，人材などを活かして，産業や文化の振興，景観形成などを自律的に進めることを基本とするが，地域内だけに閉じこもることは想定していない」[36] とする。

　しかし，単に閉じられた状態を否定するのではなく，むしろ外と開かれた意図的な交流が地域の内発性を一層強めているのが現在生じている現実であろう。筆者はそれを「交流を内発性のエネルギーとする『新しい内発的発展』（交流型内発的発展論）」[37] と規定した。ここでの「交流」とは，行論のように，都市農村交流を典型とするが，より幅広く内外の様々な主体（人，組織）との接触，相互交渉を指している。そして，そのプロセスを意識的に組み入れた取り組みが「新しい内発的発展」と言え，「平成中期」に生まれ，「平成後期」にはその姿が鮮明化している。つまり，地域づくり活動のなかで自然発生的に生まれ，その後農村がますます「隔絶地域」化していく中で，農村サイドがより積極的に取り組む対応として，位置づけることができる。

　なお，既に別稿で指摘したが[38]，グローバリゼーション時代における「新しい（ネオ）内発的農村発展」（Neo-Endogenous Rural Development）にかかわる議論は欧州，特に1990年代に英国でも見られる。それは，地域内

---

(36)保母武彦『内発的発展論と日本の農山村』（岩波書店，1996年）145ページ。
(37)拙稿「内発的発展論と農山村ビジョン」（小田切徳美・橋口卓也編『内発的農村発展論』農林統計出版，2018年）を参照。
(38)前掲・拙稿「内発的発展論と農山村ビジョン」。

部の力のみではなく，地域外部の作用力を認識し，利用することの重要性が強調している点で，ここでの議論との共通性を持つ。しかし，他方で，その場合の「外部の力」の典型は，EUの共通農業政策（1990年代以降，共通農業政策（CAP）が農村政策に傾斜することを背景とする）であり，「外部の力」のスケールは異なる。

要するに，外部アクターが必要とされている要因やアクターの具体像において，日欧の議論は必ずしも同一ではないが，内発性は外部との接触の中で鍛えられるという枠組みでは両者は近似している。グローバリゼーション時代の共通性と言えよう。そして，最近の論考では，英国におけるその議論の提唱者自らが，「ネオ内発的発展論の貢献は開発モデルの提供ではなく，むしろ農村開発に対する考え方であった」[39]と論じている。そのようなやや抽象的な「ネオ内発的発展論」に対して，日本の現実は，その具体像を提供しているものであり，日欧農村に共通する議論の前進に貢献するものであろう。

3　地方自治体のあり方――新たな論点③

既に見たように，グローバリゼーション下の「隔絶地域問題」の発生の中で，いち早く動いたのは，農村の現場に近い地方自治体であった。特に，基礎自治体としての市町村の役割は大きい。

しかし，その市町村自体の脆弱化が，いわゆる「平成の大合併」により進行したことも明らかであろう。平成の合併は，「平成中期」の1999年より本格化する。その合併促進政策のターゲットとされたのは，小規模自治体であり，その大多数は農村に立地していた。資料は省略するが，農業地域類型別に見た合併率（1999年度初の市町村が2005年度末の段階で合併した割合）は，都市的地域が41％であるのに対して，平地66％，中間68％，山間67％という

---

(39) Menelaus Gkartzinon, Philip Lowe 'Revisiting neo-endogenous rural development', Mark Scott, Nick Gallent and Menelaos Gkartzios *The Routledge Companion to Rural Planning* Routledge, 2019, pp.55-56.

値を示しており，その格差は歴然としている。

つまり，「コミュニティと経済の危機」が生じた時期と場所に集中して，市町村合併は進められたのである。したがって，それを進める中央政府[40]にはこのような問題状況を認識し，配慮をすることが求められていたが，それを踏まえた形跡はほとんどみられない。むしろ，その危機を逆手に取り，地方交付税をめぐるアメとムチにより，合併を強力に促進した。

そして，合併後の自治体では，合併の目的とされた「政策形成能力の向上」と逆の事態が生じている。とりわけ，都市と周辺部の農村が合併した自治体では，かつて町村役場であった総合支所は，合併後に人員が削減されたばかりでなく，決済権の縮小により，その機能が様変わりしている。地域の課題解決のための拠点とは無縁の「単純窓口」化が一部では生じている。そこには地域の情報が集まらないために，問題把握ができず，その地域に独自な政策形成もできないという問題が生じている。

こうした事態が見られる中で，都道府県による補完のあり方，さらには分権の原則の下での国の農村政策へのかかわり方の基本デザインが再度検討されるべきであろう。分権の論理が，いわゆる「補完性の原理」の硬直的運営により，都道府県や国の地域づくり支援政策の希薄化を生んでいるからである。さらに言えば，地方分権を理由に，国からの財政的な支援が抑制されることがあれば，本末転倒であろう。

しかし，実はこのような検討は別の形で既に始まっている。総務省・自治体戦略2040構想研究会「第2次報告」（2018年）は，人口減少下の地方自治体のあり方として，公務員数も大幅減少は不可避として，①圏域単位の行政のスタンダード化，②都道府県・市町村の二層制の柔軟化，③県域を越えたネットワークの形成等を提言している。それの研究会にかかわった総務省幹

───────────────

(40) なお，本章の文脈で次の点はあえて指摘しておきたい。実は，農政は市町村合併に中立ではない。2000年の食料・農業・農村基本計画は，その本文において，「近年，一つの市町村では対応できない諸課題が増加していることを踏まえ，市町村合併を積極的に推進する」と書き込んでいる。

214

部は「これからの人口減少局面においては，これまでとは異なる発想が求められていると思われます。それは地方政府のサービス供給体制の思い切った効率化による再構築です」⁽⁴¹⁾とその背景を説明する。これに対して，岡田知弘氏は「中央集権的な性格を帯びたものである。つまり，地方自治を無視し，あくまでも国家の統治機構の一つとして地方公共団体を位置づけ，団体自治はもとより住民自治すなわち国民主権をも抑制する改革構想である」⁽⁴²⁾と強く批判している。

　重要なポイントは，新たに構想されている新しい自治体像が，試行錯誤の過程を経て生まれてきた農村における地域づくりやその要素としての地域内循環型経済づくり，そして新しい内発的発展をサポートする担い手となりうるか否かである。しかし，総務省報告書では都市機能の維持に関心が集中しており，市町村の持つ地域づくりに対するサポート主体としての役割はほとんど意識されてない。グローバリゼーションにより，ますます地域が「隔絶地域化」することが予想されるなかで，「思い切った効率化」ではなく，地方自治体の地域づくりサポートの機能強化こそが要請されている。

Ⅵ　課題の展望―「課題の3層化」を超えて―

　本稿では，日本における農村問題を「3つの問題」と認識し，分析を進めた（**表5-9**）。それにより，それぞれの問題において，今後の課題も展望される。

---

(41)山崎重孝「地方統治構造の変遷とこれから」（総務省編『地方自治法施行70周年記念・自治論文集』（2018年，総務省），940ページ。山崎氏は当時の総務省自治行政局長である。

(42)岡田知弘「市町村農政の課題と新しい役割」（『農業と経済』2019年5月号）13ページ。

表5-9　3つの「農村問題」

農村問題の局面	時期	問題点	戦略	対策	理論
課題地域としての農村	1950年代から（高度成長期）	地域間格差の拡大	格差是正	（画一的な）都市化	地域開発論
価値地域としての農村	1970年代から（低成長期）	地域価値の低下	内発的発展	（個性的な）地域化	内発的発展論
隔絶地域としての農村	1980年代から（グローバリゼーション化期）	格差の固定化と分断	都市農村共生	（地域間の）連携	（新しいグランドセオリー）

①課題地域としての農村問題

高度成長期に顕在化した都市農村間の格差は，道路整備をはじめとする社会資本整備によりある程度緩和した。しかし，他方で公共事業は，現在，老朽化した道路，橋梁，上下水道者や諸施設の更新問題に直面しており，引き続き格差是正の視点が欠かせない。

また，近未来においては，通信技術投資にかかわる地域格差を意識した対応が必要であろう。特に，過疎農山村においては，地域課題とも関連して，遠隔医療，自動運転や遠隔地教育の実用化が期待され，その基盤技術として，「5G」が位置づけられている。したがって，その整備なしに，医療，生活交通，学校教育に関する地域課題の緩和はあり得ない状況となることが予想される。

このように，ともすれば，一段落したようにも思われる「課題地域問題」は，むしろ今後その重要性がますます高まる傾向がある。その点で，当面する焦点のひとつが，2021年3月末に失効する現行過疎法（過疎地域自立促進特別措置法）への対応であろう。通信技術投資を含めた「格差是正」が，どのように後継する「ポスト過疎法」に位置づけられるのか否か，農村問題の視点からも注視する必要がある[43]。

---

(43)新しい過疎法については拙稿「過疎地域の役割と新しい対策—新過疎法を展望する」(『ガバナンス』2019年8月号) を参照。

第5章　農村問題の理論と政策

②価値地域としての農村問題

　石油危機以降，人々の農村に対する期待も多様化し，そこは「遅れた地域」ではなく，多面的機能をも提供する「価値地域」であるという認識は徐々に一般化した。それに対して，農村の現場では，リゾートブームが崩壊した，1990年代中頃以降，このような価値を維持・創造しようとする内発的な発展が，地域づくり活動として生まれ，展開した。

　この活動では，地域外部との交流により，その内発的エネルギーを高める傾向が認識されており（交流型内発的発展論），それは，一部の農村では，地域づくりが田園回帰等を呼び込む「地域づくりと田園回帰・関係人口の好循環」を生み出している。

　しかし，そうであるが故に生じているのが，都市・農村間の格差（まち・むら格差）ではなく，農村間の格差である（むら・むら格差）。「好循環」が大きく動き出した地域とその契機さえもつかめない地域との開差が同じような条件にある農村間で既に見られ，今後はそれがさらに拡大することも予想される。「好循環」の契機となることが期待される外部サポート人材による横展開の本格化が求められる。

③隔絶地域としての農村問題

　1980年代からのグローバリゼーションの展開は，農村に対して「隔絶地域」という新たな問題を上乗せした。この問題は，「課題地域問題」とは異なり，公共事業による「農村の都市化」により解消するものではなく，むしろその格差は長期にわたり固定化するものであることが予想される。

　そうした中で生じるのが，グローバル地域と非グローバル地域の「分断」

---

(44)そのような言説の例として，増田悦佐『高度経済成長は復活できる』（文藝春秋，2004年）がある。そこでは「人を大都市圏に集めれば日本経済は復活する」，「過疎地がますます過疎化するのはいいことだ」と論じられ，典型的に分断が煽られていた。

217

であり，農村の大部分は後者に含まれることになる。この分断構造のなかで，都市と農村の対立を扇動し，農村を国土の「お荷物」とする言説が起こっている[44]。さらに，グローバル地域に属する人や組織が，その生き残りのために，「農村たたみ」を提起する可能性もある。

　つまり，「都市・農村共生社会」という一見するとユートピア的なスローガンが，「分断」の対抗軸として，リアリティを持つ時代となっている。その点で，注目されるのが，「平成後期」に顕在化した若者を中心とする関係人口である。彼らの一部は，農村部に新しいライフスタイルとビジネスモデルを発見し，「都市と農村のごちゃまぜ」をあるべき社会として展望している[45]。したがって，関係人口には，実は，単なる移住候補者という位置を超えて，グローバリゼーション時代の「隔絶地域問題」を草の根的に乗り越える契機を作る可能性があると考えられる。その持続性などには課題があるが，それをどのように政策的サポートするか，新しい時代の農村政策の対象として浮上しているのである[46]。

　以上のように，現代農村では３つの問題が，積み重なり，その比重を変化させながら，現在に至っている。その結果，「格差是正」「内発的発展」「都市農村共生」という３つの課題の解決が一度に要請されている（課題の３層

---

(45) その実態をレポートしたものとして，前掲・指出『ぼくらは地方で幸せを見つける』および田中輝美『関係人口をつくる』（木楽舎，2017年）を参照。両者は，関係人口の実態を論じたものであるが，それは「都市農村共生社会」の入口を語っているように読める。この点で，拙稿「関係人口という未来—背景・意義・政策—」（『ガバナンス』2018年２月号）も参照のこと。

(46) 「日本社会の分断は，何も世代間だけで起きているわけではない。地域間格差，（中略）男女間の格差も分断の原因として無視できるものではないし，同じ世代間でも勝ち組と負け組は必ず存在する。つまり，平成の格差社会はきわめて複雑に分断されている。その複雑さゆえ，同じ境遇の人びとさえまとまることがいっそう難しい」（藤井達夫『〈平成〉の正体』イースト・プレス，2018年，95ページ）という指摘を考える時，「共生」の小さな動きに光を当てることが重要であり，農村政策にはその可能性があると考えたい。

第5章 農村問題の理論と政策

化)。それは，おそらく政策サイドにとっても，理論陣営にとっても未経験の事態であり，それぞれに新しい課題を迫っている。

　一つは農村政策のあり方として，状況により変化する3層の課題の比重を的確に把握して，さらに地域ごとに異なるそのプライオリティーを認識する統合的な政策主体の形成が欠かせない。国レベルで言えば，本稿で論じた「農政の農村政策離れ」「農村政策の非農林水産省化」という動きがある中で，あらためてそれを農政（農林水産省）が担うのであれば，相当の立て直しの準備が必要であろう。また，地方自治体でも同様に，政策課題の三層化に対応する主体強化が求められている。

　二つは，「隔絶地域問題」の対抗軸となる理論構築である。先の**表5-9**にも記したように，「課題地域問題」の時代には地域開発論が生まれ，「価値地域問題」には内発的発展論が成熟化した。しかし，グローバル資本主義の時代の地域にかかわる理論形成はいまだに未成熟である。地域（農村現場）の積極的実践が既に動き出している中で，研究サイドの立ち後れは否めず，新しいグラウンドセオリーの形成が要請されている。本稿に残された重たい課題である。

219

第6章

総合農協の社会経済的機能
―北海道の展開に注目して―

坂下 明彦

　規制改革会議による「農業改革への提言」，農協法の改正とその施行から
あっという間に３年が経過した。行政による農協改革の根底にある農協像の
問題点については，すでにまとまった整理があるし[1]，筆者自身の考えも
以前にまとめてある[2]。

　そこで，本論では農協改革の大きな争点である農協からの金融部門の分離
問題，独禁法の適用問題のうち，前者の問題とかかわって総合農協の組織体
制や事業方式の意義について改めて検討を加える[3]。必ずしも総合農協に
ついての規定が定まっていないことが，その批判を招いている側面があるか
らである[4]。

　そこで，第一に総合農協の機能をその事業方式の側面と系統を含む組織の
側面に分けて検討を行う。そのうえで，総合農協の組織・事業体制を典型的

（1）増田佳昭編著『制度環境の変化と農協の未来像』（昭和堂，2019年）の各論考
　　　を参照。
（2）坂下明彦・小林国之・正木卓・高橋祥世『総合農協のレーゾンデートル』（筑
　　　波書房，2016年）を参照。
（3）独禁法の適用除外については，中長期的には農協組織の株式会社化という方
　　　向でイコールフッティングを達成するようである。ただし，農協法10条の２
　　　の新設により公正取引委員会による農協の公正取引に関する行政処分，行政
　　　指導，さらには注意などが乱発されようとしている。
（4）太田原高昭「日本的農協の出生と軌跡」（第１章）（武内哲夫・太田原高昭『明
　　　日の農協』農山漁村文化協会，1986年）56～58ページに制度としての農協の
　　　規定がある。

に示している北海道を対象として，総合農協のすがたと今後めざすべき事業領域について検討することにする。具体的には，1985年を一つの転換点とし以降30年余りの期間に北海道の総合農協がいかに変貌してきたのかを捉えなおしてみる。その際，つぎに検討する総合農協の指標に即してその機能をとらえる。また，作目別生産部会の分析を通じて農協販売事業の枠組みの広がりについても指摘してみたい。最後に，今後の総合農協の事業領域拡大の方向性として生活事業の到達点，さらには新たな営農・生活複合体制への展開を位置づけてみる。

I 総合農協をどうみるか

1 信用事業を起点とした総合的事業方式

農協改革では原点に返って経済事業中心の事業体制に戻れということが一貫して言われているが，その原点というのは農協法第一条である。こうした捉え方は正しいのであろうか。

総合農協の行政による旧規定は「組合の行う事業が，特定の農業部門を対象としておらず，信用事業と信用事業以外の事業を行う組合」であり，信用事業を行わない専門農協と対になっている[5]。「総合性」とは信用事業に加え経済事業を行うことができるという金融としての特例を意味するのである。これは農協事業の展開を反映した規定である。

斎藤仁の自治村落論によれば，信用組合の基礎は村落の中上層による相互金融にあり，アジアの途上国とは異なり当初から貯蓄を前提としていたことが重視されている[6]。こうした村落レベルでの金融の拡大を前提として，全国規模での農村金融市場への拡大を目指したのが1923年の産業組合中央金庫の設置と県信連の設立であった。この全国ネットワーク化により資金調節

（5）『農業協同組合等現在数統計』の例言による。1995年の改訂により「信用事業を行う農協」とされた。信用組合であるという規定である。
（6）斎藤仁『農業問題と自治村落』（日本経済評論社，1989年）。

第6章　総合農協の社会経済的機能

が可能になり、信連からの借入金に依存した「借金組合」が多数存立することになる。これを下から担保したのが相互扶助という旧来的な村落機能と「農産物担保金融」という新しいシステムの2つであった。

　後者は産業組合拡充運動のなかで取り組まれた農協全利用運動（以下，農村協同組合という意味の場合には農協と略する）を基礎とした。秋の農協への農産物出荷を担保として肥料資金などを実質的に現物貸付し，秋には農協を通じた農産物販売により借入金が事実上現物返済されるシステムである。信用事業と経済事業が結合され，農家の営農活動に即した農協事業利用が実現し，農協事業も各事業の連関によって拡大再生産されることになった。総合農協的事業方式の形成といえる。したがって，総合性一般が特徴なのではなく，信用事業に主導された総合事業体制として捉えることが重要である。

　もうひとつ重要なのが経済事業における連合会の存在である。ただし，ここでも信連が先行して，購買，販売の順で県連が設立されるという序列が存在したことが示唆的である[7]。

　戦時統制経済をへて戦後改革の一環として農協が設立されるが，米は政府の全面管理下におかれ，農協がその集荷を請け負うという仕組みは継続する。制度化された農産物担保制度のもとで農業手形制度という融資方式が行われる。この廃止後には，農協による営農貸越制度が創設され，それが一般化したのが北海道である。クミカン制度（組合員勘定制度）である。農産物担保金融のひとつの到達点であるといえよう。これはのちに述べるリレーションシップバンキングのなかで推奨されているABL（動産担保金融）の農業版ととらえることができる。

　ただし，こうした制度への安住は農協事業を硬直化させ，「米肥農協」という批判をもたらしたことも事実である。ただし，それは農産物貿易開放の帰結としての水稲単作化を反映したものであり，米過剰化に対する農業経営転換の中から総合農協での販売取扱品目の多角化が現れてくる。

（7）坂下明彦「戦間期産業組合聯合会の再編成問題」（『農経論叢』第44集，1988年）。

223

2 農協の系統組織としての構成

農協改革では，連合会の存在が単位農協の自由な活動をゆがめているという。本当にそうなのであろうか。系統による段階制の意味を確認してみよう。

単位農協の組織化は1930年代の産業組合の強化のなかで現れるが，町村内の複数の村落組合を統合する組織再編であるとともに，未設置町村をなくし町村一円の農協に強化し，町村内の全ての農家を組合員として網羅するものであった。その際，農家小組合が農事実行組合として簡易法人化されて農協に加入し，実行組合員が間接的に農協利用することを可能にした。さらに，出資のための積立を行い，個別で農協に加入する道が準備された。自治村落的基礎のない北海道では，この農事実行組合（戦後は農事組合）が農協の末端組織となり，資金供与の連帯保証の単位をなした。この過程で農協の領域は町村のそれと一致し，全戸加入は村落を媒介する形で補完された。

系統組織が行政組織の領域ごとに形成されているのは，農業団体としての属性というべきであり，農会が全国組織である帝国農会を設立した同時期に産業組合中央会も設立されている。戦後の農協中央会とは異なり，全国を区域とし，各府県には支会をおくという中央集権的な体制であった。これは，小規模な協同組合に金融業務を許可する半面で，会計監査を含む強力な経営監督を行う組織が行政指揮下で形成された側面を持つ。産業組合が昭和恐慌期の農山漁村経済更生運動の中で位置づけられると，中央会は農林省の経済更生課と一体となって産業組合指導強化に当たるようになった。

戦後改革のなかで農協が設立された際には中央会組織は継承されず，全国指導連―県指導連という連合会組織となり，農協に対する経営指導と営農指導の担当部署となった。しかし，農協経営が危機に陥り，行政への政策支援が要請されると，行政による農協経営管理が復活する。財務処理基準例，模範定款例の改正などが行われ，農業団体再編成問題をへて1954年には全国中央会―県中央会の体制が再生される。また，この前年には連合会の整備促進法が制定され，連合会優位といわれる「整促体制」が形づくられる。ここか

224

ら，戦前来の行政依存が復活し，さらに55年体制の中で強化されていく。

ただし，戦前と異なるのは，農協の各事業を基盤とする連合会が強化され圧倒的な力を持っていることであり，中央会の機能は農政運動や監査機能に限定されていることである。また，単位農協も金融部門を中心に事業規模を拡大し，次に述べるように系統組織再編を提起するほどの力を持ったことである。中央会組織が，単協レベルの事業を規制することはあり得ないのである。

この間の系統組織の変化は，農協合併の進行を契機に連合会の再編が行われたことである[8]。しかし，共済事業は2段階，信用事業はJAバンクシステムとしての統合に向かったが，信共分離が政策化されるとさらなる組織再編の可能性がある。経済事業においては全農統合型，独立系経済連型，全国連と県域農協の2段階型の3つのタイプに分離され統一性を失ったが，県域農協は信用分離論に対する対抗的戦略として増加が見込まれている[9]。

3　農協の信用事業の性格とその方向性

農協改革では，信用事業の負担が経済事業への集中化を妨げているというが，信用事業そのものが持つ性格を明らかにしておかなければならない。

農協信用事業が本格的に始動した1920年代から30年代にかけては，資金需要の格差（東高西低）と金利の格差（西低東高）を利用した国内農村金融市場の資金調節が図られ，いわば全国規模での相互金融が行われていた。しかし，1930年代になると全般的な農協貯金の増加が現れ，信連における余裕金問題が発生する。これ以降，この余裕金問題が系統金融の一つの特徴となる。1930年代後半には金利平準化運動のもとで農村高金利が解消し，同時に第一次高度経済成長とそれにつづく軍需産業化の下で農村からの資金吸収が行わ

（8）この動向については，田代洋一「農協制度の歴史と現在」増田前掲書を参照。
（9）田代洋一『農協改革と平成合併』（筑波書房，2018年），小松泰信「1県1JA
　　の動きから新たなJA像を考える」（『農業と経済』vol.85 No.7, 2019年）を参照。

225

れ，有価証券や国債への運用が拡大して問題は解消される⁽¹⁰⁾。

第二次大戦後については，農協は連合会とともに深刻な経営危機に襲われる。しかし，高度経済成長期になると農地転用による土地代金や兼業による賃金収入などが貯金の原資となり，貯貸率も徐々に低下した。同時に貯金の定期性比率も高まったことから，その運用問題＝余裕金問題が再び現れる。ただし，この時期には農協金融は限界金融機関に位置付けられ，コールローン市場と結びつけられていた⁽¹¹⁾。

その後は企業の直接金融が増加を見せ，農業制度資金の充実も含め（すれ違い金融），農協貯金の増加と定期預金化によって，農林中金による外部運用が信用事業収益を確保する絶対的条件となっていく。その矛盾は住専問題として噴き出すが，農協の余裕金問題は農協の系統金融がスタートした時点から，貯金の伸びと運用条件によって発現しており，一貫したアキレス腱を形成しているといえる。

こうした基本問題の解決なしに，農水省は信用事業を農協から分離するという転換を図ろうとしている⁽¹²⁾。総合農協をノンバンク化することは地域金融機関としての運用努力を放棄させるものであり，農林中金の投資銀行化を促進するものである。

むしろ，総合農協を地域農業および地域経済に対する金融機関と位置づけなおすべきであろう⁽¹³⁾。金融庁は，地域金融機関に対し2003年から「リレーションシップバンキング」（地域密着型金融）を提唱した。融資先であ

---

(10)この過程で産業組合の一部を構成し資金力をもった市街地信用組合が準市街地信組（都市近郊産業組合）とともに独立したことは系統金融としては大きな意味を持つ。

(11)小野智昭「高度成長における農林中央金庫の資金調達・運用構造」（『農経論叢』42集，1986年）。

(12)総合農協の行政による規定は，2017年3月からは「再編強化法にもとづき信用事業の譲渡を行い，農林中金ないし信連の業務代理を行う農協」，すなわち信用事業を行わない農協も総合農協に含めるという辻褄合わせをしている。

(13)青柳斉「信用事業分離論と総合農協経営の展望」増田前掲書を参照。農水省による信用事業分離論を適格に批判している。

226

る中小企業を活性化させることで金融機関そのものの経営強化を図るもので，貸付先と密着し，その営業強化のためのコンサルティング機能を強化するものである。しかし，現実には金融検査マニュアルに安住したリスク回避が重視され，その取り組みは極めて限定的であった。しかし，金融庁もマニュアルを廃止するなど，本格的にこの路線に転換することを提起するようになっている。

　リレーションシップバンキングは，農協事業に置き換えてみると営農指導事業の強化に他ならず，組合員農家の経営強化とともに事業拡大を図るという営農指導事業を起点とした迂回的な拡大再生産路線に他ならない。先に検討した信用事業を起点とした総合的事業方式はまさにこの金融方式そのものであり，北海道のクミカン方式をはじめ「農業経営管理支援事業」の取り組みも行われつつある。農家の多様化が進む中で，農業とは関連を持ちつつも従来の農協金融の枠組みから抜け落ちている事業資金への融資体制を構築し，地域農業から一歩足を踏み出した地域金融機関としての展開が期待されている。

Ⅱ　北海道における系統組織体制の変化と集落・組合員

1　グローバル化の進展と農業・農協再編

　北海道の農協の組織・事業を取り上げるにあたって，1985年からのグローバル化の進展による影響についてまず述べなければならない。「内国植民地」として独自の農業展開を示してきたことが，その影響を国内で最も強く受けたからである。この経済構造調整政策については1990年時点での実証的な共同研究がある[14]。結論は，一言でいえば，当時北海道農業がめざしていた規模拡大路線は大きなダメージを受け，とりわけ大規模農家が負債問題の渦中にあるというものである。実態を示そう。

---

(14)牛山敬二・七戸長生編著『経済構造調整下の北海道農業』（北大図書刊行会，1991年）を参照。

227

図 6-1　農地価格の下落（北海道）

注：『田畑売買価格等に関する調査結果』（各年度）北海道農業会議により作成。

　まず，農産物価格が軒並み15％の下落を示し，農地価格も大幅な下落をみせる[15]。農業経営の収益性が悪化し単年度収支が償えなくなり，しかも地価下落で農家の担保能力が低下した。図6-1は北海道の農地価格の長期変動を水田と畑地に分けて示したものである。水田は1983年の52万円を，畑地は84年の23万円をピークに急速な下落を示している。それ以前の10年間は農地権利移動が減少しつつ農地価格（建値）のみが上昇する傾向を示していた。ピークの1983年を100とすると，1974年は水田で40，畑地で45であり2倍以上の地価上昇を見て取れる。したがって，地価の下落に対する衝撃は大きかった。地価下落が始まって10年の1995年では水田が70，畑地が76となる。地価下落にはその後も歯止めがかからず，水田は2000年代前半には60を割り，2010年代には50となり，25万円水準となっている。畑地については水田よりも指数が5ポイント程度高く，下落は水田の後追いであったが，近年では指数が50に近づき，ピークの23万円から11万円となっている。北海道の農地評価額は盛田清秀によると1997年で2.3兆円，2011年度で1.6兆円にまで下がっ

---

(15) 谷本一志・坂下明彦編著『北海道の農地問題』（筑波書房，1999年）を参照。

第6章 総合農協の社会経済的機能

図6-2 農地の売買と賃貸借面積（北海道）

注：1）『北海道農地年報』により作成。
　　2）農業（開発）公社による農地保有合理化事業によるダブルカウントが売買・賃貸借ともに存在しているが修正していない。

ているという[16]。

　図6-2は農地の権利移動を示している。最盛期の1960年代中期には年間4万ha以上の売買がなされていたが、1970年代後半から売買移動は急減し、地価の下落が始まるころには1.5万haまで縮小していた。以降はさらに縮小するはずであったが、負債問題による離農の多発が市場の縮小を妨げた。この整理の後は売買移動は主流ではなくなり、1991年には賃借権の設定が売買を上回るようになり、近年では5万haを超える規模に達している。賃貸借の増加は農家の離農形態の変化を反映しており、後継者不在農家の廃業による貸付が多くなっている。

　この売買と賃貸借による権利移動曲線のクロスは、北海道農業の一つの転換を示している。第一には北海道も内地（沖縄を除く都府県）並みの混住社会になったということ、第二には地価は下落して生産手段としての集積が進んでいることである。農家の減少はのちに見るように激しいから、農地の集積が進んでいるものの、他方では内地的な集約的な経営も現れている。

―――――――――――――――――――――――――――――――――
[16] 1997年については『日本の農業』208号、1999年、59ページ、2011年については「日本農業の構造改革と世界農業類型論」（『土地と農業』No.44、2014年）8ページを参照。

229

このグローバル化の開始期には，農家の負債問題の深刻化とその整理が農協にとっての死活問題であった。この克服には10年以上を費やし，多数の離農者を析出したが，その後の北海道農業と農協はその再編のうえに存立しているのである。まず，最初に，農協の組織体制の変化から見ていくことにしよう。

2　連合会の編成と農協合併

（1）1990年代の系統組織再編

ホクレンは1919年の設立から2019年で100周年を迎えたが，1931年に販売事業を開始し，4種兼営となる。これ以降，戦前は総合連合会体制をとり，信用事業を軸とする総合的な事業体制により単位農協の補完機能を果たした。当時の農協は借金組合であり，ホクレンからの低利資金供給が肥料資金や農業倉庫事業の運転資金となった。その後，貯金は増加するが，これを余裕金運用せず，農産加工や輸出品の買い取り資金，あるいは加工調製施設への投資資金として内部運用し，販売事業が強化された。こうした「自営事業」の存在は現在でもホクレンの特徴をなしている。第二次大戦後は，購買，販売の2連合会が分立したが，その合併後，ホクレンあるいはその関連会社などがビート，デンプン，乳製品などの工場を運営するようになり，単位農協は販売に関わる集出荷調製施設の整備を進めた。単位農協がかつてのホクレンの補完機能を吸収して，自立化を図る段階にあるといえる。

このように，北海道の農協系統組織はホクレンを中心とした販売事業を核として，事業展開を図ってきたということができる。もちろん，信用供与を行う信連も農産物担保金融において独自の機能を果たし，その制度化に当たっては中央会の役割が大きかった。

北海道の農協系統組織の特徴は，戦後すぐに12の地区生産農協連（以下生産連と略す）が設立されたことであり，これは14支庁にほぼ対応している。戦前にも産業組合中央会北海道支会の部会が置かれ，農会や畜産組合についても支庁を単位に郡農会や郡畜産組合が置かれていた。これが農業会を経て

第6章　総合農協の社会経済的機能

生産連に衣替えしたのである。1960年代には全道農協系統の体質改善運動が提起され，この地区毎に総合運営委員会がおかれ，縦割り制の弊害を解消しようとする動きが現れた。この中から地区単一農協構想が生まれた。しかし，1970年代になると，この道内3段階制の方向性は解消し，生産連（北海道生産連を含む）の事業譲渡により，現在の5連体制となっている。十勝農協連は解散せずに健在であり，JAネットワーク十勝に発展しているし，他地域でも広域的な連合会の機能発揮に関する取り組みも出ている[17]。

　こうした経過から，北海道の連合会は「ブロック連合会」という表現が用いられることが多い。作目別の生産調整に関する組織は中央会に設置され，その委員会を構成する地区別代表の力はかなり強い。

　1990年代の系統組織再編は，広域農協の設立による2段階化の要求から始まるが，北海道においては，事情が異なる。1991年の第19回農協大会で県連中抜き2段制を基本とした組織整備が示されるが，北海道は道内完結2段の選択を行っている[18]。現在の8経済連のうち，当初から全農に対する「独立宣言」を明確に行ったのはホクレンのみである。これに伴い，全農との調整が行われ，施設の移管と新規投資が行われた。

　これに先立ち1990年には東京にホクレンのマーケティング本部が設立され，98年には販売統括本部（2003年に販売本部）に強化され，生産と直結した消費地での販売拠点が形成されている。このなかで，ホクレン丸による生乳の大量輸送体制，米や園芸部門での移出拡大，あるいは実需向け販売の強化など積極的な全国向けの移出体制が構築されている。

　また，系統全体としても1997度から共通役員制を採用し，系統間の垣根を低くする努力を行ったが，法改正により99年に解消している。北海道は，当

---

(17)坂下他前掲書（2016年），46〜48ページを参照。なお，他の生産連については，糸山健介「北海道における農協地区連合会の歴史的展望とその特質」（『フロンティア農業経済研究』21巻2号，2019年）53〜61ページを参照。
(18)藤田久雄・黒河功「系統農協組織改革と北海道の位置—ホクレンを中心に—」（『農経論叢』66集，2011年）を参照。

231

時の「WTO体制下」での食料基地としての生き残りをかけた農協の強化の方向で改革が進行したといえよう。

（２）農協合併の進展度

　全国的に衝撃を与えたホクレンの決定に対し，農協の合併は必ずしも合意を持って進められたわけではない。1985年の農協総合審議会による3,000戸，300億円という合併規模の提示は，金融自由化に対応したものであった。しかし，北海道では農産物価格と農地価格という２つの下落が同時進行し，農協としては債権の保全問題に直面していた。したがって，1988年の76農協構想（当時263農協）は県別の合併構想の策定という全国の縛りの中での形式的なものに過ぎなかった。地価下落の10年後に当たる1994年の37農協構想（同237農協）からは，地域のリーダーとなる広域農協も生まれたが，畑作の中心である十勝地域24農協が合併を行わなかった影響は大きい。2018年で北海道の農協販売高１兆948億円の30.2％，3,306億円を占める存在だからである。また，中央会は組織対策として合併推進の立場にあるが，ホクレンは必ずしも広域農協の出現を歓迎するわけではなかった。「道内２段」の矛盾でもある。

　結局，1985年の259農協が，2000年に200農協，2002年に150農協と激減したが，2011年の110農協以降は大きな動きはなく，現在は108農協である（**図6-3**）。2019年の全国の農協数は611であり，北海道以外の503のうち，県域５県と１県５農協以下の５県を除くと，36県の平均農協数は14でしかない。経済連の全農統合も進んでおり，北海道は独自の組織形態にあるといえる。

　合併の契機として，「産地形成」が強調されたが[19]，正組合員戸数の減少もその大きな要因である。正組合員戸数は1986年には10万戸を割り，それから10年でおよそ２万戸が離農する。すでに述べた事態である。戸数はその後も減少を続け，20年後の2017年には４万７千戸と1990年代初頭の半数に

---

(19)太田原高昭『系統再編と農協改革』（農山漁村文化協会，1992年）。

232

第6章　総合農協の社会経済的機能

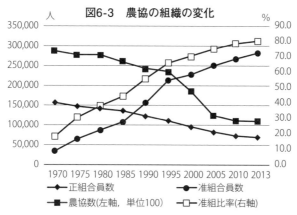

図6-3　農協の組織の変化

注：『総合農協統計表』により作成。

なっている。この結果，農協合併は一定進んだといっても，戸数200戸未満の農協が34，200〜400戸が37であり，1農協当たりの農家戸数は432戸，1職員当たりの戸数は3.9戸となっている。

この間，とうや湖農協（87年），士別市農協（89年），いわみざわ農協（93年），ようてい農協（97年），きたそらち農協（2000年），ふらの農協（01年），とまこまい広域農協（01年），新函館農協（03年），きたみらい農協（03年），北ひびき農協（04年），道東あさひ農協（09年）など，十勝を除く各地で広域農協が生まれている[20]。

3　組合員組織と准組合員問題

（1）農事実行組合の変化

農協の基礎組織としての農事実行組合はすでに述べたように1930年代に形成され，同時期に進んだ農家の定着化に対応して農事実行組合型集落を形成するようになる。第二次大戦後も農事組合と名前を変えて，北海道では農協

---

[20] 北海道で最初の広域合併農協であるとうや湖農協については，坂下明彦ほか「北海道における広域合併農協に関する研究（第1報〜第6報）」（『農経論叢』第43〜47，54集，1987〜91，98年）を参照。

表6-1　農協の集落組織の変化

単位：組織，100，戸

	組織数	組織数指数		1組織平均戸数	
	北海道	北海道	全国	北海道	全国
1975	8,857	100	100	13	49
1980	8,991	102	105	12	51
1985	8,465	96	105	13	34
1990	8,027	91	104	13	33
1995	6,976	79	102	12	25
2000	6,165	70	95	13	30
2005	4,956	56	88	13	25
2010	4,158	47	74	14	24
2015	3,869	44	67	12	26
2017	3,748	42	65	12	28

注：1）『総合農協統計表』による。
　　2）組織数の指数は1975年を100とする。

の下部組織として位置づけられてきた。農事組合の農協との関係における最大の役割は，農事組合内の農家の連帯保証機能であった。特に，水田地帯においては，所得税対策とその基礎としての水稲実収調査が農事組合のメインイベントであった。この結果が農民協議会に集約されて，最終的には税務署との交渉の場に持ち込まれていたようである。そして，税務対策を通じて，農事組合内では各戸の経済状態が相互に把握され，そうした信頼関係を基礎として「部落連帯保証」による農協とのクミカン契約の締結がなされたのである。こうした稲作を基礎とした農協・農業団体との関係性のなかで農事組合も機能を発揮したのである[21]。

　しかし，農事組合は表6-1に示したように，1980年代の離農の多発の中で，組織の統合を行っていくことになる。1980年におよそ9,000組織でピークをなすが，1990年には8,000組織と1,000組織の減少にとどまったが，以降は10年毎に2,000組織の減少となり，2017年には3,700組織となっている。この減少率は全国と比較しても大きく，1975を100とした指数では，2017年では北海道が42で，全国は65となっている。また，1組織当たりの戸数を見ても，

(21)坂下明彦「経済・生活活動からみた北海道の農事組合の性格―栗山町継立第
　　一農事組合を対象として―」（柳村俊介・小内純子編著『北海道農村社会のゆ
　　くえ―農事組合型社会の変容と近未来像―』農林統計出版，2019年）。

234

第6章　総合農協の社会経済的機能

北海道は一貫して12～13戸と小規模であるのに対し，全国では50戸水準からおよそ半減するという動きを示している。

　この農事組合の機能は，以上のような1980年代以降の離農の多発と個別農家の経営規模の拡大，農事組合の統合，さらには農協と組合員の直接的な関係の強化の中で弱体化していく。農協と組合員とのクミカン契約も連帯保証から根抵当に変化している。農協における組合員の組織化は作目別にインテグレートされた部会組織に重点が置かれるようになり，農事組合の機能は生活部面に収斂していくのである。

（2）北海道独自の准組合員問題

　規制改革会議により問題にされた准組合員は，北海道におけるその比率が80％と全国で最も高いために注目を集めた[22]。1990年には過半数を超える16万人であったが，現在では28万人にまで増加し，正組合員数の減少の中でその比率を伸ばしてきた。

　准組合員のうち，離農後の正組合員から准組合員へと資格変更したものは僅かであり，多くは事業利用のための加入となっている。以前は生活店舗・ガソリンスタンド利用が多かったが，現在では金融部門の貯金やローンあるいは共済などの利用に変化している。

　准組合員の存在には大きな地域差があり，組合員数1万人以上のわずか7つの都市的農協に40％が属し，70％を占める純農村の農協には全体の30％しか分布しておらず，准組合員比率も65％である。内地（沖縄を除く都府県）の場合には，正組合員であっても自給的農家や土地持ち非農家など専業的農家とは異なる組合員を多く含んでいるが，北海道の場合には正組合員と准組合員の間には断絶がある。また，都市部の農協に多くの准組合員が分布して

---

[22] 北海道の准組合員問題に関しては坂下他前掲書（2016年），70～81ページ，宮入隆「北海道における農協准組合員の実態」（小林国之編著『北海道から農協改革を問う』筑波書房，2017年），『北海道における准組合員の実態と対応方向に関する調査研究報告書』（北海道地域農業研究所，2019年）を参照。

235

いる点も異なっている。ただし，のちに述べるように純農村においても農業を廃業してそのまま純農村部に住み着く元農家も多く，農協による生活インフラの提供が大きな課題となっている。

Ⅲ　北海道の農協事業の特徴と変化

1　経済事業の動向とホクレンの事業改革

（1）経済事業の動向

　総合農協の事業のうち経済事業の比重が大きいことが北海道の特徴をなしている。

　図6-4はこの動向を見たものである。経済事業高は1981年の1.2兆円から数年間は大きな伸びを見せる。以降は停滞的な動きを示し，1994年の1.5兆円をピークに減少に向かい，2009年には1.2兆円でボトムとなる。しかし，その後は増加に転じ，2017年には再び1.5兆円に達している。

　この全体動向を規定しているのが販売事業であり，この期間では平均63％を占めている。販売品精算額は1980年代中ばに9千億円を上回るが，1985年のプラザ合意以降の農産物価格支持水準の削減により大きな伸びは見られな

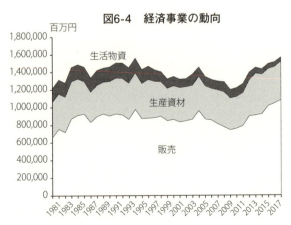

図6-4　経済事業の動向

注：信連「農協経営分析調査」による。

第6章　総合農協の社会経済的機能

くなる。8千億円から9千億円の水準で推移するが，1997年からの米価下落が販売額を押し下げる。また，経営安定対策により2008年には販売精算額は7千億円台まで減少するが，2015年からは畑作物価格，生乳価格の上昇により1兆円を上回る動きを示しているというのが現状である。この間，作目別には米の販売額が減少したのが大きな特徴である。1985年の販売額の構成比は農産が5,807億円，64.6％，うち米が2,115億円，23.5％，畜産が3,189億円，35.4％，うち酪農（補給金を含む）が1,892億円，21.0％であった。ところが，2016年には農産が4,742億円，44.6％と半数を割り，しかもこのうち米が1,058億円，10.5％にまで割合を下げている。ただし野菜に関しては，1985年の974億円，10.8％から2,138億円，20.1％と増加を見せている。これに対し，畜産はおよそ2倍の5,884億円，55.4％となり，このうち酪農（補給金を含む）も同様に3,494億円，32.9％を占めるようになっている。

　購買品供給高は1992年から5年間5,800億円でピークを示すが，その後は4,500〜5,000億円の幅で停滞的な動きである。これは，生活店舗を中心とする生活物資がピークである1992年の1,800億円から2017年の500億円にまで減少したことが一つの要因である。収益減による店舗の閉鎖やホクレンショップ等への移行がこの背景にある（後述）。生産資材については，1991年から7年間は4千億円台となるが，その後は長期的に停滞傾向を示し，2012年から4千億円台を回復している。

　系統利用率については，ホクレンシェアーでみると，農産品では米穀が63％（コメ卸30％）であるのに対し，畑作は小麦97％。馬鈴しょデンプン95％，ビート糖（系統工場利用）33％，豆類78％と高く，移出中心の野菜についても食用馬鈴しょ65％，玉ねぎ85％であり，酪農の生乳が98％，肥育牛58％，肉豚22％，鶏卵23％となっている[23]。

　このように，この30年間の経済事業はごく近年の拡大を除くと長期的に停滞的な様相を呈しているということができる。

---

(23)『ホクレングループレポート2018』ホクレン，32ページ。

237

（2）ホクレンの事業改革の方向性

　このような経済事業の停滞的な局面において，連合会であるホクレンはどのような取り組みをしているのであろうか。規制改革会議による農業・農協改革への意見への対応として，北海道の農協系統では2014年11月に「JAグループ北海道改革プラン―実行計画指針―」を組織討議の後に策定している[24]。この中にホクレンの事業強化策が提示されている。この内容は，1990年からの事業構造改革の延長線上にあり，改めて販売・購買・営農指導を三位一体とする事業運営が強調されている。なお，2018年にも北海道大会の議案と連動して3か年計画が策定されているが，大きな変更点はない[25]。

　販売事業に関しては，第一に，食の外部化と外食・中食需要の増加という消費構造の変化に対応して「プロダクトアウトからマーケットイン」への事業転換を図り，川下ニーズを産地にフィードバックするとされた。具体的には，米や園芸の用途別販売を整理・強化して，業務用・加工用分野に対応した産地づくりを品種構成に立ち返って行う。また，50％を占める市場取引についてはパートナー市場との関係を強化する。また，企業と連携した商品開発とCM展開による北海道産品のブランド力向上を掲げている。第二には，生産者の努力が反映される販売手法の構築であり，消費者の評価を反映させる共計ルールの見直し，買取・播種前契約などの契約取引の強化，品目横断的なプレミアムブランドの創出，有機などのこだわり品の取扱などこれまでにない商品開発が提示された。第三には，輸出事業の拡大である。実務的には従来のホクレン通商（1992年設立）の業務を継続しつつ，本体ではより長期的に輸出をひとつの需要と考えて拡大を図っていくとされた。

　購買事業については，第一が生産資材の価格引き下げであり，従来の農協

---

(24) 坂下他前掲書（2016年），50〜63ページ。

(25) 2018年の北海道大会の内容については，東山寛「第29回JA北海道大会決議案の分析と農協経営基盤の確立問題」（『農業・農協問題研究』69号，2019年）を参照。

対策としての奨励金を見直すとともに，安定供給を行うとする。第二には生活店舗・給油所などのライフラインの確保であり，全国的な拠点施設の整理・子会社化とは異なり，地域対策として位置づけている（後述）。

　最後が営農支援であり，これが改革の要となっている。第一は，営農指導体制の構築であり，従来の農業総合研究所を母体とする営農支援センターを12の旧支所毎に配置する意欲的なプランを提示した。これは，すでに述べた生産連的機能の復活をめざす試みとして期待される。また，労働力不足問題の対応としては，野菜の機械化やコントラクタを支援するとともに，酪農部門ではメガファームに対する出資・協力を示している。

　有機農産物などの小口農産物への取組み姿勢など従来にない販売戦略が提起されている他，産地での営農支援に関して初めて体系的な取組みを行う提起を行っていることが注目される。

2　農協の信用事業の変化と農協経営

（1）農協の信用事業の変化

　北海道の農協の事業方式は，都府県の主に金融部門を中心とするそれとは違い，営農部門を中心とし，信用，購買，販売，利用の各部門が相互に連携して事業の拡大を図ってきた。ほとんどの農協で実施されているクミカン（組合員勘定制度）が出荷制約による与信と決済を行っており，地域金融で推進されているABL（動産担保金融）を先取りする形態である[26]。一部の

---

(26)坂下他前掲書（2016年），67〜68ページ，両角和夫「農業金融の新たな融資手法としてのABLの活用と課題」（『農業研究』31号，2018年）を参照。なお，金融庁で強化されつつあるリレーションシップバンキングの一環としてソリューション型ABLが提案されているが，この内容は以下のとおりである。「実地調査と時価評価した棚卸資産をベースに正常運転資金を捉え，それに対応した短期融資の限度額（当座貸越極度額）を設定，その範囲内で自由にお金を借りたり返済したりできる融資方法」（橋本卓典『捨てられる銀行』講談社現代新書，2016年，145ページ）であり，クミカンの融資形態と極めて近似的である。

239

図6-5　貯金の増加とその運用の変化

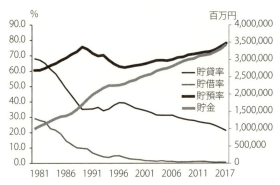

注：1）信連『農協経営分析調査』により作成。
　　2）貯貸率は貸付金／貯金，貯借率は借入金／貯金，貯預率は預金／貯金を示す。

　農業生産法人（農地所有適格法人）や大規模経営は，生産資材の独自仕入れや農産物の直接販売を行うが，大口取引対策なども行われ，内地と比較すれば農協離れは部分的にとどまっている。

　北海道の農協では営農指導と結びついた農家組合員への資金供給が依然として大きな意味を持っている。**図6-5**は農協の資金構造をやや遡って示したものである。1980年代初頭には貯借率は30％を示し，戦後開拓の酪農地帯の影響が表れているが，その後借金組合は姿を消す。貯金が一貫した増加を見せるなかで，貯貸率は70％から一気に35％まで低下を見せる。これは貯金の伸びに貸付金の伸びが追い付かなかったこともあるが，農地価格の下落の中で農協は債権回収に力を入れ，貸付金が抑えられたことも影響している。1990年代末には40％にまで一時持ち直すが，2008年には30％を割り，現在では20％の水準にある。その結果，余裕金である系統預金が増加を見せ，貯預率は80％近くに及んでいる。農林中金による運用益が低下すれば信用事業収益を悪化させる構造にある。

　他方，農業近代化の過程で長期低利資金として重要な役割を果たしてきたのが，農林公庫を中心とした受託支払資金の存在である。貸付金残高の合計は，1980年代中ごろに１兆５千億円のピークを迎え，地価下落後に減少を示

第6章　総合農協の社会経済的機能

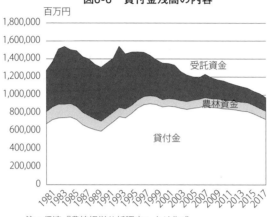

図6-6　貸付金残高の内容

注：信連『農協経営分析調査』より作成。

す（**図6-6**）。1993年に一度増加を見せるものの，以降は傾向的に減少し2017年には１兆円を割っている。受託支払資金は1995年までは貸付金残高総額の40％以上を占めたが，その後は急速に比率を低下させ，現在では15％となっている。信連を経由しない公庫による直貸の割合の高まりも影響している。プロパーの貸付金については，1990年代半ばから８千億円台を維持するようになっており，低金利のもとでの公庫資金からの代替が進んでいる。

(2) 農協の経営状況

　最後に農協の経営収支について一瞥しておこう。**図6-7**は１農協当たりの損益を総合，金融，農業関連に分けて示したものである。農協は1980年代中期からの地価下落を受けて負債対策に追われ，2000年頃までは総合収支は低迷する。しかし，以降は合併効果もあり収支を改善させ，2015年には２億円の利益を出している。その間，一貫して金融部門の利益が総合収支を支えていることは間違いないが，内地とは異なり，農業部門の収支が常にプラスであり，特に1993年以降は購買事業の収益が信用事業に匹敵するようになっている。金融の内容では，当初は信用事業収益に依存していたものが，1985年以降は共済事業収益がそれを上回るようになり，1980年代後半の信用事業の

241

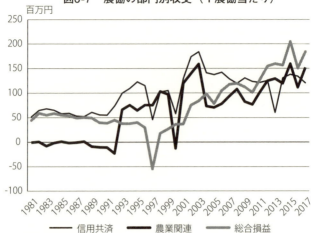

図6-7 農協の部門別収支（1農協当たり）

注：1）信連『農協経営分析調査』より作成。
　　2）農業関連は2003年までは，販売，購買，利用・加工，倉庫，生産施設の合計。
　　　 2004年以降は「農業関連」1項目。

収益悪化をカバーしている。ただし，共済事業も2003年をピークに収益力を低下させている。この結果，それ以降の金融部門の収益は横ばいであり，近年では農業関連部門での収益の寄与率が高まっている。これは経済事業の伸びを反映したものである。

Ⅳ　作目別生産部会からみた北海道農業の地域性

1　農協の施設投資の拡充と生産部会

　北海道の農協は酪農専業地帯や一部の都市型農協を除くと，畑作は小麦，ビート，馬鈴しょ（および豆類）が，水田作は稲作に小麦・大豆の転作作物を基幹としており，これに野菜類を加える複合経営である。機械化は野菜にも及んでおり，機械の高度化に対応して個別経営の規模拡大も進んでいる。こうした複合経営と産地を支えているのが作目別の生産部会であり，それと直結した農協の営農指導・販売部署である。グローバル化の進展による農産

第6章　総合農協の社会経済的機能

表6-2　農家と農協の固定資産の比較

単位：億円

	農協の有形固定資産			農家の農業固定資産		
	出資金	有形固定資産	現有固定資産	1戸当り （万円）	センサス農家 戸数	合計推定額
1990	1,213	1,673	3,366	1,077	95,437	10,279
1995	1,337	2,041	4,349	1,101	73,588	8,102
2000	1,404	2,300	5,212	1,221	62,611	7,645
2005	1,485	2,246	5,747	1,490	51,151	7,621
2010	1,497	2,174	6,286	1,472	42,990	6,328
2015	1,556	2,112	6,796	1,615	38,198	6,169

注：1）『総合農協統計表』『農家経済調査』により作成。
　　2）現有固定資産は有形固定資産に減価償却額を加えたもの。

物の過剰化傾向の中で，産地は市場側の需要の把握と品質の向上に懸命の努力を図ってきた。

　この間，農家の農業固定資産は1戸当たり平均で1990年の1,077万円から2015年の1,615万円まで増加している（**表6-2**）。その全道の合計額はいささか杜撰な推計であるが10,279億円から6,169億円へと推移している。これに対し，農協の有形固定資産は同期間で1,673億円から2,112億円に増加している。原価償却を控除する前の資産を現有資産価値とすると，3,366億円から6,796億円へと巨大なものになる。農家の固定資産総額はさらに吟味が必要であるが，農協の現有固定資産はその水準に並ぶまでになっている。農家の土地・機械・施設に匹敵する農協の集出荷・加工調製施設の充実がみられるのである。

　こうした農家の品目別の生産と農協の受け入れ施設がインテグレートされており，それを作目別生産部会がつなぐ構造を見て取れる。

2　生産部会の部門別の動向

（1）生産部会の部門別の変化

　作物別生産部会は，稲作や酪農などの専作経営地帯ではなく，十勝やオホーツクなどの畑作地帯から1970年代以降に形成されてきた[27]。1980年代

(27)坂下他前掲書（2016年），32〜34ページ。

表 6-3　農協の業種別生産者組織の変化（北海道）

年次	耕種	野菜	畜産		果樹	花き等	その他	合計
			計	牛				
1975	604	278	537	317	34	34	320	1,807
1980	835	406	670	396	39	29	412	2,391
1985	694	438	621	370	40	29	313	2,135
1990	595	616	633	416	50	67	242	2,203
1995	460	699	587	424	51	71	269	2,137
2000	351	654	497	369	45	65	305	1,917
2005	301	523	403	312	33	58	214	1,532
2010	308	559	355	268	38	44	181	1,485
2015	337	585	365	298	37	47	199	1,570
2017	337	555	352	290	31	48	187	1,510

注：1）『総合農協統計表』より作成。
　　2）業種別生産者組織とは作目別部会（協議会・組合）などの名称の農
　　　協下部組織であり，農協が指導援助しているもの。（同一組織で下
　　　部組織を持つものは一括して記入）。

には収益が低下した畑作地帯や転作が強化された水田地帯で野菜が導入され，さらに北海道南部の中小複合地帯でも導入が進む。また，酪農地帯や畑作地帯，あるいは一部の水田地帯で肉牛の導入が見られた。こうした農業所得の向上を目指した土地利用・経営の複合化のなかで，農協における作目別生産部会は一般化をみせる。農協の運営自体もそれまでの農事組合を中心とした運営から，販売に即した垂直統合による組織化が進展を見せたのである。

　表6-3は，総合農協統計表のなかの業種別生産者組織数の変化を示している。1970年代後半から80年代初頭にかけて作目別部会は増加傾向を示し，1,800組織から2,400組織まで増加するが，1980年代後半から90年代にかけてはやや減少して2,100組織となり，2000年代中期からは1,500組織で安定的となっている。組織数の減少には，農協合併により組織統合が行われたこと，農家戸数が大幅に減少したことが要因と考えられる。部門別には，1975年では耕種部門が最大であり1980年には835を数える。生産調整が始まるまでは北海道においても基幹作物は稲作であり，稲作振興会のような「ぐるみ組織」が力を有していた。これに1970年代から徐々に整備されてくる畑作での作目別部会が付け加わる。しかし，これも2000年代には300組織にまで減少している。それに続くのが畜産であり1980年には670組織である。酪農の場

244

第6章　総合農協の社会経済的機能

合には振興会が農協単位で組織され，他の酪農関係組織も多いが，1980年代までは圧倒的な比率ではなく，肉牛や鶏，豚，あるいは馬事振興会などのような畜産のなかの各作目部門が独立して組織を有していた。しかし，その他畜産の組織は増加している和牛を除いて，経営そのものが大規模化，企業化して組織が減少していく。その結果，畜産全体の組織は500台にまで減少するが，酪農の割合が60％から80％へと増加を見せる。これに対し，後発的に増加を見せているのが，野菜の生産部会である。1970年代半ばには組織数は200台であったが，1995年にはおよそ700組織となって，業種（作目部門）別には最大となる。2005年からは500台とやや減少しているが，最大の勢力となっている。

（2）生産部会の現状

　現在の作目別生産部会の内容を示したのが，**表6-4**である[28]。生産部会数は1,045であり，構成員戸数は67,084戸である（2018年）。1農協当たり11.0の生産部会があり，1生産部会当たりの構成員戸数は64戸である。

　稲作部会数は101で，構成員戸数は12,595戸であるから，北海道の稲作作付け農家11,000戸（2015年センサス）がほとんど加入しているとみてよい。畑作の生産部会組織は190，構成員数は17,266戸となっている。北海道の畑作農家はおよそ9,000戸（同）であるが，畑作は輪作体系がとられているから，実参加戸数は定かではない。表出しないが，畑作一般という大括りの部会が19部会（2,100戸），小麦と豆類の組合が60部会（8,500戸），ビートと馬鈴しょ（食用馬鈴しょは除外）が72部会（5,700戸）となっている。

　酪農・畜産は291部会で，構成員戸数は13,403戸であるが，酪農のみを取

───────────────────────────

(28)各農協の2018年度の業務報告書から作目別生産部会を集計した。対象農協は108農協中，95農協であり，ほとんどの農協をカバーしている。なお，1994年には北海道地域農業研究所でアンケート調査を実施している。詳しくは，板橋衛「北海道における農協生産部会の組織と機能」（『農経論叢』51集，1995年）を参照。

245

表 6-4 北海道における作目別生産部会 (2018 年)

単位：部会数，戸

		農協数/組合戸数	稲作	畑作	酪農・畜産	野菜	花き	果樹	その他	合計	農協/部会当たり	1994年調査
生産部会数	水田	34	75	65	55	181	17	6	80	408	12.0	846
	畑作	33	4	93	109	116	3	2	7	330	10.0	501
	酪農	15		3	60	3				66	4.4	97
	中小複合	13	22	29	67	109	6	8		241	18.5	479
	合計	95	101	190	291	409	26	16	87	1,045	11.0	1,923
構成員戸数	水田	23,171	9,708	6,072	1,275	9,390	718	166	668	27,997	69	42,308
	畑作	8,125	157	8,801	4,012	5,539	15	34	212	18,613	56	35,068
	酪農	3,010		48	5,300	28				5,376	81	8,005
	中小複合	9,257	2,730	2,345	2,816	6,500	235	472		15,098	63	29,173
	合計	43,563	12,595	17,266	13,403	21,457	968	672	880	67,084	64	114,554
1 部会当り戸数		-	125	91	46	52	37	42	10	64		60

注：1）各農協の業務報告書（2018年度）より集計。
　　2）総合農協 108 のうち記載のあった 95 農協を集計した。
　　3）労働組織，施設利用組合を除く。
　　4）1 農協内の複数の同一品目組織は 1 つとして集計した。
　　5）1994 年調査は北海道地域農業研究所アンケート調査による。労働組織なども含む。

ると179部会，10,481戸であり，北海道の酪農家戸数6,000戸（同）と比較すると複数加入が多いことがわかる。養豚が11部会，50戸，馬事振興会（軽種馬を含む）が26部会，780戸であるが，和牛部会は61部会まで増えており，構成員も1,800戸と増加傾向にある。野菜については，409部会，構成員戸数21,457戸で最も多い（後出）。

地帯別には[29]，水田地帯の稲作部会は部会数全体の18.4％，構成員戸数の34.7％に過ぎず，畑作地帯でも畑作部会は全体の部会数の28.2％，戸数の47.3％にとどまっており，各地帯において基幹作物の部会が集中しているわけではない。酪農地帯では酪農部会が部会数で90.9％，戸数で98.9％を占めており，特化は一目瞭然である。中小複合地帯では元々は水田ベースの田畑作地帯であったが，現在では水田が部会で9.1％，戸数で18.1％，畑作が部会で12.0％，戸数で15.5％と少数派になっている。

酪農地帯を除き，野菜の部会がトップを占めるようになったのが大きな特

(29)水田地帯は石狩，空知，留萌，上川の4支庁，畑作地帯は十勝，オホーツクの2支庁，酪農地帯は釧路，根室，宗谷の3支庁，中小複合地帯は北海道南部の渡島，桧山，後志，胆振，日高の5支庁である。

第 6 章　総合農協の社会経済的機能

表 6-5　野菜の生産部会の構成

単位：部会数，戸

	地帯	野菜一般	玉ねぎ	食用いも	スイートコン	果菜類	洋茎菜類	根菜類	果実的野菜	洋菜	その他野菜	直売	合計
生産部会数	水田	20	11	9	4	34	20	15	19	24	16	8	180
	畑作	16	12	9	3	8	10	20		10	10	16	114
	中小複合	12	1	8	4	16	16	12	8	19	10	3	109
	酪農	2							1				3
	合計	50	24	74	11	58	69	47	9	56	36	27	406
構成員戸数	水田	2,451	811	484	445	1,534	401	287	667	1,025	334	951	9,390
	畑作	847	900	537	76	132	134	828		308	150	1,423	5,335
	中小複合	1,987	22	1,114	289	831	453	621	420	624	56	83	6,500
	酪農	20							8				28
	合計	5,305	1,733	2,135	810	2,497	988	1,736	1,095	1,957	540	2,457	21,253
1部会当たり構成員数		106	72	29	74	43	14	37	122	35	15	91	52

注：1）各農協の業務報告書（2018年度）より集計。
　　2）玉ねぎ青年部（北見支庁，2組織，204名）は除外した。

徴である。水田地帯では部会数で44.4％，戸数で33.5％，畑作地帯も部会数で35.2％，戸数で29.8％となっている。また，中小複合地帯でも部会数で45.2％，戸数で43.1％となっている。ただし，酪農・畜産については地帯内で従来から独立した組織が設立されており，それなりの存在感がある。

北海道野菜の主力はこれまでイモ・タマ・ニンジンであったが[30]，野菜部会を見ると，食用馬鈴しょが74部会，2,100戸，玉ねぎが24部会，1,700戸，ニンジン（根菜類に含まれる）が13部会，665戸であり，合計で111部会（27.3％），4,500戸（21.3％）に過ぎない（**表6-5**）。野菜の種類が広がっているのである。小部会の連合会組織である多品目の野菜部会が多く，50部会，5,300戸（25.0％）で，1部会当たりの構成員数も106戸と多い。

品目別の部会では，果菜類（トマトなど），葉茎菜類（ネギ類など），根菜類（ニンジンなど），洋菜（ピーマンなど）などが同じ程度に設立されており，野菜作付けの広がりを示している。これらの部会の平均構成員数は10戸台から40戸台であり，小規模なものが多い。農協にとっては手間のかかるも

---

(30) 1980年代中期まではイモタマ（馬鈴しょ・玉ねぎ）以外の品目はわずか10数％であったが，1990年代半ばで30％を超え，2010年には40％となっている（坂下他前掲書（2016年），57ページ）。

のであるが，組織化を重視する姿勢を読み取ることができる。

　もう一つは，直売部会が設立されていることであり，これは後に述べるA
コープの「もぎたて市」への出荷グループや道の駅などでの直売所の経営と
関係していると思われる。27部会，2,500戸に及んでおり，注目される動き
である。

3　生産部会の地帯別の動向

（1）稲作地帯の変化

　つぎに地帯別の動きを見てみよう。空知や上川の稲作地帯では，1960～70
年代にかけて稲作の増収技術の展開があり，その向上を目的とした網羅的な
稲作振興会ができた。この基礎組織は農事組合であり，あくまで食糧管理制
度のもとでの組織であった。

　しかし，米が「商品化」され，ホクレンによる業態別・用途別販売が強化
されると，品種はもとより，品質の均質性とロット化が重要となり，農協は
乾燥・調製・貯蔵施設を整備してきた。そのため，十勝で整備された施設利
用型の生産部会のタイプが増加してきた（**表6-6**）。こうした戦略の下で，
施設利用をカバーする200戸以上の組織が22組織，構成員戸数で8,007戸あり，
全体の64.0%を占め，主流である。

　もう一つの変化は，同じ稲作が基幹である空知と上川との相違として現れ
ている。稲作部会は空知で40部会，5,627戸，上川で17部会，2,717戸で，1
部会当たりの構成員戸数は120戸と160戸で大きくは変わらない。しかし，構
成員戸数の規模でみると，空知は50戸未満が21部会であるのに対し，上川は
6部会に過ぎない。これは，「ふっくりんこ」などの地域限定品種の生産者
の組織化，「ハーブ米」（峰延農協，40戸）や「トンボの会」（滝川農協，29
個）などの小規模な「こだわり」米の販売集団の形成，あるいは水稲直播の
グループ（8組織，260戸）の設立によるものである。上川では「こだわり」
米販売が個別対応でなされるのに対し，空知では農協が支援するようになっ
ているのである。

248

表6-6 稲作部会の規模別分布

単位：部会数，戸

構成員数	稲作部会数						構成員数					
	水田	(空知)	(上川)	中小複合	畑作	計	水田	(空知)	(上川)	中小複合	畑作	計
～10	4	4		2	2	8	22	22		15	9	46
10～	16	11	3	4		20	287	195	56	64		351
25～	12	6	3	6	1	19	420	211	103	185	25	630
50～	4	3	1			4	255	184	71			255
75～	8	3		1		9	665	267		94		759
100～	8	5	2	4	1	13	1,007	597	262	490	123	1,620
150～	4	1	3	1		5	683	173	510	150		833
200～	8	3	3	1		10	2,138	846	814	574		2,712
300～	5	2		1		6	1,740	677		316		2,056
400～	4	2	2			4	1,829	928	901			1,829
500～	1			1		2	568			842		1,410
合計	74	40	17	22	4	100	9,614	5,627	2,717	2,730	157	12,501

注：各農協の業務報告書（2018年度）より集計。

（2）畑作地帯の部会の構成

　すでに述べたように，北海道の生産部会は畑作地帯の十勝とオホーツクから生まれ，そのルーツにより性格も異なる。十勝の場合には1970年代後半から確立した4作物による輪作をベースとしており，畑地型の酪農も併存するが地域によって濃淡がある。生産部会は4品目を基本に農業機械化の進展に対応した原料農産物の搬出や農協の受け入れ施設の運営のシステムの要をなしており，施設運営型の生産部会である。

　この体制をいち早く取り入れた更別村農協では，生産部会の設立と集落再編を同時に行い，部会の担当を農事組合に係として設置する仕組みを整えている(31)。生産部会の構成は，豆麦部会（162戸），甜菜部会（168戸），加工用馬鈴しょ部会（69戸），種子用馬鈴しょ部会（15戸），澱原馬鈴しょ部会（168戸）という5部会，582戸からなっている（これに食用馬鈴しょ部会71を加えると653戸）。純畑作農家が154戸，酪農畜産との複合が16戸，合計170戸であり，1戸当たりで3.4部会（後者で3.8部会）に加入している。

(31)柳村俊介「現段階の集落再編の性格」（牛山敬二・七戸長生編『経済構造調整下の北海道農業』北大図書刊行会，1991年）138～149ページ。

しかし，十勝の農協当たりの部会数は2.1部会であり，低い数字となっている。これは，施設利用のシステム化が高度化したために，生産者の組織である生産部会と農協本体との運営が一体化するケースが現れているためである。鹿追農協や足寄農協がそれであり，事業推進委員会が各部門（作目）に設置され，代表者が運営に当たるというものである。農協に直接インテグレートされる形態であると言える[32]。

　これに対して，オホーツク（旧網走支庁）は河川沖積地から丘陵部までをもつ複雑な地形であるため，土地条件に対応した土地利用と経営形態が1町村内に分布しており，農協の営農指導や販売事業は十勝と異なり専作的ではなく，地域複合的であった。そのために，経営形態が同一の農家が主に販売対応として生産部会を組織し，農協がその事務局を担当するものであった。したがって，作目も畑作に特化したものではなく，畑作，酪農，稲作，中小家畜などを含むものであった。そのなかでも，玉ねぎが基幹となった北見地域では，それに続いて他の野菜作も増加することになる。その意味では，オホーツクの生産部会は畑作に限定されるものではなく，多品目的であり，経営形態としても十勝に比較して複合経営的であった。

（3）酪農部会の構成と支援システム

　酪農における生産部会の特徴は，販売に関わる機能を有していない点にある。生乳は農協が集荷を行っているが，クーラーステーションも廃止されており，農協の流通に関する施設は基本的に少ない。

　酪農における生産部会の代表は酪農振興会であり，農業政策への対応や営農改善を生産者が決定・実施する機関として主要な酪農地帯にはほぼ設置されている。数次にわたる負債対策の実施，また生産調整の合意や乳質改善に

---

(32)最も農協インテグレーション的な組織化は士幌農協のケースであり，農家は集落を再編して設置された地区農協運営協力委員会（9地区，397戸）の構成員とされている（士幌農協研究会『士幌町農協—70年の軌跡』北海道協同組合通信社，2004年）。

250

おけるペナルティの設定などの生産者としての合意が必要であったためである。乳検組合は参加者が一時減少したが，ここでは37組合，構成員2,300戸となっており，生乳生産の経済検定に重要な役割を果たしてきた[33]。乳牛改良同志会は，乳牛の個体改良のための組織であり，共進会への出場が目指されている。これも古くからの組織であり，27組織，900戸が加入している。

　1990年代からは，より一層の規模拡大が進展しており，乳牛飼養・搾乳形態もフリーストール・ミルキングパーラ方式への転換が進んでいる。このため，従来以上に酪農労働の過重化が進行しており，定休日制や臨時対応の酪農ヘルパーの利用組合が拡大している。ここでは37組合，2,793戸が構成員となっている。このほか，飼料収穫調製のためのコントラクタやそれがさらに発展したTMRセンターが設立され，さらには哺乳を含む育成部門の外部化も進んでいる。経営コンサルティングも含め，部門別支援組織を基礎とした総合的酪農支援システムが形成されつつある。これは，部会組織を超える動きとして評価できよう（後述）。

V　総合農協の事業領域拡大の方向

　これからの北海道農業を考える場合，その焦点はやはり人口問題であろう。農家戸数，すなわち組合員戸数が急速に減少する中で，農協は残った組合員の規模拡大を支援することにより地域農業の産出量を確保し，経済事業規模を維持してきた。他方で，人口の自然的・社会的減少と高齢化という量的・質的変化のなかで北海道の農村社会での「住みづらさ」がめだち，それが人口減少に拍車をかけるという悪循環が発生している。一方，開拓地につきものの人口移動の激しさが収まり，農業をリタイアした高齢者世帯も農村に住み続けるという混住化も進んでいる。

　以下では，こうした問題状況の中で，第一には農村の生活インフラとして

---

(33)北海道酪農検定検査協会の資料によると，牛群検定事業の登録戸数は4,083戸，75.3％である。

の生活購買事業の現状について明らかにする。第二には，北海道の農村の大きな変化の中で，営農中心の事業体制をさらに強化するとともに，もう一回り大きな営農・生活複合体制への移行を目指すべきことを述べる。

1 生活インフラとしてのAコープチェーンの動向と多面的な展開

（1）農協店舗事業の展開

農協は戦前の産業組合時代から農家への生活物資供給を行い，農協婦人部と連携した取りまとめ購買を行うなど，生活改善運動的側面を持ちながら生活事業を展開してきた。その後，大衆消費社会が到来すると，徐々に生活店舗が拡大され，1969年という早い時期に店舗のチェーン化が図られた。全国のAコープチェーンの発足の4年前のことである。274農協，642店舗の参加であった[34]。

店舗数は1970年代には600店前後で推移し，1980年代には550店，1990年代前半には400店台となっている。これは農協合併による支所店舗の統廃合や老朽化店舗の閉鎖などの結果であった。売り場面積のピークは1980年代半ばの46,000坪であり，1店当たりの面積が増加したので減少は少なかった。売上げは当初の400億円から増加を続け，1990年代前半に1,700億円というピークを迎える。

バブル崩壊後には景気が低迷し，Aコープ店舗の経営は厳しくなった。そこで1990年に「Aコープチェーンの目指す方向」が策定された。しかし，経営改善の努力にもかかわらず，1994年の大型店の出店規制緩和による地方進出，さらにはコンビニの出店も重なった。そこで，1995年にAコープチェーンレギュラー化構想が打ち出された。Aコープ店舗はボランタリーチェーン方式であり，農協事業の枠内で運営されるため新規出店や大型化など積極的な決断が難しく，全体の労務体系の中で店舗の営業時間も他業態に後れを

---

(34)以下の叙述は，ホクレンの『六十年史』，『八十年史』，『九十年史』，『百年史』，1977年，1998年，2008年，2019年によっている。

第6章　総合農協の社会経済的機能

取っていた。そのため，北海道内4地区の物流拠点を中心にブロック化して
地域協同会社を設立し，店舗を直営化する戦略がたてられた。協同会社は，
ホクレンとレギュラー加盟農協の共同出資で，店舗はリース方式，店舗職員
も分離された。残りの農協店舗は従来通りのボランタリーチェーンに位置づ
けられた。1996年のエーコープ旭川を皮切りに，北海道東部，北海道中央部
に協同会社が設立された。

　一方，農協の広域合併にともない，生活店舗の100％子会社化が進行した。
1997年のエーコープ元気村（北空知9農協，14店舗）から始まり，エーコー
プふらの，エーコープみらい，エーコープようていが設立され，後に地域協
同会社に合併されたケースが多い。しかし，この3つの地域協同会社も2008
年にホクレン商事と合併してレギュラー会社が1本化されることになる（以
下ホクレンショップと略）。

（2）農協店舗事業の動向と店舗の質の向上

　つぎに2000年以降のAコープチェーンの動向を見ていこう。対象時期以前
について触れておくと，登録店舗数は1990年代前半が400店台で，1990年代
後半には300店台となり，表6-7の基準年である1999年には302店となってい
る。以降，店舗は5年刻みでみて35〜40店舗ずつ減少し，2018年にはちょう
ど半分の151店舗となっている。表出していないが，売り場面積は1990年代
末の44,000坪から2018年には29,000坪にまで減少し，ピーク時の60％となっ
ている。ただし，1店舗当たりの面積は1990年代末の110坪から190坪へと増
加している。売り上げは，2000年代には1,000億円を割り，2018年には713億
円となる。1店舗当たりでも1990年代末の4億円強から2018年の4億7,000
万円と伸び率は高くはない。

　登録店舗数の変化の内訳をみると，閉鎖が153店，このうち農協店舗が116
店舗，ホクレンショップが37店である。これに対し，新加盟は28店であるが，
ホクレンショップの新規開店は15店である。

　注目されるのは業態変更であり，経営委託が23店，他業態への転換が4店，

253

表6-7　Aコープチェーン登録店舗の推移

単位：店

基準年	登録店舗	店舗増減	閉鎖		業態変更				新加盟	
			計	うち農協	計	委託	業態変更	Aマート	計	新規店舗
1999	302									
2000-04	266	-36	-38	-34	-8	-8			10	8
2005-09	231	-35	-29	-20	-13	-10			7	4
2010-14	190	-41	-38	-26	-10	-6	-4		7	2
2015-18	151	-39	-48	-36	11	1		10	4	1
		-151	-153	-116	-20	-23	-4	10	28	15

注：1）ホクレン生活事業本部資料による。
　　2）登録店舗数は期間末の数字。
　　3）業態変更には抹消の3店を省略，計には含む。

Aマートへの転換が10であり，抹消3店含め合計で40店となっている。

　この時期，店舗運営の変化をもたらしたのが，ホクレンの「新・生活事業プラン」（2001年）である。従来の店舗改善では採算性を，他業態との競争では事業規模を重視しすぎたという反省の上で，店舗事業を組合員と地域の食を守り，地域の活力を支える生活事業のネットワークであると位置づけている。そこから，もぎたて市，国産野菜統一宣言，道産食材おススメ宣言という食のこだわり・3つの柱を位置づけし，「農協らしさ」を追及した魅力ある店舗づくりを進めるとしている。

　特に「もぎたて市」は，店舗の大型化を進めて経営危機に陥ったコープさっぽろが「おいしいお店」を標榜し，「ご近所やさい」を導入した時期と重なっている。

　これはインショップであり，地元の農家の小規模多品目野菜の生産を支援し，農家が直接，都市部では出荷組織が売り場に搬入するものであり，値決めも出荷者が行う。店舗の手数料は15％に設定され，生協や後続の量販店などより低く抑えられている。特に札幌を中心とした都市部にあるホクレンショップでは都市近郊の農家が出荷団体を組織して活動するケースも多く，消費者と接する機会となっており，期待されている。実施店舗数は，2012年に110店を記録するが，近年はやや減少しているものの，151店舗中83店舗で実施されている（図6-8）。売上も8億円近くまで増加したが，現在は6億

第6章　総合農協の社会経済的機能

図6-8　Aコープのもぎたて市の売り上げ動向

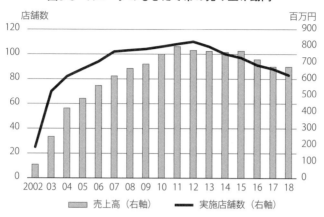

7,000万円であるが，1店舗当たりでは増加し，810万円である。1店舗の総売上げは4億7,000万円であるから，7月からの4か月で600万円を売り上げるインショップは店舗経営としても重要である。

(3) 新たな多面的展開

　チェーンの2形態の現状は，農協のAコープが89店，売上高321億円，ホクレンショップが62店舗，売上高408億円，合計151店舗，729億円となっている。

　農協のAコープの経営を強化する取り組みは二つあり，第一が北海道Aコープ協同機構（HAC）の設立とそれへの参画により「準レギュラー化」を図る試みである。店舗の後方事務処理や特売設定をホクレンが請け負う。現在は2店舗の加盟にとどまっている。第二は，Aマートへの業態変更であり，全日食と全農による業務提携をもとにしている。レジシステムをレンタルし，グローサリーや日配品を全日食に自動発注するシステムである。2014年から始まり，Aコープようていの5店舗をはじめ，13店舗が転換している。ホクレンが主導する異業態連携である。

　近年の大きな動きは，この農協による異業態との連携の拡大である。最も

多いのは，農協の小規模店舗を業務委託する方式であり，前掲**表6-7**に示した23店がそれである。この中にはコンビニへの経営委託，コンビニへの移管，2つの地域スーパーマーケットへの移管などがある。この中で最も早く取り組みを開始した農協の一つとしてとうや湖農協があり，現在ではAマートが2店，セイコーマートへの運営委託が2店となっている。さらに，コープさっぽろとの提携では，峰延農協による協同組合間提携，北空知農協北竜店の閉店後の町・商工会経営店舗との業務提携などの例も注目される。

これとは異なり，Aコープが閉店した後，住民自らが店舗運営を行っているのが，十勝更別農協の上更別地区であり，注目される。地域の住民161戸が出資して有限責任中間法人オアシスが運営を担当している。2016年の売り上げは5,000万円となっており，経常利益も黒字となっている[35]。

最後に無店舗地区への対応であるが，一つは農協の共同購入活動を発展させた個別宅配事業の「ジョイライフ」であり有店舗地区を含むが，2004年に事業を開始し，2016年では102農協が実施している。1,000アイテムを扱い，売り上げは2億9,000万円である。第二が移動販売車であり，農協が3台，ホクレンが4台運行しており，1台で1,000万円台から2,000万円台の売り上げとなっている。

農水省は経済事業改革の中で施設型事業（生活店舗とGS）を狙い撃ちにし，別会社化や業務廃止を打ち出した。この打撃は大きく，店舗の閉鎖は免れない側面もあった。しかし，ホクレンの力でレギュラーチェーン化が図られたこと，近年では異業態との連携というぎりぎりの選択を行うなど店舗の存続策がとられている。ただし，信用事業収益の悪化から農協経営には余裕がなくなっており，生活事業と生活活動とのバランスをいかにとるかという局面にある。更別村の住民による自己運営のケースも一つの示唆を与えている。

---

(35)『更別村農業協同組合七十年史』更別村農協（坂下執筆），2019年，101〜103ページ。

第6章　総合農協の社会経済的機能

2　新たな営農・生活複合体制への展開

（1）北海道の農村人口問題と新たな動向

　人口が減少し，高齢化が進み，農村地域の維持が困難になっているのは事実であるが，それが一方的に進んでいるわけではない。実は北海道においても都市から，あるいは内地（沖縄を含む都府県）からの人口移動は伏流水のように静かに進行している。

　担い手対策としての政策のバップアップもあり，新規参入者は増加しているが，そのなかには従来とは異なる発想を持つ家族がかなりいる[36]。「儲けより生活」という考えである。農家として参入し自営業になるよりも被雇用形態を望む人も増加し，流動的な労働人口の増加も見られる[37]。

　農家の減少は激しいが，かつてのように挙家離農で廃屋だけが残るという形態は減り，在村離農が主流である。倒産離農も減り，高齢化による廃業が中心であり，結果として高齢農家が「高齢世帯」となって在村形態をとる。農村に非農家が多く住むようになっているわけであり，これは北海道にとって初めての経験である。従来の小規模な農村市街地と点在する専業農家群からなる北海道の農村に，市街地以外の場所，いわば「純・純農村」に非農家が居住するという「混住社会化」が進んでいるわけである。もちろん，地域差が大きく，北・東へ行く程，非農家の居住は難しい。ともあれ，北海道でも専業農家のみが生き残るという植民地の時代は終焉を迎えたのである。

　こうした前提に立つと，従来のように営農中心で経済的な安定を達成すれば，それに伴って生活も向上するという定式を修正されざるを得ない。農村

---

(36)例えば，鄭龍暉・小林国之「北海道における新規参入者の実態と地域との関わり―余市町と平取町を事例に―」（『フロンティア農業経済研究』20巻2号，2018年）99～108ページを参照。

(37)例えば，福澤萌・小林国之・坂下明彦「農作業ヘルパーの農業・農村への関わり方に関する一考察―北海道富良野市における就業者の属性と就業意向の分析から」（『協同組合研究』37巻2号，2017年）60～68ページを参照。

257

市街地に存立する農協も営農だけではなく，生活・福祉などの領域に活動を広げざるを得なくなる。植民地的な男の世界から女性，外部からの移住者をも含めた営農・生活の両面を考えなければならない，そういう新しい局面を迎えているといえる。

（2）地域密着型の生活販売体制の構築

　北海道の農協の販売体制の特徴の一つは，すでに述べたように各作目別に組織化されている生産部会の存在である。

　この組織を通じて生産者は農協の販売に関わる運営に関与するとともに，そこから責任が生じ，農協と生産者が一体になって生産・販売が完結している。言い方によっては，農協販売事業に生産者がインテグレートされているのである。

　一方，北海道でも原料向けや移出向けの大ロットの農畜産物とは色合いを異にする農畜産物の生産・販売が始まっている。典型的には，新規参入で小規模な園芸などを行うタイプがあり，後継者の母親や妻が小規模な店舗を開いて面白い野菜や加工品を置いたりする起業のかたちもある。

　これらは，地域に密着した自給圏をターゲットとしており，農家の生活者的な感性をベースにしている。いわゆる6次産業化とは異なり，いきなり企業ベースの販売を目指すものではないので，二番煎じを恐れることもない。しかも，原料農産物一辺倒であった基幹作物にもいろいろなものが出てきている。小麦でもパン用の品種が増えているし，実取りトウモロコシも生産されるようになり，穀物が加工品のターゲットとなる時代になった。

　また，北海道の直売所はまだまだ弱いが，2000年に入って農協の購買店舗で「もぎたて市」，コープさっぽろで「ご近所やさい」の名前でインショップが設置されており，その売り上げは前者で7億7千万円，後者で17億5千万円にのぼっている（2015年）。

　こうした新しい動きに一部の農協は手を差し伸べており，直売部会も27部会，2,500戸に及んでいる。ただし，それはごく限られている。定型化され

第6章　総合農協の社会経済的機能

た部会型の営農販売体制にそぐわないことは確かであるから，地域密着型の生活ベースの販売体制をプラスすることを考える必要がある。小規模な業務には違いないが，包装や輸送コストも低く単価は高いから，販売手数料率を10倍に引き上げても農家には利益がある。農協の担当者もおのずと異なることになる。思い切ってホクレンがセンターをつくることも十分可能な情報システムも形成されている。

　合併によって成立した広域農協は，われわれが当初考えた「小さな本所，大きな支所」とはならなかった[38]。当初，この路線を継承するかに見えたきたみらい農協は一定期間を経て業務の集中化と大胆なTACの導入を行い，大きな成果を示している[39]。しかし，次に来るのはこれまで述べた新しい動きに対応した生活をベースとした地域政策の推進であろう。

（3）生産農協あるいは農家・農協コンプレックスの形成

　農協の組合員と職員の関係も変化している（表6-8）。正組合員戸数は1990年の9万2,000戸から2017年には50％に当たる4万6,000戸へと減少している。職員については，同1万8,000人から71％に当たる同1万3,000人となっている。その結果，職員1人当たりの組合員戸数は5.1人から3.6人となっている。それだけ濃密な関係となっているのであり，パートナーシップとしての関係は強化されている。

　このなかで，農協が生産過程にまで介在するようになっているのが専業酪農地帯である。乳牛飼養頭数が増加を見せる中で，育成牛の飼育施設，TMRセンター，酪農ヘルパーなどの利用組合や農協直営部門が形成され，地域農業の支援システムが形成されている。さらに，外部参入による酪農経営の継承のための研修および就農支援も手厚くなっている。また，これとも

---

(38)注（20）のとうや湖農協の事例を参照。

(39)河田大輔「合併による新農協の経営合理化と組織力強化に関する研究―JAき
　　たみらいを事例に」（『北海道大学大学院農学研究院邦文紀要』34巻2号）13
　　～94ページを参照。

表6-8　農協組合員と職員

単位：戸, 人, 100, %

	正組合員戸数 (A)	職員数 (B)	金融・店舗を除く 職員数 (C)	減少率			戸数/職員	
				(A)	(B)	(C)	A/B	A/C
1990	92,027	17,905	11,362	100	100	100	5.1	8.1
1995	83,840	18,634	12,000	91	104	106	4.5	7.0
2000	72,184	15,681	10,562	78	88	93	4.6	6.8
2005	63,221	14,119	9,277	69	79	82	4.5	6.8
2010	54,929	12,892	9,066	60	72	80	4.3	6.1
2015	48,442	12,555	9,483	53	70	83	3.9	5.1
2017	46,105	12,637	9,096	50	68	80	3.8	5.1

注：1）『総合農協統計表』農水省より作成。
　　2）2015, 17年は店舗職員の数字を欠く。

　関連してメガファームが農協出資を含め形成され，地域としての生乳量確保が図られている。浜中農協が最初のモデルであるが，北海道東部から新得や陸別などの十勝にも波及を見せている。農家と農協とのコンプレックスの形成といえよう。

　北海道の中でも相対的に困難を抱えているのが水田地帯である。この地域は都市部との距離が近く，地域としての人口密度も相対的に高いので，地域密着型の生活販売体制の形成の可能性は高い。とはいえ，高齢化の進行度が高く，高齢者リタイア後の大量の農地供給が見込まれるため，それに対応した受け皿の形成が必要である。われわれは南幌町をモデルとして地域拠点型法人化の方向性を提起したが[40]，必ずしも進展を見せていない。水田地帯は合併によって1農協当たりの正組合員戸数は比較的大きいが，大きな農協の中に小さな「生産農協」（それが法人形態をとろうとも協同性を有すること）が拠点として位置づけられる体制づくりは依然としてひとつの選択肢であると考えられる。

___

(40) 坂下明彦「大規模水田地帯の地域農業再編」（田代洋一編著『日本農業の主体形成』筑波書房，2004年）。

第7章

平成期の農政

田代 洋一

はじめに

　平成期はポスト冷戦・グローバリゼーションと時を同じくしたことで，一つの時代を画した。それを歴史化する試みが始まっているが，そこで農業・農政が語られることはない。しかし農業は最もナショナルな産業であるが故にグローバル化の影響を強くうけ，農政は政権交代の重要な契機となった。そこで本章は「平成史における農政」の素描を試みる。

　具体的には1970年代以降をほぼ10年刻みで5期に分けてみていく（**表7-1**）。最初の2期は前史である。各期を通じて，政治経済，食料安全保障，

表7-1　農政の時期区分

		Ⅰ期	Ⅱ期	Ⅲ期	Ⅳ期	Ⅴ期
期間		1970〜79年	1980〜1991	1992〜2001	2002〜2012	2013〜
経済基調		成長率鈍化	バブル経済へ	規制緩和	構造改革	異次元金融緩和
平均成長率		4.3	4.4	0.8	0.8	1.0
農政		総合農政	国際化農政	新自由主義農政	政権交代期農政	官邸農政
農林予算	期首	10.8	7.1	3.9	3.0	1.9
の割合	期末	7.5	3.6	3.0	2.1	1.7
国境政策		日米貿易摩擦	日米経済摩擦	WTO体制	FTA（EPA）	メガFTA
米需給政策		生産調整政策	生産団体主体へ	食糧法	農業者・団体主体	国による配分の廃止
農地・構造政策		賃貸借規制緩和	利用権	効率的・安定的経営	株式会社の賃借参入	農地中間管理機構
		中核的担い手			農地利用集積円滑化	
農政関連文書		総合農政の推進	前川レポート	新政策	米政策改革大綱	TPP関連対策大綱

261

価格・所得，農地，農協の政策を観測点とする[1]。同時代史につきまとう既視感を避けるため，テーマ別に平成期を一括して論じる方法もありうるが，各章との重複をさけた。

I 1970年代——基本法農政の目標・機能喪失

1 目標喪失

　平成期の農政は，新基本法への移行・展開期にほぼ重なる。そこでまず基本法農政の評価を簡単にしておく。政策は，それが掲げる主観的目標と，客観的に果たした機能の両面から評価されるが，まず前者から。

　基本法農政は冷戦の最中に始まった。冷戦期の政策は，領域の如何を問わず，〈東西冷戦→国内冷戦体制（坂本義和）→社会的緊張（階級層対立）→社会的統合策〉の枠組に規制される。とりわけ日本では，農家階層が最大の人口を占め，かつ政権党の政治基盤をなしたが，それが高度経済成長下で他階層との所得不均衡を拡大していることは，体制側にとって「平等ないし均衡という民主主義的思潮とは相容れ難い社会的政治的問題」[2]として鋭く意識された。そこで基本法農政はなによりもまず所得均衡を目指した。

　所得均衡は，①時間当たり農業所得均衡，②経営単位当たり農業所得均衡（自立経営），③生活水準均衡（農業基本法前文）で示される。

　このうち③は世帯員1人当たり家計費均衡として，1972年に早くも達成された。それは主として兼業所得によるものである。何をもって所得均衡を果たすかの議論はあったが，社会的統合策の観点からは兼業所得による均衡は結果的に成功だった。兼業化を農業の内部から可能にしたのは，構造改善事業等の農業近代化政策による省力化であり，農政はその意味で社会的統合策

（1）構造政策，地域政策も重要な論点だが，紙幅の都合で各章に譲る。また価格・所得政策については第7章Ⅵで多少まとまって考察した。

（2）農林漁業基本問題調査事務局監修『農業の基本問題と基本対策　解説版』（農林統計協会，1960年）2ページ。

第7章　平成期の農政

に寄与した。

　しかし農政としてはあくまで農業所得による均衡がテーマだが，②の自立経営の割合は67年がピークで，82年には５％を割った。①は基本法農政の事実上の主柱である価格政策を通じてコメ過剰をもたらし，79年には時間当たり農業所得が農業臨時雇い賃金を下回るという戦前水準以下に落ち込み，コメ過剰と相まって基本法農政を挫折させた。

　基本法農政は農地と主食の国家統制という戦後農政の継承のうえに成り立つが，コメ過剰とそれに伴う農地過剰は，国家統制手法の有効性を減じ，農政は地域を動員して生産調整と賃貸借の促進を図る総合農政，地域農政に転じつつ，今日に至っている。前者は過剰対策という先進国農政一般の開始であり，後者は東アジア水田農業に共通する零細農耕制が高度経済成長を果たした日本でとくに際立った結果だが，そもそも脱亜化は困難だった。

　農業の大枠を規定したのは二度の高度経済成長だった。それは今期に，戦後重化学工業段階への移行とその太平洋ベルト地帯への展開という国土利用構造をもたらした。その下で地域農業は太平洋ベルト地帯を軸に再編され，その枠内で選択的拡大を摸索した。

　すなわちA. 太平洋ベルト地帯とその飛び地としての北陸（都市農業地帯と平野部兼業稲作地帯），B. 遠隔農業地帯（北海道・東北・中南九州），C. 「裏」日本中国筋を中心に全国に散在する中山間地域農業（Ⅱ期に顕在化）の３つである。Aの平野部では既にこの時期に構造再編の方向が定まったが，Bの稲作地帯では参院選のたびにコメ政策が社会的緊張を高めている。

2　機能喪失

　機能面ではどうか。日本は1968年に貿易収支が黒字になり，GDP世界第二位の経済大国にのしあがった。そこで早くも，食料は増大する貿易黒字で輸入すればよく，無理して構造政策で兼業農家を駆逐して規模拡大する必要もなくなったという論法による国内農業不要論が登場した[3]。そこには食料安全保障の問題意識がみごとに欠落している。

263

しかし，高度成長の永続を志向する資本としては，農家は依然としてその最大の労働力供給源だった。農家労働力の農外流出は1960〜73年の年平均で83万人におよんだ。63年からは在宅兼業が就職転出を上回り，以降の10年は兼業化の最盛期だった。前述の農業近代化政策による省力化に加えて，コメ過剰が労働力過剰を強めた。農家労働力は資本にとって，その再生産費を自らフル負担しないですむという意味で低賃金労働力であり，それを養う農政には一定の存続価値があった。

　しかしそのことが海外から問題視されるようになった。米国は71年の日米貿易経済合同委員会で牛肉・オレンジ・同果汁の自由化を要求し，78年にはその輸入枠拡大がなされた。図7-1にみるように，70年代前半のカロリー自給率，自給力の低下，輸入浸透率の上昇が著しかった。

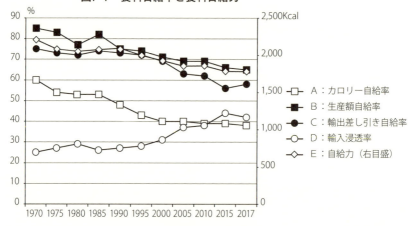

図7-1　食料自給率と食料自給力

A：カロリー自給率
B：生産額自給率
C：輸出差し引き自給率
D：輸入浸透率
E：自給力（右目盛）

注：1）A，B＝国内生産／（国内生産＋輸入－輸出±在庫）
　　　　C＝（国内生産－輸出）／（国内生産＋輸入－輸出）
　　　　D＝輸入／（国内生産＋輸入－輸出）
　　　　E＝米・麦・大豆を中心に熱量効率を最大化した場合の1人1日当たり供給熱量
　　　　　（栄養バランス考慮せず）の場合。
　　2）データは「食料・農業・農村白書参考統計表」による。
　　　　Eは農水省食料安全保障室による。

（3）並木正吉「兼業農家問題の新局面」（『農業総合研究』25巻2号，1971年）。

第 7 章　平成期の農政

　高度経済成長が頓挫したこともあり，1970年代半ばから農家労働力の流出
は翳りだし，80年には農業就業人口が建設業を下回るに至り，Ⅱ兼農家の増
大もピークを越して供給力自体が衰えた。代わって主婦，学生，外国人労働
力が縁辺労働力として動員されるようになり，85年の労働者派遣法の制定等
を通じて雇用労働力の中核部分に非正規労働力が装てんされ始めた（産業予
備軍の再編）[4]。こうして日本経済は労働力供給の農家依存から脱却し，
農業は資本への労働力供給機能も失った。

　かくして基本法農政の時代は目標と機能の両面で終わった。そこで第一に，
にもかからず農業基本法はなぜ廃棄されなかったのか，第二に，農政は所得
均衡の目標喪失後にいかなる理念をもつべきか，が問われる。第一の問いへ
の回答は冷戦の継続（社会的統合策の必要）に求められ，従って第二への回
答は冷戦の終結を待つことになる（→Ⅲ）。

Ⅱ　1980年代──農業縮小の時代へ

1　外圧のなかの農業縮小

　1980年代前半，アメリカのドル高政策の下で，日本の輸出シェアが急上昇
し，日米経済摩擦が強まった。アメリカは同盟の「内なる敵」としての日本
経済潰しにかかった。80年代半ばのプラザ合意により日本を円高，そしてバ
ブル経済に追い込み，さらに90年前後の日米半導体協定等を通じて「個別分
野で日本を叩き潰した」[5]。バブル経済は後述するように農村金融を深く
巻き込んだが，70年代前半のような地価上昇を地方に及ぼすことはなかった。

　80年にはソ連のアフガニスタン侵攻に対して米国が穀物禁輸措置をとり，
70年代前半の世界食糧危機を通じて登場した「食料＝第三の武器論」が現実
のものになった。

　このような事態のなかで，80年4月に食糧自給力強化に関する国会決議が

（4）小熊英二『日本の社会のしくみ』（講談社現代新書，2019年）第8章。
（5）木内登英『トランプ貿易戦争』（日本経済新聞出版社，2018年）171ページ。

265

なされた。9月にはコメの作況指数87という「戦後最大の冷害」となり，翌月の農政審報告「80年の農政の基本方向」は，第2章「食料安全保障—平素からの備え」で，「不測の事態への備え」として「総合的な自給力の維持強化」を図るべきとし，「最も重要な基本食料である米」について「流通ルートを特定し，公的に管理」することが必要とした。ここに，コメ（基礎的食料）・食管に依拠した日本型食料安保論が成立するが，81年の日米諮問委員会は，それこそが構造改革の最大のネックだと断じた。

82年農政審は，食料安全保障の方策として，平素からの食料供給能力，安定輸入，備蓄の三点を指摘し，今日に至る骨格を作った。同年白書からカロリー自給率が登場し，89年にはカロリー自給率を自給率表に入れた。

だが現実にはドル高下で米国の農産物輸出は減少に向かい，日米農産物交渉の時代となり，84年に牛肉・オレンジ等の「自由化に近い輸入枠」の設定で一応の決着をみた。

85年の前川レポートは，輸出以上に輸入をのばす「拡大均衡」をめざし，「基幹的な作物を除いて…着実に輸入を図る」とした。その方向性をもって日本はガット・ウルグアイラウンド（UR）に突入する。中曽根首相は外圧利用の農政改革を狙い，今日に至る農政パターンをつくった。

米国農業界は日本のコメの輸入禁止措置のガット提訴を政府に要求し，コメが「聖域」から通商交渉の場に引きずり出されることになった。しかし86年の農政審報告には食料安全保障の言葉がないどころか，「農産物貿易制度について，例えば関税による措置」を例示することで，後のURにおける包括的関税化論に通じる道を開いた。せっかく登場した食料安全保障論の足取りは覚束なかった。

80年代後半に食料自給率が急低下し，とくに生産額ベースでの自給率が史上最大の低下を見た（**図7-1**）。農業生産指数はピークを越し，GDPに占める農業の割合は2％台，農業予算の割合も3％台に落ち，予算面の凋落は70年代後半とともに史上最大だった（**図7-2**）。80年代半なかば，日本農業は縮小再生産時代に入る。

266

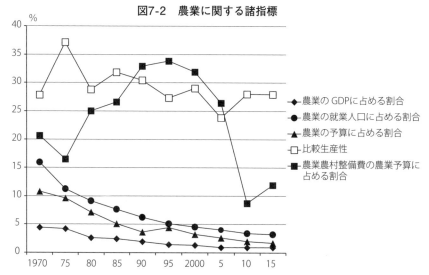

図7-2　農業に関する諸指標

注：1）比較生産性…GDP／就業人口の，全産業＝100とした場合の農業比率。
　　2）「食料・農業・農村白書・参考統計表」による。

　そのなかで農業農村整備費の割合が70年代後半から急増し，80年前後に食管費と入れ替わり，90年代の「土建国家」化につながる動きとなったが，それは政府米価のような所得の地域再配分効果をもたらさなかった。高度成長期の製造業の立地分散との相違である。80年代から所得格差が強まり，とくにそれまで縮小に向かっていた県民所得格差が80年代後半には開くようになる。格差が「農工間格差」ではなく「地域格差」として強く意識される時代になった。

2　政策決定メカニズム──農林族の消長

　1980年代前半の日米通商交渉では，日本側の交渉者が米国に日本農業の困難をいくら説明しても，「ハンカチーフ，郵便切手のように小さい農業をなぜ守る必要があるのか」と理解されなかったが，日本では農村部の票が厚く，農林族なるものが政権党の中枢を占め，農業攻撃は米国の同盟者にダメージ

を与えるという政治メカニズムの説明はなお説得力をもった[6]。

　その政策決定メカニズム＝自民党システムとは次のごとくである。戦後は占領軍の下で官僚が政策立案をほぼ独占し「官僚内閣制」とも称されたが，保守合同なった55年体制下で，60年代には自民党が政策に強く関与する「党高政低」状況が醸成されていく[7]。国会の委員会ごとに自民党の政調会の部会がつくられ，政策案作りは官僚に丸投げしたうえで，政府提出法案は必ず部会を通すこととされた。中選挙区制下での複数当選の可能性は，自民党議員が同一選挙区で特定階層利害を代表でき，族議員として法案・予算案の決定を左右した。

　こうして高度成長の成果配分・集票システムとして，〈族議員―関係官庁（官僚）―業界〉の「鉄のトライアングル」が構築された。衆院定数の農村傾斜と人口小県に配慮した参院定数は，自民党なかんずく農林族の層を厚くした。行政価格の決定は農林族に格好の見せ場を提供し，後には通商交渉が舞台となった。80年代前半にはこのような自民党システムが整い，族議員は最盛期を迎えた[8]。

　しかし86年の衆参同日選挙での自民党勝利（得票率が絶対35％，相対50％でピーク）はその集票基盤の都市シフトを示唆し，それがアメリカ側の察知するところとなって，先のような政治的説得は失効し，仮借ない対日要求が繰り出されるようになる。

　87年には31年ぶりの政府米価の引き下げとなり，農協は米価闘争の旗を降ろした。88年の牛肉・オレンジの自由化の決定は，リクルート事件と相まって89年参院選で自民党を敗北させ，農林族衰退の引き金を引いた。農協系統は農政連を立上げ，独自の農政運動に取り組むようになった。

（6）佐野宏哉「日米農産物交渉の政治経済学」（横浜国立大学経済学会『エコノミア』95号，1987年）。
（7）佐竹五六『体験的官僚論』（有斐閣，1998年）130ページ。
（8）吉田修『自民党農政史　農林族の肖像』（大成出版社，2012年）259ページ。族議員の活動については，猪口孝・岩井奉信『「族議員」の研究』（日本経済新聞社，1987年）185〜187ページ。

第7章　平成期の農政

3　コメ流通の自由化と中山間地域問題

　1980年の第二臨調の発足により新自由主義が日本上陸し，3K赤字（コメ，国鉄，健保）退治を旗印として，生産者米価抑制，コスト逆ザヤの解消，自主流通米助成の縮減，転作奨励金依存からの脱却を追及した。コメに関するあらゆる助成の一掃論である。それに対しあくまで基本米価の引き上げを要求するコメ議員に代わり，新たな農林族としての総合農政派が，東北・北陸を主に自主流通米議員懇談会を組織してその助成に重きを置いた。80年代半ばには自主流通米が政府米を上回るに至った。

　先の86年農政審は「生産者・生産者団体の主体的責任を持った取組みを基礎に，生産者団体と行政が一体となって，コメの需給均衡化を強力に推進」するという，以降の農政の基調を打ち出した。自主流通米が流通主体になれば，生産調整の実行責任も農業団体にシフトすべきという論理である。

　78～86年の水田利用再編対策は，転作による「田畑輪換の推進，地力の維持」を図り，農業所得に占める経常助成金（直接支払）も7.6％のピークに達したが（**図7-3**），次なる水田農業確立対策は，畑作転作の行き詰まりから飼料米等の水稲回帰と，構造政策を重視した生産調整政策という以降の政策基調を打ち出した[9]。日本水田農法の変革課題も挫折した。

　限界地農業の切り捨てが，70年代初めに政府米価算定において限界地単収ではなく平均反収が採られた時から既に始まっていたが，今期の政府米価引き下げと牛肉・オレンジの自由化は，生産条件不利としての中山間地域問題を浮上させ，平成元年の農業白書は「中山間地域」の項を起こした。平成は「地域」が鋭く問われる時代となる。

（9）生産調整政策については，拙著『戦後レジームからの脱却農政』（筑波書房，2014年）第3章。

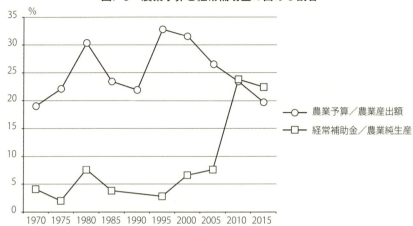

図7-3 農業予算と経常補助金の占める割合

注：1）経常補助金／農業純生産…「平成29年農業食料関連産業の経済計算（概算）」による。
　　2）農業予算と農業産出額は「食料・農業・農村白書参考統計表」による。

4　金融自由化と農協

　変動相場制への移行とともに，70年代なかばから金融の国際化・自由化が進展しはじめ，80年代の日米ドル委員会等を通じて，日本は預金金利の自由化，資本市場の整備，業際規制や内外市場分断の撤廃を強く求められ，利ザヤも縮小に向かった。

　このようななかで農協は，図7-4にみるように准組合員比率を一貫して急上昇させつつ，混住化する地域住民から貯金を集めて，それを自ら運用することなく県信連→農林中金に預けて，農業相互金融から貯蓄金融機能にシフトし，地域金融機関化していった。貯貸率低下に示される農業の資金過剰は後述する住専問題の下地をつくった。

　86年の衆参同日選挙に際して，農協系統は集票と引き替えに米価据え置きを認めさせたが，政権からは翌年の米価引き下げと生産調整への自主的取組みを約束させられた。中曽根首相の意を体した玉置総務長官が，農協は信用

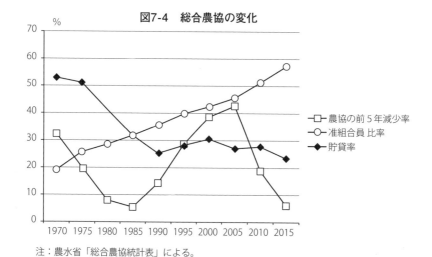

図7-4 総合農協の変化

注：農水省「総合農協統計表」による。

事業等に熱心で営農指導を怠っていると激しく攻撃し，今日に至る農協批判のパターンをつくった。

1980年代は，農業・農政の縮小，農林族の凋落，コメ流通・金利自由化，中山間地域問題の浮上，農協攻撃など，平成期に引き継がれる問題が出そろったという意味で，既に一つの決着をつけた時代だった。

Ⅲ　1990年代——新基本法移行期

1　ポスト冷戦・新自由主義

1989（平成元）年，ポスト冷戦時代が始まった。世界は市場経済に一元化し，新自由主義が支配的イデオロギーとなり，国家に代わり企業が経済をリードし，そのための規制緩和が政策基調となり，国家独占資本主義・福祉国家は支援（enable）国家へ後退し，社会的統合策としての農政の重要性はいよいよ失われた。

「平成」の経済はバブル崩壊とともに始まるが，その日本に対し，アメリカは1991年からの日米構造障害協議，93年からの日米包括協議等を通じて，流通・金融規制緩和，公共投資による内需拡大等のマクロ経済政策調整の追い打ちをかけ，日本は2000年には世界最高の財政赤字国になるまでに追いつめられた。かつて高度成長をもたらした対米従属は日本経済の桎梏に転じた。

　その下で日本経済は，バブルに踊ってポスト冷戦・情報化時代の技術革新に完全に立ち遅れ [10]，次いでその遅れを新自由主義的な規制緩和による市場の力で取り戻そうとして，二重に「失敗」した。

　88年の行革審報告は，経済的規制の原則自由・例外規制，社会的規制による既得権益の保護・参入規制の撤廃を打ち出し，以降，規制緩和と地方分権が二人三脚で進められることになる。93年の平岩研はビジネス・チャンスの拡大，内外価格差の縮小，UR成功のための規制緩和をうたった。とくに農政は規制が強い分野として，コメや農地の国家管理が狙い撃ちされた。

　日経連は長期雇用型と非正規雇用に労働力を峻別利用する「新しい時代の『日本的経営』」（95年）を打ち出し，日本企業は，海外進出，国内での非正規雇用の増，総賃金抑制，労働分配率の引き下げにより内部留保するキャッシュフロー重視の経営行動に転換した。消費税が導入，引き上げられた。ジニ係数が一貫して上昇し，格差社会化を強めた。

　それまで実質可処分所得は伸びる傾向にあったが，バブル崩壊により伸び率が大幅鈍化し，98年のマイナス成長以降は減少に転じた。平均消費性向は高まったが，消費水準指数は92年以降低下しているので，要するに家計は貯蓄に回すゆとりを失ったといえる。家計レベルでの日本経済の根本的転換である。

　その下で二人以上世帯の食料消費支出も90年に対して2000年には6.5％の減となった。とくにコメは30％減，外食費も7.4％減だった。消費は切り詰められ，日本農業の国内市場が狭まり出した。

---

(10)深尾京二他「構造変化と生産性停滞」深尾他編『日本経済の歴史　6』（岩波書店，2018年），吉見俊哉『平成時代』（岩波新書，2019年）第1章。

第7章　平成期の農政

　今期，GDPに占める農業の割合は２％から１％台に落ちた。農業予算は
５％から３％に引き下げられた（図7-2）。

　政治もポスト冷戦時代に入った。93年に選挙の敗北を受けて自民党が分裂
し，40年弱の自民党単独政権が崩れ，細川連立政権が生まれ，少なからぬ農
林族が自民党を離れた。

　小選挙区比例代表制による選挙が96年に実施された。同制度は，自民党が
長期低落傾向をたどりつつも権力を維持しうるための仕掛けであり（得票率
復調），中選挙区制下に育まれた自民党システムとその下での派閥と族議員
の力を蝕んだ。96年成立の橋本内閣は，行政改革会議を通じ，省庁再編，内
閣官房強化，内閣府設置，閣議人事検討会議による官僚人事権の掌握に手を
つけて首相権力を強め，後の小泉・安倍内閣につなげた[11]。

２　「新しい食料・農業・農村政策」（新政策）

　冷戦終結は冷戦期の農業基本法からの転換を必要とし，また可能とした。
新政策は，91年12月のUR貿易交渉委員会でダンケル事務局長が包括的関税
化案を打ち出し，コメの自由化が避けがたくなったことを直接の背景として
立案された[12]。農業基本法下ではコメの自由化はできず，基本法の差替え
が必要だった[13]。

　日本は，食料安全保障と多面的機能という「非貿易的関心事項」を唯一の
武器としてUR交渉に臨んだ。それに即して内政理念も転換し，内外政策の
整合性を図る必要がある。そこで「国民のコンセンサスを得て，まず食料の
もつ意味，農業・農村の役割を明確に位置付ける」，「消費者の視点にたって，
新鮮・良質かつ安全に食料を適正な価格で安定的に供給していくこと」とし

(11)一連の政治改革については野中尚人「『改革』の帰結」（吉見俊哉編『平成史
　　講義』（前掲））。
(12)その概要は，新農政推進協議会編『新政策　そこが知りたい』（大成出版社，
　　1992年）。
(13)新政策は「より長期的方向での米管理のあり方についても研究していく」と
　　した。

273

た。それは農業者という特定階層の利害を追求する基本法から，「みんなの
ため」の公共政策への転換でもある。

　しかし新政策は「政策展開の考え方」では食料政策を第一に掲げたが，
「政策の展開方向」では食料政策を欠き，いきなり農業政策から始まる。UR
最終局面にあって，国境政策への言及を敢えて避けたのだろうが，日本の食
料安全保障政策が具体性を欠く嚆矢となった。

　農政面では，基本法農政期の生産調整と構造政策という未達の課題を引き
継ぎ，とくに後者では徹底した選別政策が採られた。すなわち「マクロとし
ての農業構造をどうしていくべきかという視点よりも，ミクロとしての農業
経営の育成強化に特に大きな焦点」をあてる（2001年には構造改善局—72年
に農地局から改組—を経営局に改めた）。そして「農家」に代わり「経営体
の概念を新たに導入し」，主たる農業従事者の生涯所得が均衡する「経営感
覚に優れた効率的かつ安定的な経営体」を育成することとし，そのために認
定農業者制度を発足させた。行政が特定の経営を「認定」し「育成」すると
いうのは，市場が経営を選別する新自由主義の時代の戯画だった。また経営
視点に立てば市場経済における最も効率的な企業形態は株式会社ということ
になり，新政策はその参入に道を開いた。

　構造政策の目標は，10年後の稲作の農業構造を個別経営体15万，組織経営
体2万程度とし，そこに農地の8割を集積することとした。新政策は史上初
めて構造政策を選別政策として具体化させた。

　新政策はもっぱら農林官僚の手になる。基本法の差替えという農政の根本
的転換が，官僚（だけ）の手で，たんなる省議決定としてなされたことは，
党高政低の農政から官僚農政への回帰を示唆した。

3　WTO農業協定と食管制度の廃止

　URは，米国が日本等への関税化の特例措置（ミニマムアクセスの割り増
し，そこでの米国枠の確保）に転じたことで93年に妥結した。その年，日本
はコメの作況指数73という凶作に陥り，単年度需給均衡論に立つ食管制度で

は食料安全保障が果たせないことを白日の下に晒した。

　WTO協定は，当初の6年間について，①非関税措置を全て関税に置換し，平均して36％減らす。②価格支持や不足払い等の国内支持の助成総量（AMS，内外価格差×生産量＋削減対象直接支払）を20％削減する。③輸出補助金を金額で36％，数量で21％削減する，とした。②の削減対象直接支払とならないのは，生産のタイプ（品目）・数量（家畜頭数を含む）・内外価格・生産要素量にリンクしない（デカップリング）支払である（Ⅵ）。条件不利地域支払は，当該地域の全生産者が受け取ること，当該地域での生産に伴う追加費用や収入喪失に限定される。

　日本は既に政府米の比重を決定的に落としていたため，許容されるAMSは大きかったが，新ラウンドの開始を控えて，デカップリング型の直接支払への転換は不可欠であり，そのため麦・大豆・酪農乳業の「新たな政策大綱」で直接支払への転換がなされたが，品目別ではデカップリングとならず，経営単位の品目横断的直接支払への転換が必要だった。

　WTO協定の最大のインパクトは価格政策の廃止であり，日本では食管制度の廃止である。ミニマムアクセス（MA）米の輸入はコメを独占国家貿易とする食管法を無効にし，食糧法に差し替えられた。

　食糧法はコメ流通の国家管理を外しつつ，米価は自主流通米価格形成センターに委ねた。米価審議会は幕を閉じ，コメ議員の出番を奪った。そのうえで生産調整の法制化と備蓄米の政府買上で需給・価格の安定を果たそうとした。生産調整は「生産者の自主的な努力を支援することを旨」としつつも，国の生産調整方針にコメ生産者の生産数量目標の設定方針が含まれたことから国家責任は免れなかった。

　流通自由化と国家カルテルとの矛盾は，94年からの4年連続豊作による過剰によって直ちに露呈した。そこで生産調整目標が拡大されたが，その目標を達成したにもかかわらず米価は下落し続け，97年には生産費を割り込むに至り，農家の不満が鬱積した。

　それに対して97年に稲作経営安定対策（稲経）が導入された。過去3年の

平均価格を基準価格として，それと当該年度の市価の差額の8割を国6％，生産者2％の拠出による基金から補てんするもので，新たな直接支払政策の嚆矢となった。**図7-3**で，90年代後半から，農業産出額に対する農業予算の割合の減（価格政策の廃止），農業純生産に対する経常補助金（直接支払）の増がみてとれる。

価格下落が続くなかで2001年には基準価格を前年並みに据え置いた。これが継続すれば一種の不足払い制度になるが，農水省主流は拒否した[14]。

URはさらに2つのことをもたらした。一つはUR国内対策として総事業費6兆100億円（国費は3兆円）が措置されたが，その予算規模と使途の点から「ばらまき」批判を呼んだ。その根底には農業保護批判がある。

二つはコメの関税化を前に政府・自民党・農業団体からなるWTO三者会議がもたれ，コメ自由化反対の運動に敗れた農協はその枠組内に封じ込められ，運動団体としての性格を喪失した。

4　農業生産法人の要件緩和

新政策を受けて，93年には農地法が改正され，農業生産法人の事業要件が関連事業に，構成員要件が産直する個人・グループ，種苗会社等に，それぞれ規制緩和された。

経団連は，95年には転用規制をしたうえで「耕作者主義」[15]を見直すべきとし，さらに97年には農業生産法人の構成員を食品産業等の農業関連産業に拡大し，また株式会社の農地の借入・購入を段階的に認め，その出資要件を緩和して経営・マーケティングの専門家が役員になれるようにした。

---

(14)「改革の方向を出し切れなかった食糧庁の幹部については，農水省として厳しい処遇」をし，次官ポストが食糧庁長官経験者以外に回された（日本農業新聞　2000年12月23日）。

(15)農地の権利取得の権利を自ら耕作する者に限定する主義で，70年農地法改正での農業生産法人の役員要件として定められた。関谷俊作『日本の農地制度・新版』（農政調査会，2002年）64ページ。

第7章　平成期の農政

　これらは「転用統制強化・参入規制緩和」を主張するが，現実にはそれに
反する規制緩和が，地方分権推進委員会で2～4haの転用許可権限を知事
の法定受託事務とすべきと主張され，それに即して農地法が改正された⁽¹⁶⁾。

　以上を受けて，97年の食料・農業・農村基本問題調査会答申は「株式会社
が土地利用型農業の経営形態の一つとなる道を開く」とし，翌年の「農政改
革大綱」は，「地域に根ざした農業者の共同体である農業生産法人の一形態
としての株式会社に限り，農業経営への参入を認める」とした。そして2000
年農地法改正で，株式の譲渡制限をした株式会社を農業生産法人の法人形態
に加え，ただし農業・農業関連事業が売上で過半を占めること，農外の構成
員の議決権を1/4以下とする（それぞれについては1/10以下とする）こと，
農業に常時従事する者が業務執行役員の過半を占め，その過半が農作業に60
日以上従事することとした。

　ここには，農業生産法人を「地域に根ざした農業者の共同体」と規定し，
農外者の議決権を1/4以下にとどめることで，かろうじて法人の農業者支配
と耕作者主義を守ろうとする努力がうかがえるが，21世紀に入ると剥き出し
の株式会社の権利取得論，耕作者主義の廃棄が主張されるようになる。

　UR・新政策の歴史的意味は，戦後農政の柱だった農地・コメの国家管理
を外した（形骸化した）ことにあり，新基本法への道が掃き清められた。

5　食料・農業・農村基本法の制定

　新政策を受けた94年農政審は，農業基本法を「国民的コンセンサスを明確
化する意味でも見直すべき」としつつも，なおその「要否も含め検討すべ
き」にとどめた。同報告は「農山村地域の活性化」についても詳述したが，
「いわゆる直接所得補償方式については，EU型のそれを我が国に直ちに導入
することは適当でないという意見が大勢を占めた」にとどめた。

　その踏ん切りがついたのは，WTO農業協定が条件不利地域支払について，

───────────────────────────────

(16)拙著『食料主権』（日本経済評論社，1998年）第3章。

277

「当該地域のすべての生産者」が受給できることを要件としたことによる。それにより構造政策的なこだわりを一応は払拭できたからである。

97年に首相の諮問機関として食料・農業・農村基本問題調査会が設置された。コメ自由化後の農政の骨格は既に新政策により打ち出されており，残るのは食料安全保障と多面的機能という農政理念のオーソライズだけであり，会長には文明史家が充てられた[17]。98年末にコメの関税化に踏み切り，WTO新ラウンドに臨む条件も整い，99年には新基本法が制定された。

両理念は「2000年WTO農業交渉日本提案」における「行き過ぎた貿易至上主義へのアンチ・テーゼ」とされ，内外政策の整合性が図られた。新基本法の固有の新機軸は食料自給率目標の設定（農業政策の包摂）と中山間地域等直接支払（農村政策の包摂），なかんずく後者だった。

新基本法に基づいて概ね5年ごとに基本計画を定めることとされ，2000年3月の第1回のそれは10年後の総合食料自給率の目標をカロリーベースで45％，参考に金額ベースで70％とした。それまでの日本の食料安全保障政策は食管制度で代替されていたが，食管制度廃止後のそれは確たる制度に裏付けられない「張り子の虎」を運命づけられた。

新基本法の制定は，冷戦終結から既に10年を経ていたが，構造政策と脱生産調整政策の未達という日本的なハンディをかかえつつ，ポスト冷戦の歴史的課題に即応した公共政策の樹立を果たそうとしたものと一応は評価しうる。しかし「ポスト冷戦」が切り開いた「公共性」は新自由主義的なそれであり，新基本法もまた公共政策と新自由主義の両面をもつことになった。

新基本法が農業予算を上向かせることはなかった。名が体を表すなら農水省はいずれ「食料農村省」にならざるを得ないが，それが農業政策の空洞化につながらなければ幸いである。

---

(17)基本法農政時の東畑清一会長とは比較にならない。この史家・観光立国論者の著書は多いが，ネットでのその値付けが新基本法の値付けになるのは避けたい。

6 住専問題とJAバンク化

92年の法改正で，農協の信用事業は規制緩和（証券・信託業務，外為取引等の解禁）と規制強化（自己資本比率6％以上，経営内容のディスクロージャー等）がなされた。農協は「JA」を自称しつつ，「JAバンク」化した。

その時，住専問題が表面化した。住専は母体行の融資を受けて住宅ローンをこなすノンバンクだが，母体行自らがリテール分野に乗り出すに及んで不動産貸付にのめり込み，バブル崩壊で破綻した。土地関連融資の抑制に関する銀行向けの1990年大蔵通達では不動産業，建設業，ノンバンクの三業種への融資が規制されていたが，信連向け通達では三業種規制がなく，農協資金が住専に大挙流れ込むことになり [18]，95年には42％にも達した。

95年末の住専の破たん処理で，6.4兆円の損失のうち母体行・一般行の負担を除く1.2兆円が農林系の負担とされたが，農林系はあくまで母体行責任を追及し，5,300億円の負担能力しかないと主張し，7千億円弱の公的資金の投入になった [19]。そのことが，あたかも農協がごねて公的資金の投入になったかの印象を与え，国民の非難をあび，かつ農協は農水省に大きな借りをつくることになった。

住専問題により農林中金と24県信連が赤字に陥った。96年には一連の法改正により，自己資本比率に基づく早期是正措置，中金と信連の合併・事業全部譲渡可，経営管理委員会の選択的導入，部門別損益の組合員開示等が定められ，経営管理委員会を通じる経営者支配に道を開いた。2001年法改正は，信用事業の一部譲渡を可とし，全国のJAが「一つの金融機関」として自己規制を強めるJAバンクシステム（破たん未然防止の自己ルール）が構築された。

農協は，70年代前半に次ぐ第二の合併高揚期をむかえ（**図7-4**），2000年前後には1県1JAも出現した。第一の合併期は市町村合併に合わせたもの

(18)佐伯尚美『住専と農協』（農林統計協会，1997年）Ⅱ章。
(19)小峰隆夫『平成の経済』（日本経済新聞出版社，2019年）73ページ。

だが，第二のそれは金利低下に伴う信用事業の収益減を規模拡大でカバーしようとしたもので，従来からの農協の信用・共済事業依存のビジネスモデルへの傾斜を強めた[20]。

1990年代は世界も日本も根本的な転換期だった。農政はポスト冷戦時代に即応すべく基本法の差替えを果たしたが，そこでの食料安全保障と多面的機能の強調が，可処分所得の減とそれを個人の自己責任に転嫁する新自由主義もとで，どれだけ国民の共感を得ることができるかが課題だった。

Ⅳ　2000年代——政権交代期

1　小泉構造改革

2001年4月，「自民党をぶっ潰す」と公言する小泉内閣が発足する。「ぶっ潰す」対象は冷戦期の自民党システムであり，その内容は，自民党をポスト冷戦期に向けてリニューアルすることだった。小泉は，90年代の政治改革なかんずく橋本改革を通じる首相権力・官邸・内閣府機能の強化を存分に活用し，政策決定の中枢に経済財政諮問会議を置き，そこでは民間議員の発案に基づいて財界メンバー等で議論し，その結論を「骨太方針」として閣議決定し，国の政策・予算を決めていく方式をとり，与党事前審査制等をふっとばし，「構造改革特区」を設けるなどして，「聖域なき構造改革」を断行した[21]。その内容は新自由主義的な規制緩和であり，それによりバブル崩壊後の深刻な不況の克服をねらったが，結果は制度破壊だけだった。

小泉自身は農政への関心は薄かったとされるが[22]，後に幹事長となる「偉大なるイエスマン」を非農林族から農水大臣に抜擢して辣腕をふるわせ

---

(20) 拙著『農協改革と平成合併』（筑波書房，2018年）。

(21) 清水真人『平成デモクラシー史』（ちくま新書，2018年）第3章，吉見俊哉『平成史講義』（ちくま新書（前掲），第2講）。

(22) 生源寺眞一『農業再建』（岩波書店，2009年）第1章。

た。折から雪印乳業の食中毒事件，BSE発生など食の安全性に係わる事件が多発した。新政策には無く新基本法が独自に加えた条項は「食料の安全性」（第16条）だったが，それが実効性をもたなかった。

02年，BSE問題調査検討員会は，それらを農水省の「重大な失政」と断じ，その原因は，族議員が「生産者優先の政策を求め」，農水省が「抜きがたい生産者偏重の体質を関係議員と共有」してきたことにあるとした。

これを受けて農水省は「消費者に軸足を移した農林水産行政」を副題とする「『食』と『農』の再生プラン」を発表し，「農業経営の株式会社化」「農地法の見直し」「米政策の見直し」に言及した。先の農水大臣は，構造改革特区で株式会社の農業参入を促進すべしとし，農協に「改革か解体か」「JA同士の競争」を迫った。2003年には農水省に君臨してきた食糧庁が廃止され，消費・安全局等の設置，食品安全基本法の制定となった。

「飛ぶ鳥を落とす勢いの小泉構造改革路線の前に農林族議員といえども口を挟むことかでき」なかった[23]。2005年の郵政選挙で多くの農林族が離党した。「農林族のダメージは計り知れなかった」[24]。

小泉が辞任した後の自民党は，07年の参院選で過半数割れし，ねじれ国会となって政権交代が近づいた。そこでは農政が大きな争点になった。08年にはサブプライム危機が起こり，日本経済はアメリカ本国よりも激しい落ち込みをみせた。サブプライム危機は新自由主義的資本主義の破綻を告げ，民主党オバマ政権を誕生させ，日本でも政権交代をもたらした。

2011年3月，東日本大震災と原発事故が起こり，日本経済のこれまでの成長第一主義に根本的な疑問をつきつけた。しかし現実には災害資本主義がはびこり，農水産業では「創造的復興」の名で大規模化や野菜工場化が進められ，エネルギーの原子力依存は変らなかった[25]。

---

(23)吉田修『自民党農政史』（前掲），539ページ。

(24)同上，693ページ。

(25)吉岡斉『新版　原子力の社会史』（朝日新聞出版，2011年），田代洋一・岡田知弘編『復興の息吹』（農文協，2012年）。

図7-2では，今期，GDPに占める農業の割合はコンマ以下に落ち，農業予算の割合も2％に落ちた。農業産出額に対する農業予算の割合も23％に落ち，農業の政策的支持が最低に落ち込んだ。

2 WTO新ラウンドからFTAへ

2001年，ドーハラウンドが開始された。02年のモダリティー（交渉枠組み）における関税率引き下げをめぐり，米国・ケアンズグループ，日本・EU，途上国・新興国の三つ巴の対立になった。日本はMA米の返上を主張したが，相手にされなかった。

03年のカンクン閣僚会議で上限関税の設定が打ち出され，日本は窮地に陥るが，投資等の分野での先進国・途上国間の対立で会議が流れた。以降，上限関税の設定とそこから除外される重要（センシティブ）品目数をめぐり対立が続いた。

08年には重要品目を原則4％，代償付きで6％とする案が出され，8％を主張していた日本は再び窮地にたたされるが，今回も途上国向けセーフガードをめぐる米国と中印との対立から決裂し，新ラウンドは行き詰った。

欧米は既に90年代からFTA（自由貿易協定）を追求していたが（EU，NAFTA），WTOの「国連化」（決められない）に伴い，代わってFTAの追求が世界の主流となり，日本も02年の対シンガポールをはじめアジア諸国とのFTA（EPA）に乗り出す。とくに「骨太の方針2006」で，「日本の通商政策がアジア中心にFTAを強化する方向に舵を切ったことが明示」され [26]，FTAラッシュになっていく。2006年末，第一次安倍政権は日豪FTA交渉に入ることに合意した。URで真っ向から対立した農産物輸出大国・豪とのFTAは，農業に配慮したアジアとのFTAからの根本的転換を意味する。

2005年の第2回目の基本計画は，カロリー自給率目標の達成年次を5年延長した。08年，農水省は大臣官房に食料安全保障課を設置した（2015年に

---

[26] 金ゼンマ『日本の通商政策転換の政治経済学』（有信堂，2016年）。

「室」に格下げ）。食料安全保障は外圧が強まるたびに思い出される政策と言える。

3　農協の経済事業「改革」

2002年，食の安全性が大きな問題となっている最中，全農は偽装表示等で相次いで業務改善命令を受けた。経済財政諮問会議の民間議員は，農協は「独占的地位により新規参入を結果的に抑制」しており，「他の業者とのイコールフッティングを目指すため，競争原理の導入」を図り，独禁法適用除外の制度を検証すべきとした。総合規制改革会議は，連合会の独禁法適用除外の見直し，員外利用規制の強化，区分経理の徹底，信用・共済事業等の分社化，他業種への事業譲渡，農協間のサービス競争の促進を答申した。

農水省は「農協のあり方についての研究会」をたちあげ，その2003年報告は，「信用事業・共済事業の収益による補てんがなくても成り立つように，経済事業等について大胆な合理化・効率化」を求め，今日に至る農協「改革」の基調を打ち出し，赤字部門は廃止，事業譲渡，民間委託，分社化を図るべきとした。とくに全農改革を「農協改革の試金石」と位置付け，「自らの販売関連事業の代金決裁・需給情報提供などの機能に特化」させるべく，「全中の指導方針に従って自らの改革」をすべしとした。そこではまだ全中が利用価値有りと位置づけられていた点が，全中を切り捨てた次期との違いである。

今期の前半，農協は合併のピークを迎え，2010年には准組合員比率が51％を占めるようになった（**図7-4**）。長期共済保有高は21世紀に減少に向かいだし，信用事業依存がさらに強まった。貯貸率は30％を切り，農林中金からの奨励金への依存体質が深まった。農林中金は高利の奨励金の原資を稼ぐため海外投資に傾斜し，サブプライム危機でCDO（債務担保証券）が焦げ付いて2兆円の赤字を出し，JAや信連から1.9兆円の出資をあおいだ。日本の農業・農村が，農協金融を通じて世界金融市場に強くリンクしていることが明らかにされた。

4 「平成の農地改革」——企業の農地賃借と円滑化事業

　2002年，構造改革特区法が成立し，自治体の申請を首相が直接許可することとした。総合規制改革会議や構造改革特区推進本部は株式会社の農業参入を提起した。農水省は耕作放棄地が相当程度存在する特区内において，役員の1人以上が農業に常時従事する農業生産法人以外の法人（株式会社など）が，自治体と協定を結んで農地借入できることとした。総合規制改革会議は，その全国区化と，特区内での株式会社の農地購入を認めるべきとした。

　2005年には特区方式での株式会社等の農地借入が特定法人貸付事業として全国化された。業務執行役員の一人以上が常時耕作従事する条件が付されているが，耕作者主義はこの薄皮一枚を残すのみとなった。農政は90年代後半と2010年代前半に急拡大する耕作放棄地対策を口実に，次々と企業の農業進出を容認するようになる。

　小泉構造改革の指南役として，日本経済調査協議会『農政の抜本改革』（2004年）が大きな役割を果たした。それは「平成の農地改革」をトップに据え，「事前規制中心から事後規制中心のシステムへの移行」を強調した。農地耕作者主義のように事前に農地への参入資格を制限するのではなく，ゾーニングで転用統制を厳しくしたうえで，「農地を適正かつ効率的に耕作するものに農地の権利取得を認め」，もし不適切だったら事後に取り消せば可という新自由主義的発想である。

　2007年，農水省の官房長は経済財政諮問会議で，「価格とか専業，兼業を同一に扱う政策とはもう決別した。ただ，農地の問題は私たちも最後に残された大きな問題だ」「それをもっていわゆる農業の構造改革は終わる」と「平成の農地改革」に取り組む姿勢を示した。

　その直後，経済財政諮問会議のEPA・農業WGが，「所有と利用を分離」「利用をさまたげない限り，所有権の移動は自由」「農地を株式会社に現物出資して株式を取得する仕組み」等を提起した。

　これらのバックアップのもと政権交代寸前に農地法改正がなされた。一つ

284

は農地利用集積円滑化団体が利用権設定等の白紙委任を受けてあっ旋するという「委任・代理方式」の導入であり[27]，もう一つは農地法の根幹のくり抜きだった。すなわち「農地はその耕作者が所有することを最も適当」とする農地法第1条の目的規定を「農地を効率的に利用する者」の権利取得に改め，所有権については耕作者主義を残しつつも，賃借権については解除条件付きで農業生産法人以外の法人（株式会社等）にも賃借権を認めることで，賃借権を耕作者主義から外した（過去最大の農地法改正）。残る所有権における耕作者主義の存否も，もはや論理の力ではなく政治力学に依存することになる。

　補正予算で，集落営農を法人化して利用権の設定を受けた場合に，2009年であれば10a当たり1.5万円×5年＝7.5万円を交付する農地集積加速化事業が盛られたが，政権交代で配分は凍結された。

5　政権交代への道──米政策改革と品目横断的政策

　農政における政権交代への第一の引き金は，米政策改革（生産調整廃止）だった。2001年の参院選で自民党が勝利するや，農水省は稲経からの副業農家除外を自民党に提起し，経済財政諮問会議の民間議員からは生産調整の抜本的見直しが提起された[28]。それを受けて農水省内に設けられた生産調整研究会はコメ政策全般の検討に「大化け」し，02年11月には「基本方向」を取りまとめ，翌月には「米政策改革大綱」が定められた。

　「基本方向」は，生産調整には「不公平・不公平感の問題が渦巻」き，「閉塞感がつのるばかり」であり，「水田農業政策・米政策再構築」が不可欠だとした。めざすべき「米づくりの本来のあり方」は，効率的かつ安定的経営が生産の大宗（6割）をしめ，彼らが「市場を通じて需要動向を敏感に感じ取り，売れる米づくりを行う」ことだとする。

---

(27)円滑化団体の54％を農協が占め，農地賃貸の促進への農協動員だった。
(28)そのドラフトは「農水省改革派の持ち込み」とされる。濱本真輔「農業政策」（竹中治堅編『二つの政権交代』勁草書房，2017年）27ページ。

それでも「何らかの需給調整が必要」だが，国県は需給の情報提供を行い，「農業者は毎年どの程度の生産を行うかについて判断し，必要な場合には，農業者団体が農業者に生産数量目標を配分する」，「担い手への経営安定対策」や「米以外の作物による産地作り推進のための助成措置」を講じるというものである[29]。2014年度に地域水田農業ビジョンを策定し，2010年度に農業者・農業団体が主役となるシステムを構築するとした。

「本来あるべき姿」とは，要するに需要・供給曲線の交点で価格決定・需給調整されるミクロ経済学の初歩の世界への憧憬である。「米政策大綱」は，「過剰米に関連する政策経費の思い切った縮減が可能となるような政策を行う」と本音をもらしていた。

生産調整廃止のサインを出した「大綱ショック」の負の効果はまことに絶大で，04年から過剰作付けが増えだし，米価は恒常的に生産費を下回るに至る。「大綱」は政権交代の第一の引き金を引いた。

第二の引き金は，品目横断的経営安定対策（選別政策）だった。経営体単位の経営所得対策への移行に当たり，自民党はその対象を，効率的・安定的経営に育成すべき「意欲ある担い手」40万程度（家族経営33〜37万，法人経営3〜4万）とした。先の生産調整研究会・大綱では「規模拡大等の経営改善努力を行う担い手を対象とした米価の著しい下落の影響を緩和するための対策（担い手経営安定対策）」を講じるとされ，その対象となる認定農業者は北海道10ha，都府県4ha以上の水田経営規模あるいは一定期間内に法人化を目指す20ha以上の集落型経営体（特定農業団体）とした。ここに規模による選別政策の決定的な一歩が踏み出された。

2005年に品目横断的経営安定対策が定められた。「これまで全農家を対象とし，品目毎の価格に着目して講じてきた対策を，担い手に対象を絞」ることにしたのは，「戦後の農政を根本から見直すもの」（農水省）とされた。

---

(29)生源寺眞一『新しい米政策と農業・農村ビジョン』（家の光協会，2003年）第1部。

第7章　平成期の農政

　品目横断的政策は，前述のように対象を担い手に限定した。外国との生産条件格差の是正対策（ゲタ）と収入変動緩和対策（ナラシ，過去5年の中庸3年の平均収入との差の9割を政府3：生産者1での積立金から補てん）に分かれ，対象品目は，前者は麦，大豆，てん菜，でん粉原料用ばれいしょ，後者はそれにコメを加えた。ゲタについては，過去の作付け実績に基づく部分と当該年生産量に基づく数量支払から成る。

　同時に農地・水・環境保全向上対策が導入された。それは「地域ぐるみでの効果の高い共同活動」と「農業者ぐるみでの環境保全に向けた先進的な営農活動」等からなる。同政策について，「農水省幹部」は，「強い農家に助成が集中することへの反発を説得する秘策」で，「零細農家がすべて切り捨てられるのではないと分かれば，担い手へ絞り込むことへの反発がかわせる」[30] とした（イチジクの葉効果）。以上により農業純生産に占める直接支払の割合は10％を超えた（**図7-3**）。

　このような対象限定的な選別政策に対して，農協等は規模要件を満たさない農家を特定農業団体に組織することで交付対象化する苦肉の策に出て，枝番集落営農が林立することになり，そこにも組み込まれない農家は政策から「排除」され，生産調整参加率を低めた。

　以上の選別政策に加えて，米価が生産費を下回る状況が恒常化しているにもかかわらず，コメがゲタ政策の対象にならなかったことに対する農家の全階層的な不満が募った。

　対して民主党は，既に2000年頃から直接支払を掲げ，04年「農林漁業再生プラン」で直接支払の対象を全ての販売農家とし，05年マニフェストで10年後の自給率50％を実現するため直接支払予算1兆円を掲げた。06年には小沢一郎が党首になり，食料の完全自給，小規模農家を守る，戸別所得補償制度をスローガンに07年の参院選に勝利し，自民党を過半数割れに追い込んだ。

　自民党農林族は，この参院選敗北により，官僚任せの新自由主義農政の行

---

(30)朝日新聞，2005年3月10日。

287

き過ぎにようやく気付き，過剰米40万トン買い入れ，生産調整実施者に10a
５万円の一時金支払い，品目横断的政策の担い手の面積要件外し（後に年齢
制限も外し）等を打ち出した。コメ関係団体と行政トップがそれぞれの段階
で「生産調整目標達成合意書」に署名し，08年には「岩盤対策」として10a
３千円の生産調整協力金を作付面積に対して交付することとした。

09年，麻生内閣の石破農相は民主党と同じ生産調整の選択制を打ち出すが，
党内農林族の猛反発を受けた。農水省OBが経済財政諮問会議の民間議員を
通じ石破案を「骨太方針」に反映させようとしたが[31]，不発に終わった。

この間，農水大臣は自殺，不祥事等で次々と替わり，農政は迷走し，自民
党は生産調整再強化を図るものの時すでに遅く，８月末の衆院選で惨敗して
政権交代となり，旧農林族は衰滅した。

6　民主党農政——コメ戸別所得補償の一点豪華主義

民主党は脱官僚支配を掲げ，与党幹部が正副大臣・政務官等として各省に
入り，官僚を排除して政策の立案・執行を一元的に仕切るシステムをとっ
た[32]。官僚任せでなく政党が自ら政策を作り，それを掲げて選挙に勝ち政
権交代を果たしたこと自体は画期的だったが，官僚排除が行き過ぎた。

しかもその政策はコメ戸別所得補償の一点張りだった。すなわち「米を作
らないことに補助する減反は廃止し，米価維持政策もとらない」[33]を基本
とし，すべてを戸別所得補償と選択的生産調整にかけた。前者についてはコ
メの生産数量目標（裏返された生産調整「目標」）を達成した全ての販売農
家に対して，10a当たりの定額部分と変動部分を支払う。定額部分は過去７
年の中庸５年の平均費用（労働費は８割カウント）と過去３年の標準的な販
売価格を差し引いて10a15,000円を全国一律に支払う。変動部分は過去３年

---

(31)髙木勇樹「時代の証言者」シリーズ（読売新聞，2014年２月19日）。
(32)民主党システムと農政については拙著『政権交代と農業政策』（筑波書房，
　　2010年）。
(33)筒井信隆「農業政策」（『日経ビジネス』2009年９月19日号）。

の標準的な販売価格と当年産価格の差額を支払う。

　民主党の算式を当てはめると固定部分相当は10,000円程度となるので，5,000円の民主党プレミアムとなる。これによっても全国平均1ha未満と東海以西の地域は赤字であり，東日本中上層農向け施策といえる。

　生産調整政策は，「水田活用自給力向上事業」と銘打たれ，自給力向上を結びつけたこと自体は一つのアイデアだった。具体的には先の生産目標数量の達成の如何にかかわらず，10a当たり麦・大豆・飼料作物は35,000円，米粉・飼料用・WCS稲等は80,000円，そば・なたね・加工用米は20,000円といった交付金単価が決められる（プラス経営所得安定対策）。以上により農業純生産に占める直接支払の割合は24％に飛躍した（**図7-3**）。

　この結果，水田の過剰作付面積・目標超過数量は減ったが，米価は作況指数100前後にもかかわらず下落した。すなわちコメ戸別所得補償は，米生産目標達成者のみに支払われるため，生産調整へのインセンティブとなったが，価格維持政策はとらない同党の政策下では，価格引下げに作用した（Ⅵ）。

　以上から，まずは市場価格が日常的に生産費を下回る状態を引き起こす国内要因を解明し，それに即応した政策が採られるべきであり，それを抜きにしたコメ戸別所得補償は緊急対策以上のものではありえなかった。

　コメ戸別所得補償では民主党色を打ち出したが，その他の農政はどうか。

　通商政策については，党の支配者だった小沢は元々「すべての農産物輸入を自由化したとしても，きちんとした対策を講じていれば，それで日本の農家が困ることはない。困るのは既得権益を失う農協や農水省だけ」という考えであり ⁽³⁴⁾，菅首相も「FTA交渉の姿勢で，自民党との間に差はない」としてAPECに臨み，TPPに意欲を示した。要するに「開国」しても戸別所得補償さえあれば大丈夫というのが民主党の考えである。

　予算編成に当たっては，「コンクリートから人へ」のスローガンの下，自民党時代の新自由主義を引き継いだ行政刷新会議の事業仕分けで農業のイン

---

(34)小沢一郎『小沢主義』（集英社インターナショナル，2006年）35ページ。

フラ整備関係を軒並み削減し，農水省の削減額は厚労省に次いだ。初年度予算の直接支払関係は総額8,500億円（全体の35％）だが，その原資とされた土地改良事業費は63％減となった。農業予算は1976年水準にもどり，農業産出額に対する割合も落ちた（**図7-3**）。

　農協については，小沢は徹底して嫌い，行政刷新会議はのちの安倍政権の規制改革推進会議をはるかにしのぐ「改革」を掲げた。農地政策も，先の日経調『農政の抜本改革』引き写しの出口規制論だったが，両政策とも具体化されなかった。

　2011年には「人・農地プラン」が打ち出された。集落や自治会等を単位とする地域の徹底した話し合いを通じて平場で20〜30ha，中山間で10〜20haの中心的経営体に5年間で農地の8割を集積するウルトラ構造政策で，経営転換協力金や規模拡大加算，青年就農給付金が設けられた。

　この政策は，同党の小規模農家重視の建前と矛盾する。つまり「人・農地プラン」は自民党政権末期に開始された農地利用集積円滑化事業を補完するための農水省政策といえる。とすれば，政権による政策形成という民主党の初心は地に落ち，官僚任せに戻ったといえる。後に同プランは安倍政権が唯一引き継ぐ政策になる。政権交代の底流を貫くのは依然として官僚農政である。

　今期，冷戦終結は日本に政権交代をもたらしたが，その主戦場の一つが農政だった。農業はなお社会的緊張のなかにあり，争点は依然として米価と選別政策であり，直接支払政策の仕組み方が争われたが，その影響は地域的に限定された。

V　2010年代——官邸農政

1　一強多弱の第二次安倍政権

　2012年末に政権再交代となり，以降，長期政権が続いている。それをもたらしたのは，第一に，中国が2010年に日本を抜いてGDP世界第二位に伸長し，

第7章　平成期の農政

北朝鮮が核・ミサイル開発を進めるなかでの，北東アジアにおける緊張の強まりであり，国民の「強い国家」願望が高まった。第二に，にもかかわらず民主党の政権担当能力の欠如があまりにひどく，かつ野党が多党化したことにある[35]。

　第二次安倍政権は，90年代の橋本改革，2000年代の小泉構造改革の成果である小選挙区制のメリットを十分に活かし，官邸機能を飛躍的に高め，新たに内閣人事局を設けることで官僚支配を決定的にし，強化された内閣府の下に首相肝いりの諮問機関を置いて「政策会議システム」を作り[36]，政策立案にも権力をふるって各省支配を強め，「忖度行政」と官僚のとめどない劣化をもたらした。

　小泉改革時との違いは，政権交代選挙を通じる旧農林族の衰滅である。そのことが，農政を「忖度行政」の本場とし，TPP参加や農協「改革」の突破口となった。

　また第一次安倍政権との相違は，不況に苦しむ国民の要求に応えるポーズをとって経済政策（アベノミクス）を前面に出したことで，野党が有効な対案を出せないなかで内閣支持率の支えになった。

　アベノミクスは異次元金融緩和で円安誘導し輸出を伸ばす成長戦略であり，メガFTAの訴求がその核になり，農業においても成長産業化・輸出産業化が強調されている。

　現実にはメガFTAで増大する輸入農産物に対する価格対抗力をつけるためのコストダウンが安倍農政の主要局面であり，そのために「農林水産業・地域活力創造プラン」が策定され（13年12月），10年間で全農地の8割を企業を含む担い手に集積し，コメ生産コストを4割削減することとされた。それに向けて，農地中間管理事業法，農協法・農業委員会法改正，農業競争力

---

(35)中北浩爾『自公政権とは何か』（ちくま新書，2019年）第1章。
(36)野中尚人，前掲論文，62ページ。自民党システムの歴史については中北浩爾
　　『自民党──「一強」の実情』（中公新書，2017年）。

291

強化関連8法が制定された[37]。

図7-2にみるように，農業の成長産業化の掛け声にもかかわらず，農林予算の割合，その総産出額対比は史上最低であり，農業農村整備費の割合の回復もわずかで，政策基調は民主党政権時代の延長上にあることは図7-4にも明らかである。二度の政権交代における農政は，コメ戸別所得補償の一点を除いて，表面的な対立にもかかわらず連続的であり，そこに通底するのは官僚農政である。

この期は直近のことなので政策内容については最小限にとどめつつ[38]，併せて平成農政の帰着点を小括することとした。

2　メガFTAと問われる食料安保戦略

安倍の政権復帰の最初の仕事はTPP交渉入りの決定だった[39]。これは日本初のメガFTA交渉入りであり，通商交渉の根本的転換である。URまでは，佐野宏哉，塩飽二郎といった農水省審議官がタフネゴシエーターとして交渉にあたったが，TPP交渉は完全に官邸主導（担当大臣をおいて）となった。安倍は米国をけん制しつつTPP交渉を有利に進めるため，2014年4月に急きょ日豪EPAを大筋合意した。TPPは2015年には大筋合意，16年2月に署名，17年1月に国会承認された。

他方，米国では，TPP等の多角的協定はアメリカ・ファーストを縛る「悪い協定」だと批判してきたトランプが大統領選に勝利し，17年1月にTPPから離脱した。安倍はすかさず米国抜きのTPP11のイニシアティブ取りに出て，同年11月に大筋合意，19年1月に発効となった。安倍は同時に一帯一路の容認など中国接近も試みている。

---

(37)拙稿「農業競争力強化関連8法成立の歴史的位置」（『歴史と経済』240号，2018年）。
(38)拙著『戦後レジームからの脱却農政』（前掲）に譲る。
(39)その交渉過程については鯨岡仁『ドキュメント　TPP交渉』（東洋経済新報社，2016年）。

第7章　平成期の農政

　安倍はTPPと同時に日欧EPA交渉に入り，19年2月に発効にこぎ着けた。中国を含むRCEP（東アジア地域包括的経済連携）も13年から交渉開始した。日本にとりRCEPは最大の貿易・投資市場である。

　政府のTPP，TPP11，日欧EPAの試算で影響が大きいのは食肉，牛乳乳製品，木材である。それに対して政府試算は，十分な国内対策を講じるので国内生産量・所得には影響しない，関税引き下げ分だけ生産額が4％減るのみとしている[40]。

　2018年9月の日米首脳会談で日米通商交渉入りが決められた。たんなる物品貿易だけの交渉を主張する安倍に対して，米国はあくまでFTA交渉だとして，TPP超えの農産物等の市場開放，米国自動車産業の市場・雇用確保，為替操作や中国とのFTAを禁止する中国条項を盛り込むことを主張している[41]。そこに見られるのは，日本の長期的な通商戦略の欠如であり，米中対立時代に日本を米国に縛りつけつつ，その枠内で日本経済を徹底的にしゃぶり尽くす米国第一主義である。以上の全FTAが成立すると，世界に占めるGDPは85％程度になる。

　2015年の基本計画は，10年後の自給率目標をカロリーベースで民主党政権時代の50％から45％にもどし，生産額ベース73％，飼料40％とした。そのうえで新たに食料自給力指標を示した。「仮に輸入食料の大幅な減少といった不測の事態が発生した場合」（基本計画）に備えて，どれだけの潜在生産能力があるかを，全農地に熱量効率の高い穀物・いも類を作付けた場合の供給カロリーとして示すものである。

　21世紀にカロリー自給率は40％弱で横ばいだが，生産額自給率や食料自給力の落ち込みはより大きい（**図7-1**）。そもそも人口減により食料消費が減退していく社会では，国内生産/国内消費の相対概念である自給率は分母の減少で自動的に高まるので，カロリー供給力の絶対水準を示す自給力の方が

---

(40) 農水省「農林水産物の生産額への影響について」2015年12月，17年12月。
(41) 拙稿「米中対立のなかの日米FTAの危険」（『文化連情報』2019年7月号），同「2019年日米通商交渉―その内容と射程―」（同，2019年12月号）。

293

重要である。そして自給力＝単収×農地面積であり，食料安全保障には後述する農地総量の確保が枢要である。

そもそも日本の食料安全保障をめぐる環境は大きく変わった。第一に，高度成長期の食料輸入を支えた貿易黒字は平成期末には赤字に転じた。第二に，米中対立が激化するなかで世界の食料市場が乱調し，食料が再び武器として使われる可能性がある。そのような枠組みの変化の中での食料安全保障戦略が問われている。

3 「減反廃止」

2013年秋，経済同友会や産業競争力会議が生産調整の廃止に言及し，同年12月の「農林水産・地域の活力創造プラン」の「制度設計の全体像」で，米政策については「5年後を目処に，行政による生産数量目標の配分に頼らずとも」生産調整ができることをめざすとし，首相は，翌年1月の世界経済フォーラム（ダボス会議）の基調講演で「40年以上続いてきた，コメの減反を廃止します」とした。

国家カルテルとしての生産調整政策は，過剰で価格政策が無効化した後に，なお国家が市場に介入する価格政策の延長（代替）である（Ⅵ）。この喉にひっかかった骨を取り除くことが新自由主義農政の悲願であり，「減反廃止」はそれを達成したかに見えた。

経営所得安定対策として，畑作物（麦大豆，てん菜，そば，なたね等）の直接支払（ゲタ）と畑作物・コメの「ナラシ」（規模要件を外し，「水田フル活用」として，飼料用米等の戦略作物への直接支払交付金，上限10.5万円/10a），産地交付金を交付することとし，コメの直接支払交付金（民主党時代のコメ戸別所得補償）を2014年産から7,500円/10aに削減，2018年産から廃止した。2018年には収入保険制度が開始されたが，稲作経営ではナラシ・農業共済と競合する。

民主党政権時代と同じく選択的生産調整に移行し，民主党の生産調整インセンティブだったコメの直接支払交付金を半減・廃止する代わりに，飼料米

294

第7章　平成期の農政

等の水田活用の直接支払交付金や産地交付金をインセンティブとした。

　結果はどうか。2018年産は，それまで伸びてきた飼料米・加工米ともに減り，主食用米は1.6万ha増えたが，作況指数が98だったため，価格はほぼ横ばいである（お天気農政）。しかしながら，コメ消費の減少スピードが高まるなかで，2015年産から深掘りされてきた主食用米生産が，増加に転じたことは見逃せない[42]。地域別には概ね滋賀以東では増，以西では減である。中国・北九州は2005〜15年に米単一経営の割合を微増させている。その下での作付け減少は生産力の衰えを示唆する。他方で生産調整は専ら助成金次第である。このような状況下での国家カルテル外しは時期尚早である[43]。

　2015年に多面的機能促進法が制定され，農地維持支払（担い手に集中する水路・農道等の管理を地域で支える共同活動の支援），資源向上支払い（地域資源の質的向上を図る共同活動の支援）が定められた（「秘策」の延長）。それは，担い手の負担軽減を通じて農地集積を後押しする点で構造政策にリンクするものとされた。水・畦畔管理は水田農業の最大のクリティカル・ポイントであり，その支援は農村ニーズに即応するものと言えるが，構造政策効果を強調することは共同活動にとってむしろ逆効果である。

4　農地中間管理事業

　2013年5月，安倍首相は「成長戦略第2弾スピーチ」で，「民間企業も含めて農業の意欲ある『担い手』に対して，農地をまとまった形で貸し付ける」「農地集積バンク」構想をぶち上げ，それを規制改革会議が具体化し，2014年に農地中間管理事業法が制定される。

　市町村が作成した集積計画に基づいて県機構に利用権設定された農地の，その配分計画の決定権限を県機構がもつことにより企業への貸付を図ろうと

---

(42)小野雅之「水田農業政策の展開と課題」（小池恒男編『グローバル資本主義と農業・農政の未来像』昭和堂，2019年）。

(43)行政による配分の廃止に伴い，自治体農政もまた生産調整政策から退却し，その影響は大きい。

295

するものであり，機構は貸す当てのない条件不利な農地は借りないので，当初に予定された耕作放棄地対策はふっとんだ。

また，「農地利用の最適化」を農業委員会の必須業務とし，農業委員の数を減らして，半数以上を認定農業者とし，農地利用最適化推進委員を新たに設けて現場活動をさせることとした。それなりに実績を挙げてきた農地利用集積円滑化事業や農協は梯子を外された。

しかし中間管理事業は，集積計画と配分計画の作成という二度手間など厖大な行政コストと時間がかかるが，担い手への集積は2018年度56.2％にとどまり，究極の狙いである域外農外企業への貸付はコンマ以下にとどまる。

そのため2019年に，民主党政権時に始められた，地域での話し合いを通じる「人・農地プラン」の現実化（地図上に地権者の年代・後継者の有無の明記等）を図り，農業委員・最適化推進委員の参画を義務付けた。

そもそも農地政策は農地の国家管理から地域管理への道をたどってきており [44]，人・農地プランの現実化は，それへの一定の回帰と，県管理への地域動員の強化の両面をもつ。

食料安全保障と多面的機能の発揮の交点にくるのは農地保全であり，農地の遊休化を防ぐことである。これまでのところ北陸など，賃貸借の進んだ地域は耕作放棄地の割合も少ないなど，賃貸借の促進が農地保全に有効だったが，それはあくまで平場の話であり，今後の担い手集積率を高めるには中山間地域等での取組が必要になる。そこでは担い手への集積や集約（団地化）がそもそも不可能か，できたとしても経営を成り立たせるには条件の悪い農地を借入はできないので，遊休農地化を促進しかねない。

担い手への8割集積が目標とされているが，そもそも全国一律の集積目標を立てること自体が問題であり，加えて全農地の2割は相続未登記なので実際の目標は8割の8割すなわち64％であり，56％という到達水準は決して低くない。農地・構造政策は農地保全の本旨に戻るべき時がきている。

---

(44)拙著『農地政策と地域』（日本経済評論社，1993年）第8章。

また，国家戦略特区として企業による農地の所有権取得の特例が，養父市について16年に措置された。特区の全国化がこれまでの規制緩和手法であるとすれば，その行く末が懸念される。

5　農協「改革」

安倍首相は，2015年2月の施政方針演説で「戦後以来の大改革」の筆頭に「60年ぶりの農協改革を断行」を掲げ，規制改革（推進）会議を先兵にたてて農協法改正を断行した[45]。その背景はTPP反対潰しと輸出のための資材コスト引き下げである。

主な内容は，①全中を一般社団法人化し農協系統から外し，その指導権を奪い，農協監査機構の監査を公認会計士監査に移す。②営利を目的として事業を行わない農協から，最大限に収益をあげて農家に還元する農協に変える，③理事の過半を認定農業者，経営・販売のプロとする，④事業を分割・再編し，株式会社・生協等に転換できる，全農を株式会社化できる，等である。農林中金・全共連等の株式会社化は金融庁との中長期検討となり，准組合員利用規制は5年後検討とした。

官邸は，全中を捨てるか准組合員利用規制を受け入れるかの二者択一を農協陣営に迫り，農林中金等は事業に影響を及ぼす准組合員利用規制を免れるため，全中の一社化を容認した[46]。農協組織は准組合員利用規制を免れるため，政府が強要する「自己改革」に邁進している。民主党政権への交代選挙は旧農林族を衰滅させたが，農協「改革」は系統組織・運動体としての農協を葬り去った。

残る経営体としても農協は危機にある。官邸農政は上記②にかかわって，2001年法改正による信用事業の譲渡・代理店化を促したが，信用事業収益の大幅減になるため，単協の採るところとならなかった。代わって農林中金が，

---

(45)拙著『戦後レジームからの脱却農政』（前掲），同『官邸農政の矛盾』（筑波書房，2015年），同『農協改革・ポストTPP・地域』（筑波書房，2017年）。
(46)濱本真輔・前掲論文，47ページ。

単協・県信連の預け金に対する奨励金の利率を，現行の0.6％程度から4年かけて0.4％程度に減らす方針を打ち出した。

平成期の農協は，前述のように県信連・農林中金への預け金依存を定着させてきた（**図7-4**）。農林中金は，それに対する高率の奨励金支払いを確保すべく，低金利政策下で海外運用に傾斜する。それは中金を介して農村の資金が国際金融市場に深く組み込まれていく構造である。

しかしこの構造は，住専，サブプライム危機と周期的な破綻をきたしており，次の金融危機の襲来は農協金融を破綻に陥れかねない[47]。そこでさしあたり奨励金の利率引き下げになったが，農協は，これまでの信用共済事業に依存したビジネスモデルからの転換が必須である。

他方で農協は大規模化で金利低下をカバーする平成合併の道を歩み，その延長線上で今や西日本の大半の府県が1県1JA化を模索するに至った。そこでは広域合併が上記のビジネスモデル転換と整合するかが問われている[48]。

農協の准組合員比率は今や58％（2016年）まで高まった。農協もまた，食料自給率向上と多面的機能の発揮という国民の期待に応えつつ，その趣旨に賛同する地域住民を正規の構成員として迎え入れる農的地域協同組合への転換という今一つの課題に直面している[49]。

VI　価格政策から直接支払政策へ

価格政策から直接支払政策への転換は，過剰とグローバリゼーションの時代の世界的な農政転換，日本における基本法農政から新基本法農政への移行の主軸の一つだが，本書では独自の章を設けるに至らなかったので，本節で

---

(47) 農林中金は7.4兆円にのぼるCLO（低格付け企業向け融資を束ねたローン担保証券）をかかえているとされる（日経2019年5月23日，朝日5月28日）。

(48) 拙稿「農中奨励金利率引き下げと農協の理念・ビジネスモデルの転換」（『農業・農協問題研究』67号，2018年）。

(49) 拙編著『協同組合としての農協』（筑波書房，2009年）第10章（拙稿）。

298

まとめて簡単に見ておきたい。

　直接支払政策は，条件不利地域政策は別として，農産物過剰の下で，国境措置を低め，価格は国際価格に準じて過剰農産物の輸出競争力を高めることに伴い，国際価格と国内（域内）生産費（価格）との差額を補償する（compensate）農業者保護のあり方として，とくにUR・WTOの過程で，生産からデカップルされた型のそれが脚光を浴びている。

　しかし，農業者に所得付与する方法として，価格支持を通じる間接的な方法と，市場・価格を通じないで農業者に直接に所得付与する二つの方法があるとして，後者をさらにデカップリング型か否かに分けて見る方が，政策の何が引き継がれ，何が歴史的に独自なのかを把握しやすい。そうすると，日本でも，価格政策が農産物過剰により有効性を失い，生産調整助成金というかたちで直接支払への移行が促され，さらにWTO・新基本法下でそのデカップリング型への移行と，いわゆる日本型直接支払の追加がなされたという「価格政策の変容過程」として捉えることができる[50]。

1　WTO体制と直接支払政策

WTO体制と直接支払

　「デカップリング」を国際的に提起した報告書は，農産物過剰の下での価格低迷を1930年代以来の「世界農業の危機」だとして，その原因を「農業生産者への補助金や価格支持制度，貿易障壁」に求め，解決の方向を「生産に対する農業政策の影響を断ち切るデカップリング」と自由市場に求めた[51]。

　それは一国の政策を，自由市場と抵触しない，すなわち市場外の世界に閉じ込めつつ，自由競争で経済を律する新自由主義的な政策の農政版といえる。

---

[50] 本来であれば，価格・生産調整・直接支払の政策相互間の関係をみていくべきだが，それぞれについては，拙著『農業・食料問題入門』（大月書店，2012年）第8章，同『戦後レジームからの脱却農政』（筑波書房，2014年）第3章を参照。

[51] W. M. マイナー，D. E. ハザウェイ編（逸見謙三監訳）『世界農業貿易とデカップリング』（日本経済新聞社，1988年）Ⅰ。

提起されたのは冷戦末期だが，URの交渉中に冷戦終結が宣言され，世界経済が市場経済への一元化を志向する中で，デカップリングは，グローバリゼーション下の唯一のあるべき普遍的農政とされた。

それを受けたWTO農業協定は，助成合計量（AMS）を「市場価格支持（行政価格－輸入価格）＋削減対象直接支払」と規定し[52]，基準期間（1986～88年）のAMSの２割を削減することとされた。そして直接支払（direct payment to producers）のうち一定の条件を満たす「生産に関連しない収入支持」（decoupled income support）を，AMSの削減対象外として容認した。一定の条件とは生産の形態・量，国内・国際価格，生産要素にリンクしないこと（デカップル）である。こうして農産物過剰への対応を市場・貿易歪曲的政策の排除という論理に普遍化したのがデカップリング型直接支払だった。

しかしその普遍性は疑問である。第一に歴史的には，あくまで世界的過剰局面において提起された政策に過ぎず，過剰が過ぎればその普遍性の主張は見直されるべきであろう。第二に国益的には，生産費と国際市場価格の差額を補てんして過剰農産物の輸出を促進する点では輸出補助金政策代替政策であり[53]，かつ輸入国にとっては自給率を高めるための生産刺激的な政策を禁じられる点で，先進輸出国本位の政策だといえる。

しかし輸入国も，「不足の中の過剰」という先進国に共通の過剰問題を抱えるに至り，価格に代わる需給調整（価格維持）政策や，デカップリングか否かを問わず直接支払を通じる所得付与政策への転換が求められることになる。日本における政策展開はその典型と言える。

---

(52)「市場価格支持」は本来なら「内外価格差」かもしれないが，農水省『農林水産物貿易レポート2002』では「行政価格－外部参考価格（輸入価格）」とされている（15ページ）。

(53)拙著『食料・農業問題入門』（大月書店，2012年）第８章。

第 7 章 平成期の農政

日本における直接支払

日本の直接支払政策の現状を予算面でみたのが**表7-2**である。これは「農林水産関係予算の概要」より，直接支払が大宗を占めると思われる項目を引き抜いたもので，見落としや直接支払以外をカウントしている可能性があるが，大凡を把握したい。

これによると，日本の直接支払は概ね，A．広義の転作政策（主食用米生産調整政策），B．いわゆる日本型直接支払，C．畜産・酪農経営安定対策からなるといえる。Aに畑作直接支払を入れたが，北海道は水田畑作ではない本来の畑作への支払いが含まれる。収入減少緩和交付金も畑作を含むが，農水省は「水田フル活用と経営所得安定対策」と一括している。これらを集計するとおよそ 9 千億円になり，農林水産予算の37.5％を占めることになる。

直接支払の内訳は，水田活用直接支払交付金が35％を占めて最も大きく，畑作直接支払とあわせて57％を占める。次に畜産酪農経営安定対策が24％である。Bは敢えて「日本型」と強調されるが，予算的には 9 ％弱に過ぎない。日本の直接支払政策は少なくとも量的には米生産調整政策に関連するものが大半を占めてきたのが最大の特徴だと言える。

農水省は，「転作奨励金など国際的には直接支払と認識される予算を計上」

表7-2　2019年度農林水産予算における直接支払

単位：億円，％

予算名	金額	割合
A　水田フル活用と経営所得安定対策		
水田利用の直接支払交付金	3,215	34.9
畑作物の直接支払交付金	1,998	21.7
収入減少影響緩和対策交付金	740	8.0
B　日本型直接支払の実施		
多面的機能支払交付金	487	5.3
中山間地域等直接支払交付金	263	2.9
環境保全型農業直接支払交付金	25	0.3
C　畜産物等経営安定対策		
畜産・酪農経営安定対策	2,224	24.1
野菜価格安定事業	157	1.7
甘味資源作物生産支援対策	108	1.2
計	9,217	100

注：農水省「平成 31 年度農林水産関係予算の重点事項」による。

しつつも，中山間地域等直接支払を「我が国農政史上初の直接支払制度」と
するように，「ある特定の政策誘導を目的とするのではなく，農家に直接的
に所得を補填するための補助金を支給することを『直接払い』として狭義に
とらえ」たともされている[54]。しかし第一に，中山間地域等直接支払を含
む日本型直接支払も「特定の政策誘導を目的」とすることに変わりはなく，
第二に，その中山間地域等直接支払も「農家に直接的に所得を補填する」こ
とが主たる面ではなく，第三に，今日では「水田活用の直接支払交付金」と
いう予算名称にもみられるように，生産調整関係も「直接支払」とされるよ
うになった。

　農水省の当初の意図は，既に1970年代から取り組まれてきた生産調整政策
に伴う直接支払（価格政策の変容としての直接支払）と，WTO体制下の中
山間地域等直接支払のような日本型直接支払を性格的に区別したかったので
あろう。とすればそれは広義・狭義というより歴史的推移とみた方がよい。

日本型直接支払

　本項では生産調整助成金に焦点をあてるが，その前に日本型直接支払のう
ちとくに多面的機能支払について簡単に見ておきたい。それは2007年に開始
された農地・水・環境保全向上対策（2011年度から農地・水保全管理支払交
付金）を2014年度から組み替えたもので，農用地区域等を対象とした地域共
同活動に対して支払われ，うち農地維持支払は法面草刈り，水路泥上げ，農
道維持管理等に支払われ，資源向上支払は水路・農道・ため池の軽微補修，
景観形成，ビオトープづくり，施設長寿命化等に支払われる。担い手に集中
しがちな作業を地域共同で行うことで構造政策に資するものと位置付けられ
ている[55]。

---

(54)「すでに我が国の農政に対する財政支出の過半は直接支払に分類される」とも
　　される（荘林幹太郎・木村伸吾『農業直接支払の概念と設計』農林統計協会，
　　2014年）20ページ。
(55) その「いちじくの葉」的な役割については本章Ⅳ－5を参照。

第7章　平成期の農政

対象農用地等に対するカバー率は農地維持支払は田63%（北海道，東北，北陸，近畿で高い），畑と草地は各43〜44%，資源向上支払は48%（北海道，北陸，近畿で高い）である（2017年度）。なお中山間地域等直接支払のカバー率は84%である。

「日本型」と称する理由について，農水大臣は，「我が国農業が水田中心に地域ぐるみで営まれてきたことから，地域単位の活動組織や集落への交付金の支払を行ってきており，欧米の直接支払制度とは異なる特徴を有しているため」と答弁している。また集落等への支払いをなぜ直接支払とするのかについては，「農家自身が負担していた負担が軽減される，それから，共同活動に参加した農家に日当として支払われるということで農家の実質的な手取りの向上にもつながる」としている[56]。

地域資源管理の負担が日本農業のクリティカル・ポイントをなし，そこへの政策的な手当てを地域・集落単位で行うことは必要かつ適切なことだが，中山間地域等直接支払の農家配分の部分は別として，直接所得支払の効果はほとんどなく，端的に言えば集落維持・地域資源管理交付金というのがその機能的本質であり，価格政策に代わる所得支払とするのは無理がある。後述するように農業経営における所得としての統計的把握も難しい。

直接支払政策の諸性格

直接支払政策は，その支払額の算定根拠からして，さまざまな性格のものが含まれている。

第一は，前述のAのうち水田活用直接支払交付金に代表されるもので，「〈主食用米所得−当該作物所得〉以上」ということだろう。主食用米生産を他に「転作」させるためには，稲作の機会所得を補償することで，この要件を満たす必要があるからである。

第二は，Aのうち畑作直接支払交付金に代表されるもので，「内外の生産

---

[56]天野英二郎・山下慶洋「経営所得安定対策の確立及び日本型直接支払制度の法制化」（『立法と調査』2014年8月号）より孫引き。

条件格差」，実態的には内外価格差に拠るものである。

第三は，Bのうち多面的機能支払や環境保全型直接支払で，その算定根拠があるとすれば，「コスト」だろう。

第四は，Bのうち中山間地域等直接支払で，これは「国内の生産条件格差」に基づく[57]。

第五は，Cのうち肉用子牛生産者補給金，肉用牛肥育・養豚の経営安定対策（牛マルキン，豚マルキン），加工原料乳生産者補給金等で，基本的に「生産費に基づく保証基準価格－平均売買価格」に基づく[58]。

さて問題は，これらがWTO農業協定のAMSの削減対象になるか否かであるが，確実に削減対象になるのは，価格にリンクしたCである。またAの畑作直接支払交付金のうちゲタ（内外生産条件格差是正）も当初は7割は過去面積に（削減対象外），3割は生産数量に基づいていたが（削減対象），現在は作付面積・数量に対する支払いなので，削減対象になる。

それに対して日本はどれくらいのAMSが許容されているのか。前述の基準期間におけるAMSは4兆9,661億円であり[59]，その2割を削減することになるから，残り8割の3兆9,729億円（約束水準）まではAMSが可能となる。現在の農林水産予算はせいぜい2.3兆円で，その全額を「黄の政策」に充てても，削減対象にはならない[60]。

そういうことになるのは，日本が政府米価をはじめ市場価格支持（行政価

---

(57) 「国内の生産条件格差」ということは，政府米価の算定基準が限界地から平均単収に差し替えられた時から露呈し始めた条件不利を補償するという意味では一種の「不足払い」であり，これまた価格政策を延長・補完するものといえる。言い換えれば，それは条件不利（マイナス）を是正する（ゼロ化？）だけであり，条件不利地域振興には上乗せ策（プラス）を要する。

(58) 民主党政権が行ったコメ戸別所得補償政策は，このタイプに近いが，平均価格ではなく過去3か年平均の基準価格をとっている。

(59) 農水省『農林水産物貿易レポート2002』16ページによる。WTO新ラウンドが決着していないので，発足時の額が継続していると考える。

(60) 2014年時点での黄の政策の合計額は6千億円と国会答弁されていた。天野・山下，前掲論文，60ページ。

第7章　平成期の農政

格）を全廃してしまい，にもかかわらず価格支持をカップリング型直接支払
等に切り替えてこなかったからであり，許容されるAMSの高さは農業保護
政策切り捨ての象徴である。デカップリングから事実上フリーになった日本
は，食料自給率向上に向けたカップリング型の政策の充実を図る必要がある。

　以上の予算面から見た直接支払は，いわば国・支払い側の計算であり，そ
れが直接所得支払として農業経営に所得としてどれほど帰属するかは，前述
のように問題である。後者については，統計的には，農業経営統計における
農業粗収益のうちの共済・補助等受取金（以下「受取金」とする），あるい
は「農業・食料関連産業の経済計算」における農業総生産のうちの経常補助
金の割合として把握される（**表7-3**）。

　こうして捉えられた受取金や経常補助金が直接支払の全てというわけでは
ない。生産コストを削減するために投じられた経常補助金等が結果的に農業
者の所得を高めれば間接的には直接支払になるし[61]，また共済等の掛け金
や生産者負担分があれば，それを差し引いたものが純直接支払になる[62]。
しかしながら，負担金は補助金等の5％前後なので，本項ではグロスの補助
金を見ていくことにする。要するに補助金等≒直接支払とした。

　前述のように，農業経営サイドから見た補助金等≒直接支払と，支払う国
の側から見た直接支払には，個別経営に所得として帰属するか否かの相違が
あるが，その差は思ったほどではない[63]。

---

(61) 荘林幹太郎・木村伸吾『前掲書』は，先のCのうち農業用水分について，繰り
　　返しそのような性格を指摘している。
(62) とくに共済受取金は，国の補助もあるが，生産者の掛け金も多く，全てが国
　　による直接支払とは言えないが，分離できない。
(63) 年度の違いはあるが，2019年度予算の9,111億円と2017年度の「農業・食料関
　　連産業の経済計算」の経常補助金8,634億円の差程度である。

305

2 直接支払政策の展開過程

日本の価格政策

　日本の価格政策は米価政策に代表されるのが最大の特徴である。その経過を簡単に見ておく。それはまず，基本法農政下での政府米価の生産費・所得方式として始められた。同政策は，限界地（平均マイナス1σ単収地）の平均経営に都市近郊労賃を補償する政策として始められた。その含意は，限界地まで米生産に動員しつつ，優等地に差額地代を補償して，「地代ぐるみ生活」を成り立たせることにあった。平均経営を基準としたことは，平均経営以上について超過余剰の形成を可能とすることにより，その程度の構造政策効果（農民層分解の促進）をもたせた。

　このような生・所方式は，それが一因となったコメ過剰とともに継続困難となり，幾多の修正を経て，平均単収方式に切り替えられた（限界地切り捨てによる耕境縮小）。同時に政府米から自主流通米への移行が追及され，当初は自主流通米助成がなされたものの，基本は国家カルテルとしての生産調整政策による米価維持が図られて最近に至っている。このような価格支持政策から生産調整政策への変容の下で，生産調整助成金が日本の直接支払の原点・主流をなした。

政権交代以前の直接支払

　以下，**表7-3**により政策展開をみていく。本章の時期区分とややずれる。

　第一期は1990年代までの生産調整助成金の時代である。経常補助金は1968年までは0.0だった。69年のコメ生産調整政策の開始とともに計上されるようになり，70年には1,124億円，4.1％を占めるようになる。78年の水田利用再編対策という本格的な転作の取り組みのなかで，80年には3,646億円7.6％という2006年までのピークを画するが，95年には2.8％まで縮小する。要するに米生産調整政策の消長と歩みをともにしてきた。

　第二期は2000～06年である。ここで新基本法に裏付けられた中山間地域等

第7章　平成期の農政

表7-3　経常補助金の額と農業純生産に占める割合

単位：億円，%

年次	1970	1975	1980	1985	1990	1995	2000	2005	2006	2007
経常補助金	1,124	1,017	3,646	2,237	1,995	1,420	2,674	2,766	2,845	4,287
割合	4.1	2.0	7.6	3.8	3.3	2.8	6.6	7.6	8.0	12.7
年次	2008	2009	2010	2011	2012	2013	2014	2015	2016	2017
経常補助金	4,621	4,605	8,063	7,636	7,654	7,571	8,298	8,695	8,111	8,634
割合	15.4	15.4	23.8	22.2	21.4	20.8	24.1	22.4	18.8	20.0

注：農水省「平成29年農業食料関連産業の経済計算（概算）」による。

直接支払や品目別直接支払政策への転換が進み，2千億円台に予算額を回復する。この時期，米政策改革で生産調整政策がゆすぶられ，「米政策改革大綱」は「過剰米に関する政策経費の思い切った縮減」を課題に掲げるが，転作奨励金に手をつけることはできなかった。

　第三期は2007〜09年である。ここでデカップリングを狙いとした，いわゆるゲタ（内外生産条件格差是正），ナラシ（収入変動緩和）の品目横断的政策（経営安定対策）への組替がなされ，予算額も倍増する。政策は直接支払の対象を経営規模によって制限する選別政策として仕組まれ，また米がゲタから外され米価下落が放置されたことが一つの重要な契機となって民主党への政権交代となった。直接支払政策のあり方が政治を揺るがした。

政権交代後の直接支払

　第四期は2010年から今日までである。まず民主党政権のコメ戸別所得補償政策とともに直接支払は8千億円，20％台に膨らむ。水田作個別経営（全国）の2009年の一戸当たり受取金は23.9万円だが，2010年には52.9万円にはねあがり，うち27.3万円が米戸別所得補償モデル事業によるものだった。

　その政策効果はどうだったか。平成22年度農業白書は，2010年産の米販売価格60kg当たり10,260円に対して，米戸別所得補償の定額部分1,700円と変動部分1,700円の支払いより13,660円を確保し，米作付2ha以上農家層を赤字から黒字に転じたとしている（186頁）。いま販売価格は不明だが，相対取引価

格の平均は2009年産14,470円から10年産は1,759円下がっている。

　つまり米戸別所得補償を見越して取引価格が引き下げられ，戸別補償の半分はその補てんにあてられ，純所得効果は半分だったといえる。他方で，主食用米の過剰作付けは09年から10年に0.8万ha，11年に1.9万ha減じている。11年には東日本大震災の影響もあろうが，一定の効果はあったといえる。もっとも過剰作付けは07年をピークに減少傾向にはあった。

　政権交代は貴重な社会実験の意味をもつが，そこから次のことが引き出せる。第一は，直接支払政策の単独出動は，支払額のいくばく分かの価格引下げを引き起こし，所期の効果を上げ得ない。第二に，直接支払政策が所期の効果を上げるには，需給調整機能の強化（生産調整政策）や最低価格保障が不可欠である。第三に，生産調整の成否は，配分方法（行政関与か否か）もさることながら，インセンティブの如何に左右される。

　自民党への政権再交代後も，直接支払は2014年に8千億円，24％に達する。自民党政権による経営所得安定対策なかんずく水田活用の直接支払交付金によるものである。以降，8千億円，20％台が続いている。2014年産からのコメの直接支払交付金の10a当たり7,500円への減もトータル数字への反映はあまり見られない。最近は割合が落ちているが，それは主として生産減による価格上昇を通じる農業純生産の増大によるものである。

　かくして直接支払や生産調整をどう仕組むかは政権交代・政権再交代の大きな争点だった。確かに民主党のコメ戸別所得補償政策は直接支払の水準を倍増させる効果をもった。その点では歴史の飛躍があったと言えるが，その後は政権再交代をはさんでも同じ傾向・水準が続いている。そこには一度高めた水準は引き下げにくいという政治力学も働いていようが，政権交代（自民党→民主党）に比して政権再交代（民主党→自民党）はなだらかな延長線上にあるといえる。民主党政権と自民党政権を第四期という一つの時期にくぎった所以である。

第7章　平成期の農政

3　直接支払の実態

EUとの比較

　受け取る農業経営側から見た直接支払（受取金）の農業所得に占める割合は，全国全経営平均ではほぼ3割である（**表7-5**）。

　それに対して，EUにおける補助金/事業（農業）所得の割合の変化をみると，1995年にかけて40％弱まで急上昇，その後は2005年頃まで50％に上昇，2009年の80％弱に達した後は，価格上昇もあり2015年で60％程度である[64]。

　主要国についてみると（**表7-4**），純所得は投資に対する補助金まで含む点で日本の純生産とは異なるが，概ね比較にはさしつかえない。これによると，補助金の純所得に占める割合は，英独仏は5～8割の水準である。オランダ，スペインは酪農が4割前後と低い。

　以上から，英独仏に比すれば日本の直接支払のウエイトは半分以下といえる。

表7-4　EU 諸国における純所得に対する補助金額の割合—2010～12 年平均—

単位：%

	英国		ドイツ		フランス		オランダ		スペイン	
	畑作物	酪農	畑作物	酪農	畑作物	酪農	畑作物	酪農	畑作物	酪農
割合	62.7	50.2	79.4	79.1	58.8	82.8	27	39.2	64.4	39.1

注：1）亀岡鉱平・平澤明彦「EU 加盟6カ国における農業所得構造の比較」『農林金融』2017 年8月号，第5表より計算。

　　2）純所得＝産出額＋通常補助金・税金＋投資補助金・税金－投入額。

主作目別にみた直接支払の比重

　直接支払の大宗を米・生産調整関係が占めるとすれば，営農類型別にも差が大きいことが推測される。それをみたのが**表7-5**で，水田作経営では直接支払の割合が高い。なお，先の民主党政権の戸別所得補償モデル事業が開始

(64)平澤明彦「EU共通農業政策が迫られる転換」，農協研究会2019年5月18日報告。

309

表 7-5　経営形態別に見た共済・補助金等受取金の金額と農業所得に対する割合
（個別経営・一戸当たり・全国・2017 年）

単位：千円，％

	全経営	水田作	畑作		酪農	肉用牛	露地野菜	施設野菜
			北海道	都府県				
金額	565	696	13,984	181	2,776	1,593	490	880
割合	29.6	73.7	102.5	9.1	17.3	25.8	3.9	17.4

注：農水省，「経営統計調査」による。

された2010年には111.3％と高く，受取金の内訳では同モデル事業が51.6％，水田利活用自給力向上事業が21.4％を占めた。

　畑作は，北海道では規模平均でも100％を超え，大規模層では120％を超えているが，都府県は低い。

　直接支払制度がとられている肉用牛経営における割合は26％，規模が大きいほど高いがそれでも3割である。

　野菜は施設で17％だが，露地野菜は低い。

　以上から直接支払は水田作経営と北海道畑作経営に集中しているといえる。

水田作経営における直接支払の階層性

　主流をなす水田作経営について直接支払の比重の階層性をみていく。

　まず個別経営については表7-6のとおりで，平均して73.7％である。1ha未満は農業所得がマイナスである。1ha以上は，5ha未満がほぼ50％，5～15haが60％前後，15～30haは80％前後，30ha以上の最上層は122.9％で，要するに作付け規模が大きくなるほど受取金への依存度が強まる。

　同表には受取金の主な項目の割合も示しておいた（収入減少緩和交付金の表示はない）。全体では水田活用交付金が53％，畑作交付金（麦大豆等の畑作目への水田転作等）が20％，米直接支払が15％であるが，作付け規模階層別の傾向が異なる。すなわち5ha未満層では米直接支払交付金の割合が2割台と相対的に高く，畑作物直接支払交付金の割合は一桁台と低い（5～7ha層も同じ）。

310

第7章　平成期の農政

表7-6　水田作個別経営の受取金額，農業所得に対する割合，
直接支払の構成―2017年―

単位：千円，%

水田作付 延べ面積	受取金額	農業所得に 対する割合	受取金額の割合		
			米直接支払	水田活用	畑作直接支払
平均	513	73.7	15.0	53.2	18.7
0.5ha 未満	51		23.5	64.7	―
0.5～	113		28.3	38.9	―
1.0～	251	50.8	27.9	53.8	0.4
2.0～	540	41.5	22.6	58.6	3.9
3.0～	818	46.0	24.8	48.3	6.6
5.0～	2,311	58.3	13.9	65.3	8.5
7.0～	3,196	60.2	12.3	51.4	23.4
10.0～	4,968	62.7	9.1	56.8	22.6
15.0～	9,424	88.5	7.7	60.0	24.5
20.0～	10,936	77.9	8.4	50.4	31.5
30.0～	28,138	122.9	5.4	44.5	43.7

注：表7-5に同じ。1.0ha未満は農業所得がマイナス。

　5～10ha層になると，米直接支払の割合は10％台に落ち，5～7ha層では水田活用交付金，7～10ha層では畑作交付金の割合が高くなる。

　そして10ha以上層は米直接支払の割合は1桁台になり，規模が大きくなるほど水田活用交付金の割合が下がり，畑作交付金の割合が高まる。

　以上から，5ha未満層は米直接支払，5～20ha層は水田活用交付金，20ha以上層は畑作交付金への依存が相対的に高いと言える（北海道の割合が高い）。それぞれ，主食用米，主食用米以外の水稲（飼料用，米粉用，加工用，WCS用），畑作転作（麦・大豆等）の作付が相対的に多いといえる。

　次に，組織経営体についてみると表7-7のようである。平均すれば受取金割合は93％と個別経営よりも高い。しかし20～30ha層では100％を超すが，30ha以上は100％以下で，個別経営のように規模が大きくなるほど依存度を高めるとは言えない。同一階層を比較できるのは20ha以上の括りであるが，個別経営（平均経営面積36.7ha）は103.5％，組織経営（同52.4ha）は95.1％とやや低い。受取金の構成は，20～30ha層では水田活用交付金が68％を占めるが，20ha以上層では規模が大きくなるほど畑作交付金の割合が高くなる。その点では個別経営と同様の傾向である。

311

表7-7　水田作法人経営の受取金額，農業所得に対する割合，
受取金の構成—2017年—

単位：千円，%

水田作付延べ面積	受取金額	農業所得に対する割合	受取金額の構成		
			米直接支払	水田活用	畑作直接支払
平均	17,758	92.7	7.9	52.2	23.7
10ha 未満	1,975	49.5	17.2	42.1	4.8
10〜	8,727	89.3	9.0	56.6	9.6
20〜	14,372	111.3	7.3	68.0	11.8
30〜	16,878	84.2	9.4	53.0	22.0
50〜	48,176	96.7	6.9	46.7	31.6

注：表7-5に同じ。

全経営体における直接支払の比重

　水田作経営ではなく全経営体（個別経営）をとって（全経営体の平均値という架空の経営像になる），各種の受取金割合の差をみていく。

　まず都府県の個別経営平均についてみると，**表7-8**の通りで，様相はがらりと変わる。それは農業粗収益における作物や畜産の収入構成の違いによるもので，10ha未満は稲作収入が30％以下であり，受取金割合も20％以下になる（7〜10haは33％）。10ha以上は稲作の比重が高まり，受取金割合も4〜8割を占める。20ha以上の最上層では受取金割合は85％に達するが，それでも水田作経営に比べれば低い。ここからも水田作物の割合が受取金割合を高める関係が確認できる。

　また主業・準主業別にみたのが**表7-9**であり，準主業経営の受取金割合が最も高く，主業経営や認定農業者経営のそれは副業経営以下である。これまた稲作収入の割合に反比例している。農業地域類型別に見たのが**表7-10**であり，都市的地域が低い点を除き，大差ない。要するに中山間地域等直接支払は個別経営の受取金レベルには大きく反映していない。**表7-11**では全国農業地域別にみた。東北・北陸・中国の受取金割合の高さは稲作の比重，北海道と九州の高さは畜産の比重の高さに関連しているといえる。

第 7 章　平成期の農政

表 7-8　個別経営における受取金額，農業所得に対する同割合，
作物・畜産収入の構成—2017 年，都府県経営耕地規模別—

単位：千円，%

	受取金額	農業所得に対する割合	作物・畜産収入の構成			
			稲作	野菜	果樹	畜産
全国平均	565	29.6	21.9	23.3	12.0	30.0
都府県平均	394	24.3	26.5	27.4	15.9	38.3
0.5ha 未満	116	12.0	4.7	12.9	6.8	75.6
0.5〜	60	11.9	20.7	37.4	15.8	26.1
1.0〜	100	12.6	21.4	32.8	25.6	20.3
1.5〜	193	15.3	26.9	31.9	24.1	17.1
2.0〜	282	12.4	26.3	37.4	21.1	15.1
3.0〜	630	22.5	31.5	29.4	17.9	21.2
5.0〜	1,302	29.2	26.6	17.0	12.0	44.4
7.0〜	2,176	32.6	30.4	22.3	8.4	38.9
10.0〜	3,435	43.8	36.6	14.9	0.7	47.8
15.0〜	4,886	48.1	63.8	15.9	0.3	30.1
20.0〜	14,038	85.7	51.5	6.8	0.6	42.0

注：表 7-5 に同じ。

表 7-9　主副業別・認定農業者のいる経営体の受取金額と農業所得に占める
同割合，作物・畜産収入の構成—2017 年—

単位：千円，%

	受取金額	農業所得に対する割合	作物・畜産収入の構成			
			稲作	野菜	果樹	畜産
主業的経営	1,736	26.0	14.0	28.7	13.2	44.1
準主業的経営	389	63.1	30.5	25.9	19.3	24.3
副業的経営	229	37.5	44.6	19.8	12.6	12.4
認定農業者のいる経営	1,697	33.6	20.3	26.9	10.9	41.9

注：表 7-5 に同じ。

表 7-10　農業地域類型別にみた受取金額，農業所得に対する同割合，
作物・畜産収入の構成—2017 年—

単位：千円，%

	受取金額	農業所得に対する割合	作物・畜産収入の構成			
			稲作	野菜	果樹	畜産
都市的地域	292	19.4	21.6	35.5	13.5	19.4
平地農業地域	831	33.9	24.0	23.7	9.4	27.2
中間農業地域	455	27.1	18.5	15.9	15.9	38.8
山間農業地域	348	31.9	22.1	21.9	15.4	38.8

注：表 7-5 に同じ。

313

表7-11　全国農業地域別にみた受取金額と農業所得に占める同割合,
作物・畜産収入の構成―2017年―

単位：千円，%

	受取金額	農業所得に対する割合	作物・畜産収入の構成			
			稲作	野菜	果樹	畜産
全国	565	29.6	25.2	26.8	13.8	34.5
北海道	6,216	55.5	13.5	18.1	0.6	48.3
都府県	394	24.2	23.3	24.1	14.0	26.7
東北	537	30.2	36.9	14.8	14.7	27.2
北陸	353	29.0	71.2	11.3	7.3	4.4
関東・東山	328	18.2	18.1	24.7	14.8	22.1
東海	294	17.8	13.5	29.9	10.1	25.6
近畿	166	16.8	24.5	25.5	27.4	13.2
中国	214	30.0	32.9	20.1	14.7	16.0
四国	208	14.4	13.4	31.0	24.5	13.9
九州	739	30.0	11.1	20.1	9.5	44.8

注：表7-5に同じ。

4　日本の直接支払政策

その日本的特質――生産調整政策との関連

　生産調整政策にリンクした直接支払こそが日本における直接支払の第一の特徴だが，問題はその意味である。EUの場合，穀物で見れば，介入価格（市場価格がそれより下がった場合に当局が介入買い入れを行う価格という意味で最低保障価格）を引き下げた分の一定割合を補填するのが直接支払政策だった。つまり価格政策の形を変え，水準を引き下げた代替政策である。

　それに対して日本では生産調整助成金が大宗を占めた。それは二重の「補償」からなる。第一はいわゆるゲタ部分で，麦大豆等の転作畑作物の内外価格差の補てんである。これはEUにおいて，境界価格に連動する介入価格の引下げ補てんと同様の意味を持つ内外格差補てん分である。

　それに対して第二は水田活用部分で，第一をもってしてもなお残る転作物（主食用米以外の水稲を含む）と主食用米との所得格差の補償である。それは水田が水田として残る限り，そこに主食用米を作付けさせないことに対する機会所得の補償である。

第7章　平成期の農政

　生産調整政策そのものは，主食用米の過剰をカットすることで，その需給均衡＝価格維持を志向する国家カルテル政策であり[65]，その意味では過剰下の価格支持政策代替であり，それに伴う水田活用部分の直接支払は，主食用米の減産に伴う所得減の補償である。かくして生産調整政策をメインとする日本の直接支払は二重の意味で米価政策の代替であり，その形を変えた継続だといえる。

　価格政策は消費者負担，直接支払政策は財政負担であり，後者の方があたかも国民・低所得者負担が少ないかの主張もあるが，これは相対的なものである。価格政策の消費者負担はCAPの可変課徴金等の国境政策等をさすが，それに連動する介入買い入れは財政負担を伴う（財源に輸入課徴金を充てるとしても）。そもそも直接支払も課税収入を源とし，内容的にも間接税のウエイトが増すにつれて消費者負担が重くなり，かつその逆進性が低所得者負担を重くする。

　価格政策の延長という意味では，日本のそれはEUの直接支払政策に通底するが，EUが価格支持水準の引き下げを通じて輸出競争力をつけ，「強いヨーロッパ農業」を追求するのに対して[66]，日本ではコメ生産調整策のインセンティブであることは，いわば「出口の見えない政策」の面をもつ。

　そこで財務当局や財界は，1980年代から繰り返し生産調整の助成金依存からの脱却を主張し，今日ではそれはとくに飼料用米に集中している。それが固有の生産調整直接支払である水田活用分の今日的な形だからである。

　官邸農政は，行政による生産調整面積の配分の廃止まではたどり着いたが，生産調整政策の核心は経済的インセンティブ（直接支払）であり，それを削

---

(65)「自民党農政は，端的にコメ兼業農家を維持するためのカルテル政策に他ならない」（斎藤淳『自民党長期政権の政治経済学』勁草書房，2010年）59ページ。カルテル政策は「兼業農家」に限らず全コメ農家を対象とすることになる。
(66)EUでは，さらに2013年CAP改革を通じて，それまでの過去実績支払い，それに基づく個別農業者の受給権を原則廃止し，直接支払の多様化（環境保全要件を課すグリーニング支払い，青年農業者支払上乗せ，中小農業経営優遇など）を追求している（平澤明彦「EU共通農業政策が迫られる転換」前掲）。

315

減・廃止したら，日本水田農業と自民党農政は崩壊し，それを避けるには半永久化せざるをえない。

　そのことは，直接支払予算が一つに括られる場合には，生産調整助成金に圧迫されて他の直接支払が貧弱になる可能性を持つ。TPP11・日欧EPA・日米FTAの影響が本格化し，さらなるメガFTAを追求する政策が続く限り，直接支払による内外生産条件格差の補てん領域が拡大し，その下で，高齢化と相まって地域社会と地域資源管理の弱体化がより一層進行することになれば，いわゆる日本型直接支払の拡充が求められる。

構造政策と直接支払政策

　日本の直接支払政策の第二の特徴は，構造政策との関連付けである。価格政策の効果は全ての販売農家に及び，その意味で「バラマキ批判」をよんだが，それに対して，直接支払政策の特徴（利点）として目的や対象を特定できる点がしばしば強調されている。EUでは前述のようにグリーニング支払（環境保全の要件付け）や対象農家の重点化（受給額の多い農家の受給額削減）を行っているが，日本の場合は，構造政策効果を狙い階層選別的な政策を仕組んできた。

　生産調整政策と関連した直接支払が多いわけだが，生産調整政策自体が絶えず構造政策に関連付けられてきた。とくに水田利用再編対策以後，生産調整が転作（田畑輪換）等の大義を失ってからはそうである。直接支払政策の「華」ともいうべき品目横断的政策は，個別経営4ha以上，集落営農20ha以上に規模を限定した典型的な階層選別政策だった（後に規模要件は外したが，担い手が対象である点は不変）。そして日本型直接支払においても，担い手の負担軽減を通じる構造政策への貢献がうたわれ，中山間地域等直接支払において担い手への集積に取り組んでいるかが一つの評価項目となっている。

　しかし生産調整も中山間地域保全も地域ぐるみで取り組まねばならない課題であり，階層選別的な政策設計はそれに矛盾する。また内外生産条件格差の補てん（ゲタ政策）も，それを必要とした国境措置の引下げは，全生産農

第7章　平成期の農政

家に影響を及ぼす政策であり，特定階層のみを補償対象とするのは公共政策
に反する。

　構造政策とリンクさせる発想は，中山間地域等直接支払の採用を遅らせる
口実に利用された。品目横断的政策の階層選別性は，枝番集落営農を群生さ
せ，協業集落営農の本来の成長を歪めた。

水田作大規模経営の実像

　生産調整政策としての直接支払ということから，転作態様に応じて水田作
経営の農業所得に占める直接支払いの割合には鋭い規模階層性が生じている。
　とくに10ha以上層ではその割合が高い。新基本法農政は「効率的かつ安
定的経営」を育成すべき経営目標にしている。その実像は明らかではないが，
それを打ち出した1992年の新政策では，主たる従事者の年間労働時間，生涯
所得が他産業従事者と遜色ない水準とされ，稲単一経営でほぼ10ha，補
助的従事者の所得も含め，年間1経営当たり800万円程度とされた。**表7-7**
でいえば，今日でもほぼ10ha以上経営が該当すると言えそうである。
　そして2003年の米政策改革大綱では，「米づくりの本来のあり方」とは，
効率的かつ安定的経営が生産の6割を占めるようになり，彼らが「市場を通
じて需要動向を敏感に感じ取り，売れる米づくりを行う」ことだとされた。
国による生産調整の配分が2018年に廃止されたことからも，「本来のあり方」
が実現されたということだろう。
　このような政策的期待のなかの10ha以上水田作経営だが，その実像は，
農業所得の6割以上を直接支払に依存し，かつその5割以上を水田活用交付
金に依存する経営になる。最上層をとれば，畑作転作が4割以上を占める点
はそれ以下層と異なるが，農業所得に対する受取金の割合は100％を超え，
物財費の一部まで受取金でカバーする経営になっている。
　これでは，「需要動向を敏感に感じ取る」経営というよりは「直接支払交
付金の交付単価を敏感に感じ取る」経営だといえる。あるいはそれは，政府
が需給動向を勘案して設定する作物ごとの交付単価を「敏感に感じ取る」限

317

りで，間接的に（政府を介して）「需要動向を敏感に感じ取る」経営だといえる。

　このように大規模層ほど直接支払の割合が高いことは，生産調整や直接支払に前述の構造政策効果が求められた結果というよりは，政策と地域の現実のしからしめるところだろう。

　第一に，政策的には転作政策の行き詰りである。既に長らく大豆転作は12万ha，麦転作は17万ha程度に固着し，要生産調整面積の拡大は非主食用水稲作により賄われ，今日では飼料用米が主になっている。政府（自民党・民主党に限らず）は，食料自給率低下の生産面での主因を飼料自給率の低さに求め，飼料用米等の拡大（「水田フル活用」）に自給率向上の活路を見出してきた。しかし他方ではメガFTAで畜産物輸入を増大させており，自給率向上は，生産調整の活路を非主食用米に求め，そのための予算を獲得するための建前・方便に過ぎない。

　第二に，地域では高齢化から生産調整を大規模経営に委ねざるをえず，大規模経営としても，飼料用米は省力化がより可能であり，労力配分的にも有利である。その下で，高額助成金により農業所得とそこからの賃金支払いが可能となり，雇用依存型・転作依存型の水田作経営の青天井的な規模拡大が可能になる。

　だがそれは，「効率的かつ安定的経営」にバージョンアップされた「自立経営」の，「自立」のイメージにはほど遠い補助金依存経営である。それはかつて水田利用再編対策時にめざされた田畑輪換農法など，現段階的な持続的生産力形成への展望にも欠ける。

　表7-9にみたように，構造政策の本命であるべき認定農業者の経営や主業経営の農業所得に占める受取金の割合は必ずしも高くない。それは彼らの経営における稲作の比重が低いことによる。「効率的かつ安定経営」をめざす経営層（認定農業者）と，受取金に依存した現実の「効率的かつ安定的経営」（の一部）との間には大きな乖離がある。

第7章 平成期の農政

小括

　過剰やグローバル競争のなかで価格政策から直接支払政策なかんずくデカップリング型への移行が切り札のごとく言われているが，国境政策と連動した価格支持政策が果たした農業者への所得付与の機能は，こうして状況に応じて変容しつつも，貫かれていくことになる。

　農業所得等に占める直接支払の割合は，EUでは6割に対して日本ではその1/2程度になるが，その多くは生産調整政策関連で，それを除けば微々たるものになる。かくして生産調整政策にリンクすることが日本の直接支払政策の最大の特徴になる。そこからさまざまな「歪み」が生じていることを本節は指摘してきた。

　とくに今後は内外価格差の補てんや地域資源管理にあてるべき直接支払の必要性が高まっていくであろう。かといって生産調整助成金依存からの脱却は，水田面積（主食用米作付可能面積）そのものを減らさない限りは不可能であり，水田面積を減らすことは食料安全保障上も多面的機能の増進からも望ましくないとすれば，生産調整政策の助成金依存を軽減することが次善の政策選択になる。その点で，行政による生産調整面積（数量）の配分の廃止や最低価格保障政策の欠如は見直されるべきだろう。

　自給率向上に向けて水田フル活用で飼料用米を増産すること自体は進めるべきとしても，それが政策整合性をもつには，畜産物の国境政策が確固としたものでなければならない。そのことは，かつて価格支持政策が国境政策と固く連動していた時と変わらない。

Ⅶ　まとめに代えて

1　平成期農政

　本章は，冷戦・ポスト冷戦の観点から農政の推移を見てきた。ポスト冷戦期は，一国民国家（要するに米国）が覇権国たる時に国際システムは安定す

るという覇権安定論（L.ギルピン）にたったアメリカ覇権国家期であり，その新自由主義イデオロギーが世界を席巻した。日本経済は，米国にマクロ政策を握られつつ，その停滞と閉塞を新自由主義イデオロギーで流通主義的に打開しようして「失敗」に終わった。

　中国が猛スピードで台頭する一方で，アングロサクソン的新自由主義は彼らの我が身に跳ね返って国内の格差と亀裂に耐えがたくし（トランプ登場とブレグジット），米国覇権は内外から動揺に追い込まれ，世界史は今，「ポスト・ポスト冷戦期」に入った。その時，平成もまた終わった。

　平成期農政の課題は二重に捉えられる。古層をなすのは，1970年代以降のコメ過剰の解消（脱生産調整）と賃貸借を通じる構造政策の達成である。それは冷戦期から引き継ぐ未達課題であり，その「解決」には農業者間の合意と共同を要し，そもそも新自由主義的に対処できる課題ではなかった。

　それに対し平成期に固有の表層課題は，ポスト冷戦グローバリゼーション〈UR→WTO→メガFTA〉への対応だった。

　平成期農政は，この冷戦からポスト冷戦への世界史的転換に対応して，基本法の転換を果たした。政策対象は農業従事者から消費者国民に，農政理念（社会的統合策）は所得均衡から食料安全保障や多面的機能に，政策手段は価格政策から直接支払政策に，農政の性格は社会民主主義的な農政[67]から新自由主義農政に，それぞれ転換した。農政のアクターは，農林族・官僚・農協の「鉄のトライアングル」から，農林族や農協が脱落し，官僚農政を経て官邸農政（≒忖度官僚農政）に転換した。

　資本にとって農業がもつ機能は，労働力供給から，通商交渉で自動車を守るために切る交渉カードほどに後退した。そこで農政は，資本に代わって国民に対して果たすべき機能の追求に転換しようとした。そのような公共的（みんなのための）機能が食料安全保障と多面的機能だった。92年新政策は「国民のコンセンサス」をことさらに強調したが，問われるのは食料安全保

---

(67) 蒲島郁夫『戦後政治の軌跡』（岩波書店，2005年）434ページ。

第7章　平成期の農政

障と多面的機能に関する「国民のコンセンサス」の如何である。

　そのためには，表層政策としての食料安全保障と多面的機能の追求が，古層政策としての構造政策や脱生産調整政策が両立しうるのか，また同じ表層政策内における新自由主義農政やメガFTAの追求と両立しうるのかという政策整合性がまず問われる。

2　袋小路とその打開

　しかるに現実の平成農政は「袋小路」に嵌まり込んだ感がある。食料安全保障政策は，輸出政策に押され，自給率・自給力低下の壁にぶつかっている。今またメガFTAの追求で輸入が急増する一方で食料安保が強調されているが，それは市場開放に対する「念仏」ほどの意味しかもたない。食料輸入大国ニッポンの食料安全保障政策は国境政策抜きには語れない。

　中山間地域をまき込む構造政策の展開は，遊休農地を増やしかねない。にもかかわらず構造政策の建前を掲げ続けることで，農政はそれを財務当局に人質にとられ，全農政が構造政策への貢献を義務付けられている。

　コメ生産調整では，畑作転作は限界にぶつかり，コメ消費が減退する中で主食用米以外の水稲生産でこなすしかなく，水稲単一経営の割合は1995年からの20年間に4ポイント減にとどまり，そこからの脱却は遅々として進まない。

　直接支払政策は，生産調整関係が過半を占め，いわゆる日本型直接支払は1割に満たない。生産調整関連の直接支払は，要するに米価代替がその本質である。であれば生産調整の助成金（直接支払）からの脱却は，主食用米生産が可能な水田面積そのものを減らすしかないが，それは食料安全保障に反し，生産調整助成金を切り捨てようとすれば，自民党農政の命取りになる（前述）。

　直接支払の財源は，食料安全保障や，人口減少社会において国土・地域資源・地域社会を守るためのそれへの振り向けが不可欠だが，生産調整にとられるとともに，高齢化が一段と進む中山間地域での受け手に欠ける。

321

要するに個々の政策が袋小路で相互に絡み合い，とくに古層政策の未達に
とらわれている面が大きい。しかし袋小路のなかでの個別政策のもがきには
限界があり，その打開には，理念的な突破が欠かせない。すなわち食料安全
保障や多面的機能の発揮に即して各政策を整序し直すことである。

　「ポスト・ポスト冷戦期」は米中の覇権国家交替期であり，それは恐らく
決着がつくことなく長期化し[68]，そこでは前述のように食料が武器として
使われる可能性が再び強まった。食料安全保障政策はそのような事態に対処
しつつ，米中対立時代に国の自立を保障するものでなければならない（食料
主権の確立）。そして人口減少時代をむかえ，災害列島化する国土と生活を
守るには農業・農村の多面的機能の発揮が不可欠である。

---

(68)梅本哲也『米中戦略関係』（千倉書房，2018年），NHKスペシャル取材班『米
　中ハイテク覇権のゆくえ』（NHK出版新書，2019年）。

あとがき

　本書は，筑波書房が創立40周年を記念して企画されたものである。編者の一人である田代が，2003年に，当時の社長・鶴見淑男氏より25周年記念出版の相談を受けたご縁で，今回も手伝うよう依頼された。

　この間，鶴見氏は2006年に享年70歳にして鬼籍に入り，社は御子息たちが跡を継いで今日に至っている。後継者難の折柄，まずはめでたい話だが，公共を旨とする出版社としては，継ぐべきは何かを絶えず世に問う必要がある。幸い同社は，数少ない農業関係の出版社として，とくに若い研究者等にその成果を世に問う機会を提供するなど，健闘してきた。

　今日，その社の40周年を記念するとなると，やはりより若い世代が編集すべきだったろう。しかしそれに気づくのが遅かった。そこで態勢を立て直すべく思いついたのが，世代性を強く意識した企画にすることである。

　最近の出版物や学会報告等のテーマは，編者の世代からみれば隔世の感がある。時代の変化とともに研究のテーマやフィールドが変っていくことは進歩の証しだろう。しかし同時に過去のテーマが総括されないまま置き忘れられていくことがありはしないか。

　そのような思いを，筑波書房40周年に託したのが本書である。編者二人は団塊の世代に属する。他の執筆者はほぼ1950～60年代の生まれである。このように世代を異にする著者達が，分担テーマだけを決め，後は書きたいよう書いて続く世代へのメッセージとすることが本書に秘めたテーマである。

　そのようなテーマとメッセージを続く世代に受けとめていただけると有難い。そして若い世代が，その研究成果を問う場として筑波書房を位置付けてくれれば，なおうれしい。

　2019年10月

　　　　　　　　　　　　　　　　　　　　編者を代表して　田代　洋一

執筆者紹介

編者　第7章

田代 洋一 [たしろ　よういち]

1943年　千葉県生まれ
横浜国立大学・大妻女子大学名誉教授　博士（経済学）

編者　第1章

田畑 保 [たばた　たもつ]

1945年　サハリン生まれ
明治大学名誉教授　農学博士

第2章

磯田 宏 [いそだ　ひろし]

1960年　埼玉県生まれ
九州大学大学院農学研究院教授　博士（農学）

第3章

久野 秀二 [ひさの　しゅうじ]

1968年　大阪府生まれ
京都大学大学院経済学研究科教授　博士（農学）

第4章

安藤 光義 [あんどう　みつよし]

1966年　神奈川県生まれ
東京大学大学院農学生命科学研究科教授　博士（農学）

第5章

小田切 徳美 [おだぎり　とくみ]

1959年　神奈川県生まれ
明治大学農学部教授　博士（農学）

第6章

坂下 明彦 [さかした　あきひこ]

1954年　北海道生まれ
北海道大学大学院農学研究院特任教授。農学博士

食料・農業・農村の政策課題

2019年12月27日　第1版第1刷発行

編　者　田代 洋一・田畑 保
発行者　鶴見 治彦
発行所　筑波書房
　　　　東京都新宿区神楽坂2－19 銀鈴会館
　　　　〒162－0825
　　　　電話03（3267）8599
　　　　郵便振替00150－3－39715
　　　　http://www.tsukuba-shobo.co.jp

定価はカバーに示してあります

印刷／製本　中央精版印刷株式会社
©2019 Printed in Japan
ISBN978-4-8119-0565-5 C3061